沉积型磷矿石物质成分及工艺性质特征

张 杰 陈 跃 王建蕊 等著

北 京

冶 金 工 业 出 版 社

2019

内 容 提 要

本书介绍了部分国内外沉积型磷矿床中各类型磷矿石物质成分及矿石工艺性质研究内容及成果。研究内容中部分为国家自然科学基金项目、国家科技支撑计划资助的磷矿石工艺矿物学研究的成果总结，部分为相关磷矿石加工企业委托开展的磷矿石工艺性质研究内容。

书中对不同类型沉积型磷矿石矿物成分、化学组成、工艺性质特征，尤其对织金磷矿石中稀土赋存状态、四川绵阳硫磷铝锶矿石、含有机质含锰磷矿石、铝磷酸盐矿石及国外硅质磷矿石等类型磷矿石物质组成及工艺性质做了系统介绍。本书研究成果对沉积型磷矿床中不同类型磷矿石的综合开发利用有一定实际参考价值。

本书适合于从事磷矿地质研究、磷矿石工艺性质及综合利用研究工作的工程技术人员阅读参考。

图书在版编目(CIP)数据

沉积型磷矿石物质成分及工艺性质特征/张杰，陈跃，王建蕊著.—北京：冶金工业出版社，2019.10
ISBN 978-7-5024-8252-7

Ⅰ.①沉… Ⅱ.①张… ②陈… ③王… Ⅲ.①磷矿床—物质结构—研究 ②磷矿床—生产工艺—研究 Ⅳ.①P619.2

中国版本图书馆 CIP 数据核字(2019)第 221362 号

出 版 人 谭学余
地 址 北京市东城区嵩祝院北巷 39 号 邮编 100009 电话 (010)64027926
网 址 www.cnmip.com.cn 电子信箱 yjcbs@cnmip.com.cn
责任编辑 于昕蕾 美术编辑 彭子赫 版式设计 孙跃红
责任校对 石 静 责任印制 牛晓波
ISBN 978-7-5024-8252-7
冶金工业出版社出版发行；各地新华书店经销；北京兰星球彩色印刷有限公司印刷
2019 年 10 月第 1 版，2019 年 10 月第 1 次印刷
787mm×1092mm 1/16；15.75 印张；20 彩页；441 千字；239 页
68.00 元

冶金工业出版社 投稿电话 (010)64027932 投稿信箱 tougao@cnmip.com.cn
冶金工业出版社营销中心 电话 (010)64044283 传真 (010)64027893
冶金工业出版社天猫旗舰店 yjgycbs.tmall.com
(本书如有印装质量问题，本社营销中心负责退换)

前　　言

　　磷矿石已成为磷肥生产、磷化工产业的重要资源。由于其紧缺性和不可再生性，导致其具有重要的战略资源属性，现今磷矿资源日渐紧张将成为世界性问题。因此，如何合理开发利用大量的中低品位磷矿石，是当前磷肥和磷化工行业迫切需要解决的重要问题，已经引起了大量研究者的关注。随着经济建设发展，占主要储量的沉积型磷矿床的中、低品位磷矿石的开发利用，尤其是不同沉积类型磷块岩的物质组成、有益共伴生组分的赋存性状、其加工工艺性质及开发利用的工艺矿物学研究问题，日益成为制约磷矿床开发利用的关键。

　　本书主要介绍了国内外部分沉积型磷矿床中不同磷矿石类型的物质成分及工艺性质特征。主要利用显微镜鉴定、X 射线衍射分析（XRD）、扫描电镜配合能谱分析（SEM-EDAX）、X 射线荧光光谱分析（XRF）及电感耦合等离子体质谱分析（ICP-MS）等，研究了磷矿石的物质成分特征及划分了不同磷矿石类型；利用显微镜下粒度分析、相关粒度分析软件，筛分分析、解离度分析及矿物嵌布粒度关系分析等，对不同磷矿石类型进行相关矿石工艺性质研究。

　　本书部分内容是国家自然科学基金项目"贵州织金中低品位含稀土磷块岩风化条件下 P_2O_5 及稀土元素富集规律研究"（地区科学基金，项目批准号：51164004）、国家支撑计划项目"含稀土中低品位磷矿石富集分离关键技术研究"（课题编号：2007BAB08B03、子课题"含稀土中低品位磷矿石工艺矿物学研究"）的研究成果。其余部分是为不同企业，主要是瓮福（集团）有限责任公司、重庆磷化工企业有限公司等所做的相关磷矿石工艺性质研究的报告内容，经整理成书。

　　本书出版的主要目的是为研究沉积型磷矿床中不同磷矿石类型的物质成分特征及主要加工工艺性质、中－低品位磷矿石、磷矿石中稀土和其他共伴生组分的综合开发利用提供参考资料。同时也为磷矿床相关研究人员，相关专业研究生、本科生学习研究提供参考。

　　本书的编写分工如下：第 1 章除 1.4 节、1.5 节外，由张杰、王建蕊完成编写。1.4 节由陈跃工程师提供资料（陈跃：瓮福（集团）有限责任公司技术研究院工程师，从事磷矿石选矿研究三十多年，主持过国内、外二十多种不同类型硅钙质磷矿石的浮选试验研究）。1.5 节，由王安琪、张杰及张玉松完成，王安琪、张玉松负责实验；内容整理由张杰、张玉松完成；感谢贵州省地质矿产中心实验室承担的贵州省地质勘查基金公益性基础性项目（项目编号：2016-09-2 号）对本节的资助。第 2 章、第 4～10 章由张杰、王建蕊、张玉松完成编写。第 3 章主要由丁文、张杰完成撰写。各章中磷矿石的筛分分析也主要由张玉松完成，张玉松负责部分书的资料整理、做图和文献整理。

　　全书各章节的整理由张杰完成，全书的审核由陈跃完成。

　　感谢国家自然科学基金、国家支撑计划及贵州省科技厅项目（合同编号：黔科合外 G 字［2010］7007 号）对本书的部分内容开展的研究工作及出版资助。感谢瓮福（集团）有限责任公司、中化重庆涪陵化工有限公司等提供的开展相关磷矿工艺性质研究工作资助。

　　感谢张覃教授、陈代良教授级高工、刘忠伟博士及相关人员对本书出版的大力支持及热情帮助。

　　本书的大部分内容涵盖了我们近十年的辛勤工作的成果，是对国内外主要沉积型磷矿床开展物质成分特征及主要工艺性质特征的研究探讨，包含对织金新华等地含稀土白云质磷块岩、含稀土硅质磷块岩等做了相关的研究探索。希望本书的出版能够为沉积型磷矿床中不同磷矿石类型的研究提供有价值参考，同时希望能够丰富相关理论研究。由于作者水平所限，书中不妥之处，敬请同行指正。

张　杰

2019 年 7 月

Preface

Phosphate ore is an important resource for fertilizer production and chemical industry. Due to its scarcity and non-renewability, it has important strategic attributes. Nowadays, the increasing lack of phosphate ore resources will become a worldwide problem.

Therefore, how to develop and utilize huge number of the medium-low grade phosphate ores reasonably is an important problem that needs to be solved urgently in the current phosphate fertilizer and chemical industry, which has attracted the attention of many researchers. With the development of economic construction, the exploitation and utilization of medium-low grade phosphate ores in sedimentary phosphorus deposits, which account for the main reserves, especially the composition of different sedimentary types, the occurrence characteristics, the processing properties and the process mineralogy, have increasingly become the key issue to restrict the development and utilization of phosphorus deposits.

This book mainly studies on the composition characteristics and technological properties of different types of phosphate ores in major sedimentary phosphate deposits on the world. By microscopy, X-ray diffraction (XRD), scanning electron microscopy (SEM-EDAX), X-ray fluorescence (XRF) and inductively coupled plasma mass spectrometry (ICP-MS), the compositional characteristics of phosphate ores were studied and different types of phosphate ores were classified. The related technological properties of different types of phosphate ores were studied by means of particle size analysis software, screening analysis, dissociation degree analysis and disseminated grain size of minerals.

This book includes the research results of technological properties of phosphate ore commissioned by the National Natural Science Foundation of China (No. 51164004, 2007BAB08B03) and related enterprises entrustment (Wengfu Group and Chongqing

Phosphate Chemical Industry LTD).

The main purpose of this press is to provide references for the comprehensive development and utilization of rare earth and other associated components in sedimentary phosphorus deposits, as well as for the study of the composition characteristics and main processing properties of different types of phosphorus ores, medium-low grade phosphorus ores, and phosphorus ores. At the same time, it also provides reference for the relevant researchers of phosphorus deposits, graduates and undergraduates to study.

Most of the content of this book is a compilation of the results of our hard work in the past ten years. Study on the composition and technological characteristics of the major sedimentary phosphorus deposits on the world, including dolomitic phosphorite and siliceous phosphorite containing the rare earth in Zhijin Xinhua. We hoped this publication will provide valuable references for the study of different types of phosphate ores in sedimentary phosphorus deposits, and enrich the relevant theoretical research. Limited to the author's ability, welcome to make corrections.

Zhang Jie

July 2019

目　　录

1 贵州织金新华含稀土磷矿石工艺性质特征

1.1 简要地质特征

贵州织金含稀土磷矿床，是我国西部地区稀土资源蕴藏量较大的磷矿床，稀土储量达上百万吨。含稀土白云质磷块岩呈灰黑色、深灰－浅灰、灰蓝及灰黄色，常见薄层－中厚层构造，深色磷质及浅色白云质为主构成条带状构造。磷块岩大致可分为两大类；一是含生物屑白云质磷块岩，磷酸盐矿物主要为碳氟磷灰石，多以非晶质、隐晶质胶磷矿替代构成生物碎屑和内碎屑存在。该类型矿石占磷块岩95%以上。二是硅质磷块岩，主要集中于磷矿层顶部，其中 SiO_2 含量较高。各矿段含稀土平均品位在 $0.05\% \sim 0.1\%$。矿石常以生物碎屑结构、泥晶结构及藻屑结构等为主[1]。主要样品中 P_2O_5 含量集中分布于 $18.15\% \sim 22.30\%$。

1.1.1 织金磷矿戈仲伍矿段简要地理环境

织金县位于贵州省中部偏西，属于毕节地区；属亚热带高原气候，平均气温15℃左右，年日照长，年降雨量多。织金新华戈仲伍磷块岩矿床位于县城的东南方向，距离县城约13km，有公路相接，交通方便。戈仲伍磷块岩矿床的矿段约7.2km长，$1.35 \sim 2.35km$ 宽，面积可达 $13.8km^2$，此矿床在冬无严寒、夏无酷暑的织金构成了特殊的地质分布层。织金戈仲伍地区的自然土壤为山地黄壤和黄棕壤，村庄多分布在汇水盆地内，居民主食玉米等，饮用水部分从山间洼地挖坑取水（表土），部分来自岩体洞穴中的岩溶水[2]。

地形和地层示意图[2]如图1-1所示。

1.1.2 磷块岩简要地质特征

本次研究主要选择织金磷矿床戈仲伍矿段磷块岩分布剖面为主要研究对象，主要了解原生磷块岩地质分布特征。早寒武统戈仲伍组磷块岩地层如图1-2所示。

剖面从上至下可分为：牛蹄塘组页岩层、早寒武统戈仲伍组磷块岩层、灯影组白云岩层偶见出露。

牛蹄塘组黑色页岩，也称为底部含薄层多金属层黑色页岩，该层结构较为完整，基本呈层状分布，局部发育褶皱或断裂，层内可见黄铁矿细微晶体，风化表面则无，但可见黄褐色污染面及白色盐膜，应是氧化铁、硫酸钙及其他钙盐。沉积环境为封闭的中浅海还原环境，该层多因剥蚀而出露不全，与戈仲伍组为整合关系。

中部主要为早寒武纪世戈仲伍组含磷地层，磷块岩层呈条带状与白云质磷块岩互层。按成分的不同，矿石可分为含稀土生物碎屑白云质磷块岩和含稀土硅质磷块岩两类。磷块岩多呈灰黑色、深灰－浅灰色，常见薄层－中厚层构造，深色磷矿层间夹浅色白云岩为主的条带状构造，矿石多见粒状结构等，少量为泥晶结构，矿层厚度一般为 $10\sim15\mathrm{m}$[2]。原生磷块岩地层如图 1-3、图 1-4 所示。戈仲伍组磷块岩底部为未见底的灯影组白云岩，如图 1-3 所示。

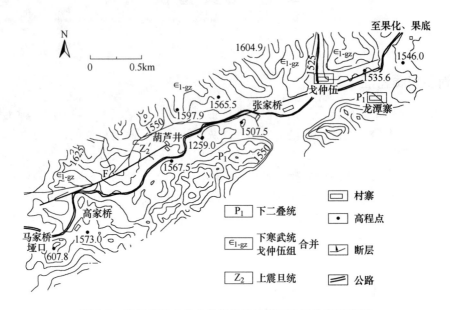

图 1-1　贵州省织金县戈仲伍地区地形和地层分布示意图

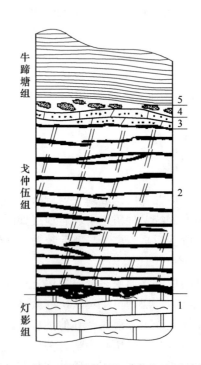

图 1-2　早寒武统戈仲伍组磷块岩地层示意图

1—硅质白云岩；2—条带状白云质磷块岩；3—层状硅质磷块岩；4—结核状磷块岩；5—黑色炭质页岩

图 1-3　原生磷块岩的地层剖面图（织金）　　图 1-4　原生磷块岩的地层剖面图（织金戈仲伍）

1.2　贵州织金戈仲伍矿段磷矿石物质组成特征

对织金磷矿石开展物质组成测试分析，分为两个部分进行，即矿石矿物成分及化学组成分析。第一部分主要目的是查明磷矿石的主要有用矿物种类、矿石类型、脉石矿物种类等，第二部分是查明矿石矿物化学组成及微量元素分布特征等，为磷矿石加工利用提供翔实的基础研究资料。

1.2.1　织金戈仲伍磷块岩的矿物组成特征

偏反光显微镜（polarized-reflective microscope）主要用于研究透明与不透明矿物的光学各项性质，通过显微镜观察矿物的光学性质、结构和形态特征等可达到鉴定矿物的目的。配合 X 射线衍射分析（XRD），采用扫描电镜配合能谱分析，可进一步确认目标矿物的物质成分组成、结构形态特征等。因此对织金磷矿床戈仲伍矿段原生白云质磷块岩进行显微镜下矿物特征观察、XRD 分析、扫描电镜配合能谱分析等，查明其磷矿石矿物成分组成特征。

1.2.1.1　织金原生白云质磷块岩主要组成矿物显微镜下特征

本节采用奥林巴斯 CX21P 型透反射偏光显微镜，完成对织金原生白云质磷块岩的光学性质、结构及形态特征等的观察分析。将原生磷块岩样制成薄片后，经显微镜下观察，可以得出主要矿物特征如图 1-5 ~ 图 1-10 所示。

从图 1-5 ~ 图 1-10 中可知织金主要原生白云质磷块岩主要由磷灰石和白云石构成，磷灰石呈粒状和块状集合体产出；在正交偏光下观察石英，可以看出石英显其固有光性特征。图 1-6 显示少量碳酸盐矿物与石英共生，呈透明状态；图 1-10 中见方解石，显示出方解石的显微镜下矿物特征。

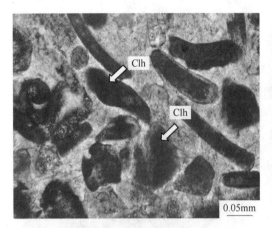

图1-5　磷块岩中胶磷矿（样品号：ZL-1）
（磷灰石呈胶状胶磷矿（Clh），集合体呈块状、
粒状等，（－）×20）

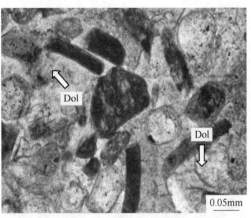

图1-6　磷块岩中白云石（样品号：ZL-1）
（白云石（Dol）纯者为白色，菱面体，常呈
块状集合体，（－）×20）

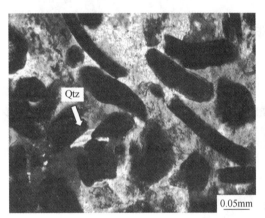

图1-7　磷块岩中石英（样品号：ZL-1）
（石英（Qtz）晶体属三方晶系的氧化物矿物，为
半透明或不透明的晶体，乳白色，（＋）×20）

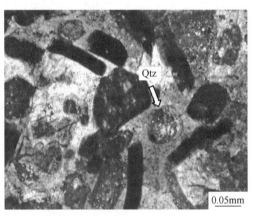

图1-8　磷块岩中的微晶石英（样品号：ZL-1）
（石英（Qtz）晶体属三方晶系的氧化物矿物，为
半透明或不透明的晶体，乳白色，（＋）×20）

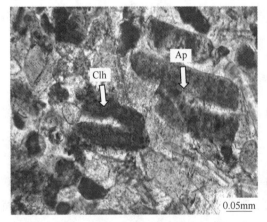

图1-9　胶状磷灰石（Ap）（样品号：ZL-1）
（胶磷矿（Clh）构成小壳化石，（－）×20）

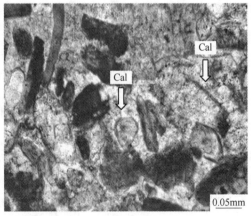

图1-10　磷块岩中方解石（Cal）（样品号：ZL-1）
（方解石的集合体粒状、块状等，（－）×20）

1.2.1.2 含生物屑白云质磷块岩

矿石由胶磷矿、石英、碳酸盐矿物及由细微粒胶磷矿、硅质、微晶白云石、含有机质的黏土矿物构成的基底胶结物等组成,见少部分微晶黄铁矿。主要组成矿物为胶磷矿、碳酸盐矿物(白云石为主)和石英,它们占含量的95%以上。

胶磷矿占磷酸盐矿物的大多数,极少部分呈结晶状磷灰石产出,含量为40%~60%。主要见椭圆团粒状、鲕粒状、细微粒状及条带状、脉状等产出(图1-11~图1-13)。椭圆团粒状、鲕状胶磷矿其粒径分布为0.06~0.20mm,平均粒径为0.12mm。胶磷矿团粒颗粒粒径在0.20~0.075mm之间,主要为微细胶磷矿及胶状胶磷矿,该部分胶磷矿含量较少。团粒状胶磷矿主要由内碎屑胶磷矿团粒构成,因搬运原因见有呈浑圆状产出。见胶磷矿化生物屑,主要见小壳化石胶磷矿化,表明磷矿石生物成因作用明显。条带状、脉状及层状产出胶磷矿,其中含有碎屑状白云石及含有机质黏土,微晶白云石、含有机质黏土矿物及少量微晶硅质组成混合条带构成互层状。

碳酸盐矿物呈现两种主要形态,一是细晶-微晶白云石,主要见基质产出,为胶磷矿填隙胶结物,组成基底式胶结类型,构成杂基支撑(图1-11);二是呈分散碎屑粒状分布于胶磷矿中(图1-13)。碳酸盐矿物在样品中含量占40%~50%。

石英主要以椭圆微晶状、颗粒状产出,为陆源碎屑颗粒。正交偏光下为一级灰干涉色。主要粒径为0.08~0.16mm,平均粒径为0.11mm(图1-12)。硅质矿物另一产出特征为胶状隐晶硅质胶结胶磷矿产出,主要呈胶状、椭圆状产出于磷矿石中(图1-12),并与白云石共生。椭圆状粒径为0.08~0.15mm,平均粒径为0.108mm。石英的总体含量为10%~15%,总体以含量不高为特征。

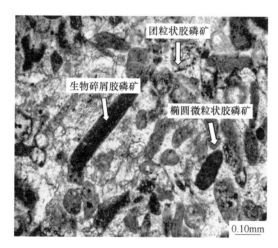

图1-11 生物屑胶磷矿
(生物屑状胶磷矿及圆粒状胶磷矿,(-)×10)

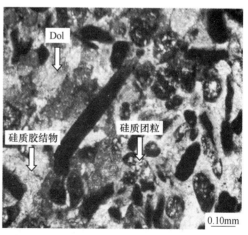

图1-12 微晶硅质胶结胶磷矿
(微晶硅质、白云质胶结物胶结胶磷矿,(+)×10)

黄铁矿主要以微细颗粒状分散产于胶磷矿,含量极低,小于1%(图1-14)。

黏土矿物为含有微晶白云石、胶状隐晶质硅质及胶状胶磷矿基底胶结物,常见网脉状、条带状产出(图1-13)。

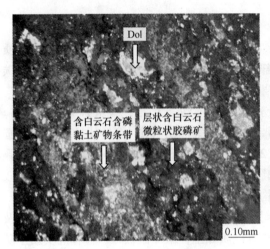
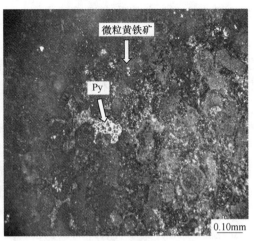

图 1-13　微晶硅质、白云质胶结物　　　　　图 1-14　细微粒黄铁矿（Py）

（微晶硅质、白云质胶结物与细微晶　　　　（磷矿石中及少量细微粒黄铁矿，反射光×10）

白云石条带，（+）×10）

磷矿石结构构造主要见微细粒砂屑结构为主，杂基支撑，微晶－细晶体碳酸盐矿物、硅质石英为主要杂基成分。局部见层状、条带状构造。

1.2.1.3　含稀土白云质硅质磷块岩

主要有用矿物成分为胶磷矿，极少部分呈结晶状磷灰石产出。脉石矿物主要为碳酸盐矿物（白云石为主）、隐晶硅质、石英及微量微细粒黄铁矿。

胶磷矿主要见椭圆团粒状、鲕粒状、细微粒状及条带状脉状等产出（图 1-15 ~ 图 1-17）。椭圆团粒状胶磷矿其粒径分布为 0.07 ~ 0.20mm，平均粒径为 0.138mm。0.07mm 以下主要为微细胶磷矿及胶状胶磷矿。见部分长条状胶磷矿，呈定向排列产出，主要为小壳化石胶磷矿化（图 1-15）。胶磷矿中还见含有一定量有机质（图 1-15、图 1-16）。细粒级胶磷矿、胶状胶磷矿混有微晶白云石、隐晶硅质及含有机质黏土构成条带状、层状产出（图 1-15、图 1-16）。矿石中还见颗粒状胶磷矿被隐晶硅质胶结（图 1-13），胶结物中主要为隐晶硅质，同时还见颗粒状石英分散在胶结物中（图 1-13）。

团粒状隐晶硅质集合体及石英主要可分为二期次。一是碎屑状、角砾状石英颗粒，为陆源碎屑来源。主要粒径为 0.08 ~ 0.22mm，以砂屑状结构为常见。二是主要以微晶状、隐晶质体、团粒状及次棱角状颗粒等为主，正交偏光下为一级灰干涉色（图 1-15 ~ 图 1-17）。微晶状石英与胶磷矿混生，构成杂基支撑，基底式胶结为主。隐晶硅质及石英的总体含量为 20% ~ 35%，构造含硅质磷块岩，总体以硅质、石英含量较高为特征。

碳酸盐矿物主要为白云石，含量为 10% 左右，常见分为两部分。一部分为细晶－微晶白云石，分散产出于隐晶硅质及微晶石英中（图 1-17），颗粒较大者为微晶白云石，一般为 0.06 ~ 0.10mm，主要分散于胶结物中产出。另一部分为微晶颗粒状产出，主要见于碎屑状、砂屑状硅质磷块岩中，或见产出于硅质胶磷矿脉体中。粒径一般小于 0.02mm，含量高于粗粒径硅质胶磷矿。

　　含有机质黏土矿物一部分与微晶白云石、微晶、隐晶质硅质、网脉状胶状胶磷矿及有机质组成细微粒状、胶状基质基底式胶结类型，构成杂基支撑，总体呈细微脉状产出（图1-17）；另一部分呈分散团粒状、条带状分布于胶磷矿中（图1-16）。含有机质黏土矿物在样品中含量约占10%，常见团粒状、网脉状、条带状产出。

　　黄铁矿主要以微细颗粒状，见分散产于胶磷矿，含量极低小于1%（图1-18）。

　　含硅质磷块岩（磷质岩）中，还见少量褐铁矿呈条带状、网脉状等产出（图1-16）。

　　结构构造：磷矿石结构主要见微细粒砂屑结构为主，杂基支撑，微晶－细晶体碳酸盐矿物、隐晶硅质及石英等为主要杂基成分，见层状、条带状及网脉状构造。

图 1-15　胶磷矿定向排列

（含硅质磷块岩、胶磷矿定向排列，（－）×10）

图 1-16　微晶硅质等基底胶结物及
长条状褐铁矿（Lm）

（微细碎屑状石英（Qtz）、微晶硅质团粒组成
基底胶结物，（＋）×10）

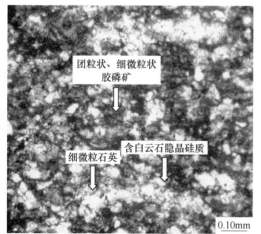

图 1-17　白云质硅质磷块岩

（团粒状、细微粒状胶磷矿被隐晶
硅质胶结，（－）×10）

图 1-18　细微粒状黄铁矿（Py）

（磷矿石中细微粒状黄铁矿，反射光×10）

1.2.2　织金戈仲伍白云质磷块岩 XRD 衍射分析

针对织金戈仲伍矿段原生磷块岩及风化磷矿进行了 X 射线衍射仪（XRD）分析，其目的是查明磷矿石的矿物组成。以下为（XRD）分析测试条件。

设备名称：X 射线衍射仪（X-ray diffractometer）；

型号：D/MAX 2500 或 TTR；

厂家：日本理学电机公司（Rigaku）；

靶：Cu 靶；

管压、管流：40kV、100mA；

扫描速度：6°/min（全岩）、4°/min（黏土）；

扫描范围：2.6°~45°（全岩分析）；

扫描范围：2.6°~15°（N、T），2.6°~30°（EG）（黏土分析）；

全岩分析执行标准：《沉积岩中黏土矿物总量和常见非黏土矿物 X 射线衍射定量分析方法》（SY/T 6210—1996）。

分析测试在北京的中国石油勘探开发研究院石油地质实验研究中心完成。

样品主要取自织金磷矿区戈仲伍等矿段，为剖面上不同位置的样品。样品中代表性矿物主要有以下几种，见表 1-1。

表 1-1　矿物 X 射线衍射分析结果

分析号	原编号	岩　性	矿物种类和含量/%					黏土矿物总量/%
			石　英	钾长石	方解石	白云石	氟磷灰石	
2009-3510	1	磷矿	3.2	—	8.8	40.7	45.1	2.2
2009-3511	2	磷矿	4.1	—	11.8	36.9	44.6	2.6
2009-3512	3	磷矿	2.0	—	1.7	57.5	36.2	2.6
2009-3513	4	磷矿	3.6	—	1.9	55.6	37.1	1.8
2009-3514	5	磷矿	5.4	—	5.8	62.5	23.8	2.5
2009-3515	6	磷矿	12.3	—	1.2	62.8	20.3	3.4
2009-3516	7	磷矿	7.3	—	1.8	75.7	14.2	1.0
2009-3517	8	磷矿	68.0	—	2.0	3.1	4.3	22.6

注：室内编号 P494~P501。

XRD 分析结果（表 1-1）证明，磷块岩主要含磷矿物为氟磷灰石（$Ca_5(PO_4)_3(F)$），为胶磷矿主要成分，其类型属胶状磷灰石。以 1~4 号样含量为最高，含量为 36.20%~45.10%。随着石英及白云石增高，胶状氟磷灰石含量减少，为 20.3%~23.80%。胶状氟磷灰石随着靠近矿层上部含量减少，而石英和白云石的增加，表明了织金磷矿胶状氟磷灰石（即胶磷矿）空间分布特征，即靠近矿体中上部，硅质逐渐增高而胶磷矿含量则降低。

脉石矿物主要为白云石（$CaMg(CO_3)_2$），含量为 36.9%~75.7%。其次为方解石（$CaCO_3$），含量为 1.2%~11.8%，并具有从下部到上部含量减少的特征。石英为主要含硅质矿物，含量分布为 2.0%~7.3%。8 号样品石英含量较高，为 68.0%，应为顶部含

磷石英砂岩 - 黏土质粉砂岩类。

8 号样的 XRD 谱线图也明显和其他样品不同，石英和白云石谱线特征明显，而其他矿物则无明显特征峰值出现（图 1-19、图 1-20）。

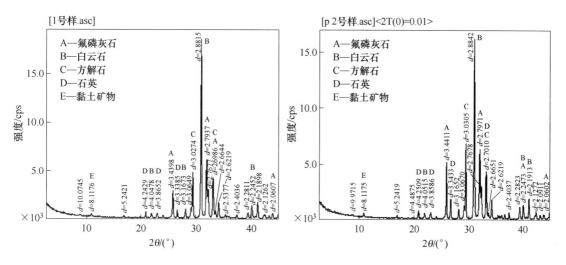

图 1-19　1 号样、2 号样及综合样的 X 射线衍射谱线图

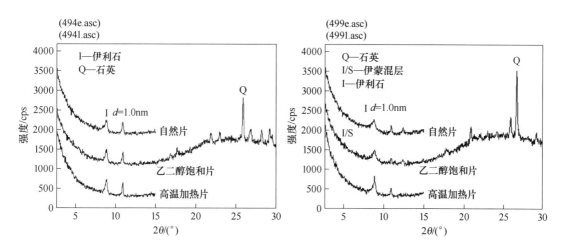

图 1-20　1 号样、6 号样的 X 射线衍射谱线图

织金含稀土白云质磷块岩的 XRD 分析结果表明，各段矿石中的矿物组成与该矿区主要磷矿矿石类型为白云质含生物屑磷块岩相吻合。副矿物如海绿石、重晶石、褐铁矿等含量均低于 1%。

针对样品中含部分黏土矿物（主要为二次沉积作用形成，常和微细粒胶磷矿混合共生），进行了黏土矿物的定量研究，对查明中低品位磷块岩物质成分及矿物组成，查明稀土元素赋存状态，有一定意义。

中低品位磷块岩中黏土矿物主要含量为 1.0% ~ 3.4%，8 号样黏土矿物含量最高，为 22.6%，硅质含量为 68.0%，表明 8 号样为顶部黏土质石英砂岩，故石英和黏土矿物含量较高。

选黏土矿物含量较高的 1 号、6 号、8 号样进行黏土矿物定量分析，其结果（表 1-2）

表明 1 号样黏土矿物为伊利石，6 号样为伊/蒙混层黏土矿物和高岭石，8 号样以伊利石为主，其次为高岭石和蒙脱石。

表 1-2　黏土矿物 X 射线衍射分析结果

分析号	原编号	岩　性	黏土矿物相对含量/%				混层比/%S		备　注	
			S	I/S	I	K	C	C/S	I/S	C/S
2009-3510	1	磷矿	—	—	100	—	—	—	—	—
2009-3515	6	磷矿	—	87	—	13	—	—	5	—
2009-3517	8	磷矿	5	—	60	35	—	—	—	—

室内编号：494～501，日期：2009.6.30，标准：SY/T 5163—1995

注：I 为伊利石；K 为高岭石；C 为绿泥石；S 为蒙皂石；I/S 为伊/蒙混层；C/S 为绿/蒙混层。

由于黏土矿物含量较低，难以提取做稀土元素含量分析。但鉴于黏土矿物对稀土元素吸附的有限性，黏土矿物含量偏低，不存在稀土元素被黏土矿物大量吸附的可能性。

该矿石综合样中磷的主要矿物为胶磷矿，它由微细颗粒磷灰石组成的胶磷矿集合体，磷灰石的种类较多，其中绝大部分为氟磷灰石，另外有少量的氟碳磷灰石等，这些都是选矿回收的对象，为叙述简便，把它们合称为胶磷矿。

综合样中除胶磷矿外主要为白云石，其次是部分石英、方解石，最后是少量的黏土矿物（绝大部分为伊利石，少量的高岭石，微量的蒙脱石、绢云母等）、钠长石、褐铁矿和黄铁矿等。

综合样中还有微量的赤铁矿、闪锌矿、方铅矿、白铅矿、金红石、萤石、重晶石、锆石等。综合样中各主要矿物的相对含量见表 1-3。

表 1-3　综合样的矿物组成及含量　　　　　　　　　（%）

矿　物	含　量	矿　物	含　量
胶磷矿	58.00	石　英	3.90
白云石	28.62	伊利石	1.75
方解石	4.85	钠长石	0.82
褐铁矿	1.06	高岭石	0.22
黄铁矿	0.16	其他矿物	0.62

1.2.3　织金白云质磷块岩扫描电镜及能谱分析特征

开展织金戈仲伍磷矿矿石样品的扫描电镜配合能谱分析，其目的是配合显微镜鉴定及 XRD 分析，查明磷矿石矿物组成。

1.2.3.1　织金戈仲伍矿段磷矿石扫描电镜及能谱分析

对织金戈仲伍磷矿矿石样品进行了扫描电镜配合能谱分析。测试采用日立公司扫描电镜（Hitachi S-3400N）和能谱仪（EDAX-204B for Hitachi S-3400N）进行，在贵州大学理化测试中心测试。使用扫描电镜（SEM）配合能谱分析，在确定矿物形态特征基础上，通过测定矿物成分特征，确定矿物成分组成及种类，以达到配合鉴定矿物的目的。

扫描电镜技术参数：

SE 分辨率：3.0nm（30kV），高真空模式；10nm（3kV），高真空模式。

BSE 分辨率：4.0nm（30kV），低真空模式；低真空范围为 6 ~ 270Pa。

放大倍率：5 ~ 300000。

加速电压：0.3 ~ 30kV。

EDAX 能谱仪技术参数：

探头分辨率优于 129eV，峰背比优于 20000∶1。

检测元素范围为 Be4-Es99。

最大计数率为 500000cps。

最大图 3-像采集分辨率 8192 × 6400 像素。

最大面分布图 3-采集分辨率 2048 × 1600 像素。

原生磷块岩扫描镜下特征：原生白云质磷块岩 ZL-1 在扫描电镜下的图像如图 1-21 和图 1-22 所示。

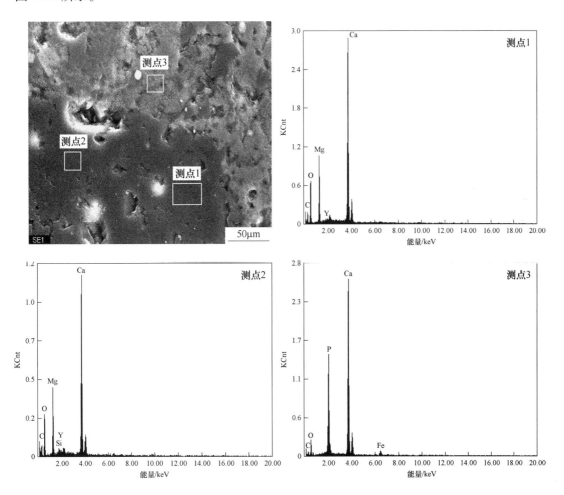

图 1-21　ZL-1 磷矿石样品测点 1 ~ 测点 3 的扫描电镜图像及能谱曲线图

（测点 1、测点 2 为含 Y 白云石，贵州大学理学院分析测试中心）

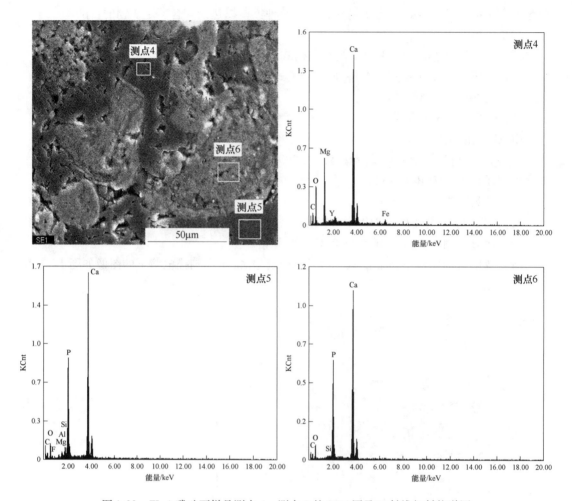

图 1-22　ZL-1 磷矿石样品测点 4 ~ 测点 7 的 SEM 图及 X 射线衍射能谱图

（测点 4 见含 Y 白云石）

　　磷矿石（样品号：ZL-1）的扫描电镜（SEM）及能谱成分测试分析结果表明，样品主要由胶磷矿和白云石矿物组成。测点 1、测点 2 主要成分为白云石，能谱分析结果中可见 Y 元素富集，Y 元素的赋存状态可能与白云岩相关。测点 3 的主要成分是磷灰石，且在测点 4 的磷灰石中也发现 Y 元素，测点 5 主要成分为磷灰石和黏土矿物，且含有 F 元素，含量为 2.27%，表明磷灰石主要为氟磷灰石。测点 6 为磷灰石和白云岩的临界边，能谱成分测试分析表明部分白云石中镁被磷取代。测点 7 为磷灰石。故 ZL-1 号样在扫描电镜下主要表现为氟磷灰石、白云石和黏土矿物。

1.2.3.2　织金果化矿段磷矿石扫描电镜及能谱分析

　　为查明稀土元素赋存状态和利于矿物资源综合利用研究，对果化矿段各代表性样品进行了扫描电镜及能谱分析。分析结果见 SEM 图、能谱分析谱线及能谱分析数据（图 1-23）（测试条件略）。

　　查明主要矿物为胶磷矿、白云石、褐铁矿、黄铁矿等，含少量硅酸盐矿物如钙长石

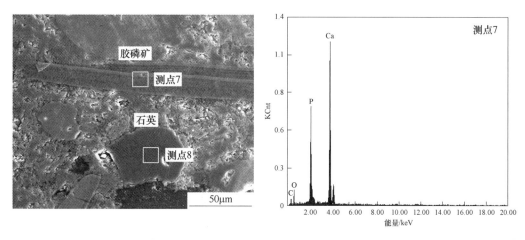

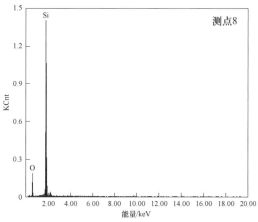

图 1-23 磷矿石 2-1 号样测点 7、测点 8 的 SEM 图及能谱图（见管壳类生物屑）

等。通过详细扫描电镜分析，未发现含稀土独立矿物。

代表性磷矿石 2-1 样品的 SEM 及能谱分析结果表明，主要见管壳类生物屑胶磷矿化（表 1-4）。

表 1-4 磷矿石（ZL-1、2-1 号样品）的能谱成分 （％）

元素\测点	测点 1	测点 2	测点 3	测点 4	测点 5	测点 6	测点 7	测点 8
C	13.65	14.99	8.97	14.51	14.41	15.87	0.20	
O	38.89	37.81	21.98	37.11	21.98	22.99	10.67	22.49
Si		0.70			1.53	0.73		77.51
P			18.87		16.99	16.93	18.68	
Ca	32.17	31.48	46.81	31.87	41.67	43.48	69.37	
Mg	14.40	14.14		13.97	0.46			
F					2.27			
Y	0.65	0.82	0.82	0.52				

测点 元素	测点 1	测点 2	测点 3	测点 4	测点 5	测点 6	测点 7	测点 8
Fe			3.36	2.02				
Al					0.60			
Cl							1.08	

　　磷矿石 2 号样、4 号样主要为内碎屑磷块岩，基质为白云石，基底式支撑为主。见石英颗粒产出，但含量不高。见有长条状管壳类、藻类胶磷矿化生物屑，详见图 1-24、图 1-25。能谱分析成分中见 Ti 元素产出，但相对含量及分布量较低（表 1-5、图 1-25 测点 10）。

表 1-5　磷矿石（2 号样、4 号样品）的能谱成分　　　　（％）

测点 元素	测点 9	测点 10	测点 11
C	0.06	1.19	0.06
O	10.48	12.08	10.48
Mg		1.00	
P	18.23		18.23
Ca	71.22	38.88	71.22
Al		4.93	
F			
Si		20.41	
Fe		6.04	
Ti		13.14	
K		1.96	

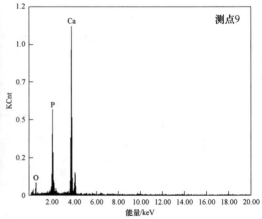

图 1-24　2 号样测点 9 的 SEM 图及能谱图
（见藻类生物屑）

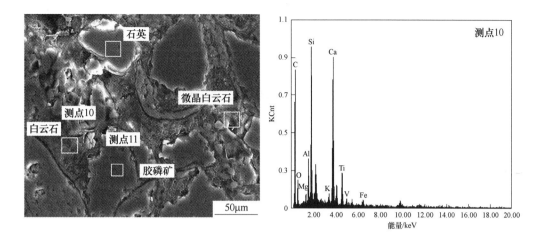

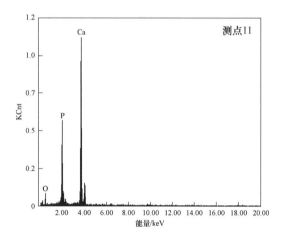

图 1-25 4 号样胶磷矿 SEM 图、测点位置图及能谱图

1.3 织金戈仲伍磷块岩化学成分

1.3.1 磷块岩常量化学成分特征

将从织金戈仲伍取回的原生磷块岩经破碎、筛分等制备成粉末样进行常量化学成分分析，结果见表 1-6。

表 1-6 磷块岩的常量化学成分分析 （%）

编号	SiO_2	Al_2O_3	Fe_2O_3	CaO	MgO	K_2O	MnO	P_2O_5	LOI
ZL-1	6.04	0.77	1.41	41.28	8.68	0.11	0.1	21.141	20.4

注：澳实分析检测（广州）有限公司测试。

化学成分分析结果表明，磷块岩中 P_2O_5 含量为 21.141%，表明 P_2O_5 含量不高，属于中 - 低品位磷块岩。该磷块岩中 CaO 含量为 41.28%，以及含有少量的 SiO_2、MgO、Fe_2O_3 和 Al_2O_3，由于 CaO 含量较高，故命名为钙质磷块岩。

1.3.2   磷块岩微量元素化学成分特征

用等离子质谱仪（ICP-MS）对织金戈仲伍的原生磷块岩样进行微量元素测试，测试在澳实分析检测（广州）有限公司完成，结果如表1-7所示。

表1-7   戈仲伍磷块岩的微量元素分析结果 　　　　　　　　　　（μg/g）

元　素	含　量	元　素	含　量
Ba	232	Co	3.9
Cd	1.45	Zr	2.9
Cr	20	Cs	0.63
Ce	164	Cu	14.7
Dy	32.5	Fe	1.03
Er	18.05	Zr	18
Eu	8.22	Ge	0.44
Zn	232	Bi	0.03
Gd	38.6	In	0.011
Hf	0.6	K	0.22
Ho	6.6	La	264
Y	362	Li	20.3
Lu	1.27	Mg	5.07
Be	1.37	Mn	729
Nd	184.5	Mo	1.31
Pr	40.9	Na	0.05
Ca	28.9	Nb	1
Sm	31.7	Ni	4.3
Sn	<1	P	>10000
U	10.3	Pb	679
Ta	0.1	Rb	6.5
Tb	5.17	Re	0.004
As	12	S	0.04
Tl	<0.5	Sb	9.55
Tm	2.12	Sc	3.7
Al	0.44	Se	6
V	26	Ag	1.28
W	<1	Sr	673
Ti	0.027	Th	4.2
Yb	9.62	Te	<0.05

注：澳实分析检测（广州）有限公司测试。

微量元素测试分析数据表明，该原生磷块岩样品中，主要以 La、Ba、Ce、Y、Nd、Zn、Sr、Pb 等元素含量较高，其中 La 含量为 264μg/g，Ba 含量为 232μg/g，Ce 含量为 164μg/g，Y 含量为 362μg/g，Nd 含量为 184.5μg/g，Zn 含量为 232μg/g，Sr 含量为 673μg/g，Pb 含量为 679μg/g。而其中稀土元素含量 La、Ce、Nd 等 16 种元素，$\sum$REE 为 1172.95μg/g，稀土总含量大于 1000μg/g，故此织金原生白云质磷块岩属于含稀土磷块岩。

微量元素测试分析数据表明，该原生磷块岩的风化产物样品中，主要以 Sr、Mn、Ba、Y、La、Ce、Nd、Pb 等元素含量较高，其中 Sr 含量为 1150μg/g，Mn 含量为 1800μg/g，Ba 含量为 682μg/g，Y 含量大于 531μg/g，La 含量为 376μg/g，Ce 含量为 213μg/g，Nd 含量为 247μg/g，Pb 含量为 226μg/g。而其中稀土元素含量 La、Ce、Nd 等 16 种元素，$\sum$REE 为 1639.92μg/g，较原生磷块岩的稀土元素含量 1172.95μg/g 高，说明原生磷块岩在风化过程中除了 P_2O_5 含量的升高，还伴随着稀土元素升高，稀土元素达到了一定的富集。

1.3.3　原生磷矿石稀土元素含量及分布特征

本次分析样品为织金地区具代表性的原生磷块岩，经等离子质谱仪（ICP-MS）测定了其中稀土元素的组成。电感耦合等离子体质谱法（ICP-MS）具有灵敏度高、精确、动态线性范围广及可进行多元素分析的优点。多数微量元素分析结果和推荐值之间偏差小于 5%，相对标准偏差（RSD）多数小于 3%。8 组含稀土白云质磷块岩原生矿中稀土元素组成见表 1-8。

表 1-8　原矿矿样 ICP-MS 稀土元素分量结果　　　　　　　　　（μg/g）

元素	ZJ-01	ZJ-02	ZJ-03	ZJ-04	ZJ-05	ZJ-06	ZJ-07	ZJ-08
La	240	210	229	200	173	109.5	18.1	103
Ce	147	139	142	123.5	110.5	72.8	11.3	92.1
Pr	33	31.3	32.6	29.4	25.5	14.6	2.28	15.35
Nd	134.5	130.5	134.5	120.5	107	59.8	9.4	63.4
Sm	24.5	24.5	25	22.3	19.75	11.05	1.75	12
Eu	6.04	7.1	6.23	5.33	5.05	2.81	0.46	3.07
Gd	31.4	29.7	31	27.4	24.3	13.9	2.14	14.9
Tb	4.78	4.58	4.85	4.26	3.78	2.18	0.33	2.31
Dy	27.6	25.7	26.8	24.3	21.5	12.65	1.88	12.5
Ho	6.05	5.47	5.88	5.21	4.55	2.78	0.4	2.66
Er	16.55	15.1	16.2	14.45	12.65	7.67	1.1	7.27
Tm	1.9	1.68	1.8	1.61	1.42	0.89	0.12	0.86
Yb	9.69	8.25	9.08	7.97	7	4.5	0.62	4.33
Lu	1.29	1.09	1.2	1.04	0.92	0.61	0.09	0.59
Y	376	326	348	301	268	170.5	24.8	148.5
$\sum$REE	1060.3	959.97	1014.14	888.27	784.92	486.24	74.77	482.84

注：广州澳实矿物实验室进行样品检测。

　　稀土元素分析结果表明，磷块岩中普遍富集稀土元素，含稀土总量∑REE 除 ZJ-07 号样外，含量分布于 482.84~1060.30μg/g，并富集 La、Ce、Nd、Y 等轻稀土及重稀土元素。将矿样电感耦合等离子体质谱仪（ICP-MS）的分析结果换算成了稀土氧化物，见表 1-9；矿样中稀土氧化物的变化趋势如图 1-26 所示。根据表 1-7 中的数据和图 1-26 中各曲线变化趋势分析，矿样中的稀土主要以钇（Y_2O_3）、镧（La_2O_3）、钕（Nd_2O_3）、铈（CeO_2）等 4 种氧化物为主，占稀土总量的 84.51%~85.50%，平均为 85.10%；∑LREE/∑HREE 比值较高（1.32~1.62），轻稀土占稀土总量的 56.97%~61.78%，平均为 58.44%，重稀土占稀土总量的 38.22%~43.03%，平均为 41.56%，其中稀土钇（Y_2O_3）占稀土总量的 32.26%~37.23%，平均为 35.51%，占重稀土总量的 84.41%~86.52%，平均为 85.44%。除 ZJ-07 号矿样中稀土含量最低外，其他 ZJ-01~ZJ-08 号矿样中的稀土含量有逐渐降低的趋势。就稀土而言，该矿样除钷（Pm）以外，其余 15 种元素皆有一定含量。

　　含稀土磷块岩普遍具铈的正异常，显示成磷环境处于氧化程度相对较高状态。

表 1-9　原矿矿样 ICP-MS 稀土元素分析　　　　　　　　（μg/g）

元素	ZJ-01	ZJ-02	ZJ-03	ZJ-04	ZJ-05	ZJ-06	ZJ-07	ZJ-08
La_2O_3	281.44	246.26	267.93	234	202.41	128.12	21.18	120.51
CeO_2	180.60	170.77	174.66	151.91	135.92	89.54	13.90	113.28
Pr_6O_{11}	39.87	37.81	39.45	35.57	30.86	17.67	2.76	18.57
Nd_2O_3	156.92	152.25	157.37	140.99	125.19	69.97	11.00	74.18
Sm_2O_3	28.42	28.52	29.00	25.87	22.91	12.82	2.03	13.92
Eu_2O_3	6.99	1.26	7.23	6.18	5.86	3.26	0.53	3.56
Gd_2O_3	36.20	34.24	35.65	31.51	27.95	15.99	2.46	17.14
Tb_4O_3	5.62	5.39	5.72	5.03	4.46	2.57	0.39	2.51
Dy_2O_3	31.66	29.48	30.82	27.95	24.73	14.55	2.16	14.38
Ho_2O_3	6.93	6.27	6.76	5.99	5.23	3.20	0.46	3.06
Er_2O_3	18.92	17.27	18.47	16.47	14.42	8.74	1.25	8.29
Yb_2O_3	7.62	9.40	10.35	9.08	7.98	5.13	0.71	4.94
Tm_2O_3	2.17	1.92	2.05	1.84	1.62	1.01	0.14	0.98
Lu_2O_3	1.47	1.24	1.37	1.19	1.05	0.69	0.10	0.67
Y_2O_3	477.39	413.91	441.96	382.27	340.36	216.54	31.50	188.60
∑REO	1282.22	1155.89	1228.79	1075.85	950.95	589.8	90.57	584.59
∑LREO	730.44	671.01	711.29	626.03	551.1	337.37	53.86	361.16
∑HREO	551.78	484.88	517.5	449.82	399.85	252.43	36.71	223.43
∑LREO/∑HREO	1.32	1.38	1.38	1.39	1.38	1.34	1.47	1.62

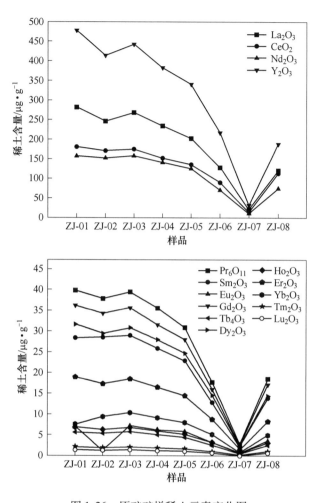

图 1-26 原矿矿样稀土元素变化图

1.4 织金磷矿激光剥蚀（探针）电感耦合等离子体质谱分析

激光剥蚀 – 等离子体质谱仪（LA-ICP-MS）是近 20 年来迅速发展起来的原位、微区、微量元素分析技术，它的出现得益于现代分析技术以及地球科学的迅猛发展，它主要由两台仪器组成，LA（laser ablation）指的是激光设备，ICP-MS（inductively coupled plasma-mass spectrometer）指的是成分分析仪器。从 1985 年 Gray 首次将激光剥蚀技术与 ICP-MS 连用以来，在这 20 多年来该项技术不论在仪器结构性能还是在分析应用的研究领域均取得了重大进展。目前 LA-ICP-MS 的应用主要集中于地质、环境、生物、材料、工业产品检测等领域，可分析主量、微量、痕量、超痕量元素，特别在稀土元素（REEs）、PGEs、同位素分析等方面具有很大优势。它具有原位、实时、快速的分析优势以及灵敏度高、检出限低、空间分辨率高、谱线相对简单、多元素同时测定及可提供同位素比值信息的检测能力[3]。

采用美国 Resolution M-50 激光剥蚀系统和 Agilent7500 型 ICP-MS 联机组合，在矿石光片中测定了 11 个点胶磷矿中的稀土含量，束斑大小为 43μm。测定结果见表 1-10，从表中可见，测定 11 个点 15 个稀土元素各含量变化不大，其中点 6、7 和 9 含量略有变化是因胶磷矿中含硅或黄铁矿包裹体所致，各稀土元素含量也是同步减少，原位 LA-ICP-MS 稀土含量测定结果也表明稀土在胶磷矿中是均匀分布，具有类质同象特征。此外，也注意到原位 LA-ICP-MS 稀土含量测定的平均稀土分量和平均稀土总量与单矿物分析结果基本吻合。

表 1-10　胶磷矿原位 LA-ICP-MS 稀土含量测定结果　　　　　　（μg/g）

测点	稀土成分及含量															
	La_2O_3	CeO_2	Pr_6O_{11}	Nd_2O_3	Sm_2O_3	Eu_2O_3	Gd_2O_3	Tb_4O_7	Dy_2O_3	Ho_2O_3	Er_2O_3	Tm_2O_3	Yb_2O_3	Lu_2O_3	Y_2O_3	合计
1	470.3	325.0	73.0	318.9	57.7	15.3	70.2	9.3	54.9	12.0	30.3	3.5	17.0	2.0	706.0	2165.5
2	522.8	328.4	79.9	348.6	62.9	13.7	74.0	10.3	60.1	12.8	32.2	3.6	18.7	2.3	724.7	2295.1
3	516.7	335.3	73.7	311.8	56.0	11.4	67.4	9.0	55.4	11.9	29.9	3.3	16.9	2.1	667.5	2168.4
4	473.0	288.7	75.2	328.4	60.1	13.5	71.4	9.8	58.3	12.4	30.3	3.6	17.7	2.2	702.9	2147.5
5	506.6	283.6	71.0	296.0	52.0	11.7	61.9	8.5	51.5	11.3	29.2	3.4	16.8	2.2	666.3	2072.1
6	311.2	203.2	57.0	257.6	48.8	13.1	59.8	8.2	47.5	10.8	24.4	2.6	12.7	1.5	569.8	1627.4
7	261.3	151.7	33.3	142.0	24.4	6.0	31.1	4.4	25.9	5.9	15.4	1.9	9.4	1.2	375.9	1089.7
8	460.4	263.8	70.4	305.9	55.6	13.0	66.5	9.3	55.1	12.2	30.3	3.5	16.8	2.1	709.0	2073.8
9	332.2	199.0	55.7	249.7	45.8	10.9	56.6	7.7	46.6	10.1	24.2	2.7	13.3	1.6	568.2	1624.5
10	430.9	256.9	66.9	288.2	52.4	11.9	62.5	8.6	51.6	11.0	27.0	3.1	15.1	1.8	634.3	1922.2
11	489.5	272.7	68.2	288.2	51.4	10.6	61.2	8.4	50.5	10.9	27.3	3.1	14.8	1.9	648.5	2007.3
平均	434.1	264.4	65.9	285.0	51.6	11.9	62.0	8.5	50.7	11.0	27.3	3.1	15.4	1.9	633.9	1926.7

1.5　织金磷矿稀土中稀土元素赋存状态研究

1.5.1　稀土元素化学物相分析实验

化学物相分析通过分步选择性溶解，可以较准确地分析各矿物中某种元素的含量，是定量分析元素赋存状态的有效手段。

样品为取自织金新华磷矿果化矿段磷矿石综合样。

根据磷矿石的化学成分分析结果，选取 La 和 Y 代表总的稀土元素进行测试，并结合矿物组成制定稀土元素物相分析实验步骤如下：

（1）称取 –200 目矿样（磷矿石）放入 500mL 烧杯中，各自加入 500mL 浓度为 20～50g/L 的 $(NH_4)_2SO_4$ 溶液，在室温（25℃）条件下水浴搅拌加热 1～3h，分别过滤，收集滤液测试离子相稀土元素（La、Y）和 P 含量，滤渣保留。

此步骤主要测定样品中是否存在稀土元素离子吸附相。

（2）滤渣分别放入 500mL 烧杯中，并加入 500mL 的 APS 溶液（20～50g/L），在室温（25℃）条件下水浴搅拌加热 1～3h，分别过滤，收集滤液测试胶磷矿相稀土元素（La、Y）和 P 含量，滤渣保留。

本过程主要检查样品中胶磷矿相稀土元素含量，同时检测 P 元素含量。

（3）将上一步滤渣放入 500mL 5% HAc 溶液中，沸水浴搅拌加热 1～3h，分别过滤，测定碳酸盐相稀土元素（La、Y）和 P 含量，滤渣保留。

主要测定样品中碳酸盐相稀土元素及 P 含量。

（4）将上一步滤渣放入 500mL 20% HCl － 10g/L $SnCl_2$ 溶液中，沸水浴搅拌加热 1～3h，分别过滤，测定褐铁矿相稀土元素（La、Y）和 P 含量，滤渣保留。

根据化学常量元素分析结果，样品中存在褐铁矿。只是因其以胶状形式存在，故 XRD 分析中未有检出。此过程主要检查褐铁矿中稀土元素及 P 含量。

（5）将上一步滤渣转至用聚四氟乙烯烧杯盛装的 50mL 5% HF 溶液中，沸水浴加热 1h，分别过滤后，在滤液中各加入 5mL 高氯酸，在电炉上蒸发至冒白烟后，继续蒸发至剩余体积的 1/3，确保彻底驱氟，取下冷却后将溶液转移至烧杯中，测试硅酸盐相稀土元素（La、Y）和 P 含量，滤渣保留。

1.5.2 化学物相分析实验测试结果

本次两个样品的稀土元素及磷元素物相分析实验结果见表 1-11 及表 1-12。

表 1-11 白云质磷块岩稀土元素及 P 元素物相分析实验数据

白云质磷矿石	La 含量/$\mu g \cdot g^{-1}$	分配率/%	Y 含量/$\mu g \cdot g^{-1}$	分配率/%	P 含量/%	P_2O_5 含量/%	分配率/%
离子吸附相	微量	0	0	0	0.35	0.80	4.37
胶磷矿相	171.70	85.54	295.56	100	7.30	16.71	91.26
碳酸盐相	8.55	4.26	0	0	0.13	0.29	1.58
褐铁矿相	9.84	4.90	0	0	0.13	0.29	1.58
硅酸盐相	10.64	5.30	0	0	0.10	0.23	1.26
合计	200.73	100	295.56	100	8.00	18.32	100.05
原矿	191	—	292	—	—	18.73	—
偏差/%	5.09	—	1.23	—	—	2.19	—

表 1-12 硅质磷块岩稀土元素及 P 元素物相分析实验数据

硅质磷矿石	La 含量/$\mu g \cdot g^{-1}$	分配率/%	Y 含量/$\mu g \cdot g^{-1}$	分配率/%	P 含量/%	P_2O_5 含量/%	分配率/%
离子吸附相	0	0	0	0	0.47	1.07	4.95
胶磷矿相	156	73.93	177	51.75	8.63	19.76	91.48
碳酸盐相	0	0	10	2.92	0.12	0.27	1.25
褐铁矿相	55	26.07	68	19.88	0.12	0.27	1.25
硅酸盐相	0	0	87	25.43	0.10	0.23	1.06
合计	211	100	342	99.99	9.44	21.60	99.99
原矿	205	—	354	—	—	22.1	—
偏差/%	－ 3.41	—	3.39	—	—	2.26	—

白云质磷块岩稀土元素 La、Y 及 P 元素物相分析实验数据中，离子吸附相经反复多

次浸出后，浸出液经 ICP-AES 检测，未检测出含有稀土特征值元素 La、Y，可能是因浸出过程稀土迁出量极低，加上浸出液稀释定容导致检测不到 La、Y 元素的存在。

碳酸盐相、褐铁矿相及硅酸盐相的浸出液检测中，也存在未检测到稀土特征值元素 Y，可能与稀土元素 Y 主要进入胶磷矿相，导致进入其余相含量偏低，难以检测出有一定关系。

硅质磷块岩稀土元素及 P 元素物相分析中，Y 元素能在 ICP-AES 分析中能够有微量含量显示，可能与本类型磷矿石中稀土含量高于原生矿（白云质磷块岩）稀土含量有一定关系。

硅酸盐相中的稀土特征值元素 La、Y 的检测中，出现含量检测不均匀性，可能因检测过程中矿石性质差异有关；尤其是硅质磷矿石（磷块岩）隐晶硅质混同黏土矿物形成基底胶结物，导致浸出过程中稀土元素特征值 La、Y 迁出转移存在差异有关联。

1.5.3　稀土元素及磷的赋存状态分析

根据上述物相分析实验结果，进行了两个样品稀土元素分析综合元素配分、富集系数、集中系数及稀土元素赋存状态分析。

1.5.3.1　白云质磷块岩稀土元素物相分析及参数计算

根据织金白云质磷块岩化学成分与矿物成分经验比值关系，进行褐铁矿矿物成分计算，则得出原矿褐铁矿矿物含量为 1.67%。稀土元素分配见表 1-13、表 1-14。

表 1-13　白云质磷块岩稀土元素分配

原生磷矿石 （白云质磷矿石）	La 含量 /μg·g⁻¹	Y 含量 /μg·g⁻¹	总和 /μg·g⁻¹	分配量/%	平衡系数 /%
离子吸附相	微量	0	0	0	
胶磷矿相	171.70	295.56	467.26	94.15	
碳酸盐相	8.55	0	8.55	1.72	
褐铁矿相	9.84	0	9.84	1.98	
硅酸盐相	10.64	0	10.64	2.14	
合计	200.73	295.56	496.29	99.99	
原矿品位	191	292	483		−2.75

表 1-14　白云质磷块岩稀土元素在各矿物相分配及参数

原生磷矿石 （白云质磷矿石）	矿物含量 总和/%	样品计算 矿物量/g	稀土总和 /μg·g⁻¹	分配量/g	分配率 /%	平衡系数 /%	集中系数 /%
胶磷矿相	41.2	0.206	467.26	0.963	97.17		
碳酸盐相	42.2	0.211	8.55	0.018	1.82		
褐铁矿相	1.67	0.008	9.84	0.001	0.10		
硅酸盐相	16.6	0.083	10.64	0.009	0.91		
合计	101.67	0.508	496.29	0.991	100		

原生磷矿石 （白云质磷矿石）	矿物含量 总和/%	样品计算 矿物量/g	稀土总和 /μg·g⁻¹	分配量/g	分配率 /%	平衡系数 /%	集中系数 /%
试验样的稀土 分配量比值			2.521				
原矿稀土分配量比值				2.425			
原矿品位			483			0.04	98.10

平衡系数 = [(496.29 − 483)/483] × 100% = − 2.75%。白云质磷矿石稀土元素主要集中于胶磷矿相，其次为硅酸盐相。白云质磷块岩稀土元素在各矿物相分配及参数计算见表 1-13 及下式。

分析测试得到的稀土总分配量 = 0.508 × 496.29 = 2.521；

据原矿品位与试样得到稀土分配量 = 0.5 × 483 = 2.425；

平衡系数 = [(2.521 − 2.425)/2.425] × 100% = 3.96%；

集中系数 = [(0.963 + 0.018)/0.991] × 100% = 98.99%。

白云质磷块岩中稀土元素及重稀土元素 Y（钇），在类质同象替换时一般具有优选性，即先选择进入磷酸盐矿物替换钙离子形成类质同象形式存在，再则进入碳酸盐矿物，形成稀土碳酸盐矿物系列。但碳酸盐矿物首先选择轻稀土元素进行类质同象替换，导致织金磷矿重稀土元素 Y 主要赋存于胶磷矿，而极少进入碳酸盐矿物。这就解释了重稀土元素 Y 在本次测试中未检测出原因。白云质磷矿石中的首次胶磷矿相稀土浸出量就超出原矿石稀土含量，除存在允许误差外，也能说明稀土元素进入胶磷矿的优选性。

1.5.3.2 硅质磷矿石稀土元素物相分析及参数计算

根据织金白云质磷块岩化学成分与矿物成分经验比值关系，进行褐铁矿矿物成分计算，则得出原矿褐铁矿矿物含量为 1.67%。石英相在此次物相分析中，为浸出最终产物。由于稀土元素含量在前各矿物相中浸出总量已经接近原矿石品位，故设定其含量甚微，对整体稀土元素赋存及配分计算误差影响不大。稀土元素分配见表 1-15、表 1-16。

表 1-15 硅质磷块岩稀土元素分配

硅质磷矿石	La 含量/μg·g⁻¹	Y 含量/μg·g⁻¹	总和/μg·g⁻¹	分配量/%	平衡系数/%
离子吸附相	0	0	0	0	
胶磷矿相	156	177	333	60.22	
碳酸盐相	0	10	10	1.81	
褐铁矿相	55	68	123	22.24	
硅酸盐相	0	87	87	15.73	
合计	211	342	553	100.00	
原矿	205	354	559		− 0.01

表 1-16　硅质磷块岩稀土元素在各矿物相分配及参数

原生磷矿石 （白云质磷矿石）	矿物含量 总和/%	样品计算 矿物量/g	稀土总和 /μg·g^{-1}	分配量/g	分配率 /%	平衡系数 /%	集中系数 /%
胶磷矿相	47.4	0.237	333.0	0.789	88.35		
碳酸盐相	9.6	0.048	10.0	0.005	0.56		
褐铁矿相	5.53	0.028	123.0	0.034	3.81		
硅酸盐相	15.0	0.075	87.0	0.065	7.28		
石英相	28.0	0.14	0	0	0		
合计	105.53	0.528	553	0.893	100		
试验样的稀土 分配量比值			2.920				
原矿的稀土分配量比值				2.795			
原矿试样量		0.5					
原矿品位			559			4.47	95.63

利用实测各矿物相稀土含量进行稀土分配量计算，明显存在稀土过于分散，应结合各矿物相实际含量进行稀土分配计算。计算过程及结果见表 1-16。

根据稀土元素富集平衡系数及集中系数计算公式，计算如下：

分析测试得到的稀土总分配量 $= 0.528 \times 553 = 2.920$；

据原矿品位与试样得到稀土分配量 $= 0.5 \times 559 = 2.795$；

平衡系数 $= [(2.920 - 2.795)/2.795] \times 100\% = 4.47\%$；

集中系数 $= [(0.789 + 0.065)/0.893] \times 100\% = 95.63\%$。

1.5.4　结果与讨论

结果与讨论具体如下：

（1）白云质磷块岩稀土元素物相分析计算结果表明，稀土元素主要赋存于胶磷矿中。胶磷矿中稀土分配量为 97.17%，加上碳酸盐矿物中稀土分配量为 1.82%，故稀土集中系数为 98.99%。物相分析的平衡系数为 3.96%，分布于允许的较好区域。

离子吸附相尚未检测到有稀土元素的含量，加上显微镜观察、XRD 分析及 SEM 配合能谱分析未检测到稀土独立矿物相存在，可以得出磷矿石中稀土元素主要以类质同象形式存在于胶磷矿中。

碳酸盐矿物中稀土分配量为 1.82%，可能与碳酸盐矿物形成过程中少量稀土元素（主要为轻稀土元素系列）替换其中 Ca 离子有关。但总体分布上还与稀土元素优先于替换胶磷矿中 Ca 离子的性质及物理化学环境条件有关。

硅酸盐矿物相中主要矿物为黏土矿物（伊利石）及石英，其中黏土矿物含量为8.4%，稀土元素分配量为 0.91%，根据相关研究资料推断石英含稀土元素量一般较低，分析测试中主要检测黏土矿物相，故硅酸盐（石英）相的稀土元素（轻稀土元素组）主要赋存状态与伊利石的层间吸附有关。

（2）硅质磷块岩稀土元素物相分析结果显示，稀土元素主要赋存于胶磷矿中。胶磷矿中稀土分配量为88.35%，硅酸盐相（伊利石）矿物中稀土分配量为7.28%，表明稀土元素主要赋存于胶磷矿中，其次为硅酸盐相（伊利石）矿物内。两者稀土集中系数为95.63%。物相分析平衡系数为4.47%，分布于允许的正常区域内。

本类型磷矿石离子吸附相未检测到稀土元素，磷矿石物质成分研究中未见稀土独立矿物存在，表明硅质磷矿石中稀土元素主要以类质同象形式存在于胶磷矿中。本类型磷矿石中黏土矿物（伊利石）含量较高达到15.0%，稀土分配量为7.28%，可能与伊利石层间吸附稀土元素有关联。

硅质磷矿石中碳酸盐相和硅酸盐相未检测到轻稀土元素，可能与矿石类型不同有关。据彭军等[4]研究资料，热水沉积硅质岩稀土总量低，铈的亏损较明显，而铕的亏损不明显，甚至出现正异常，且重稀土（HREE）有富集趋势。织金磷矿前人研究结果显示见有热水沉积成因[5]。本矿石类型为硅质磷块岩，由于黏土矿物相、碳酸盐矿物相常混有隐晶硅质等，加上硅质类本身稀土含量较低，导致轻稀土元素难以检测，只检查到重稀土元素。

1.5.5　稀土元素赋存状态总结

白云质磷块岩稀土元素主要赋存于胶磷矿中。胶磷矿中稀土分配量为97.17%，碳酸盐矿物中稀土分配量为1.82%，稀土集中系数为98.99%。

硅质磷块岩稀土元素主要赋存于胶磷矿中。胶磷矿中稀土分配量为88.35%，硅酸盐相（伊利石）矿物中稀土分配量为7.28%，表明稀土元素主要赋存于胶磷矿中，其次为硅酸盐相（伊利石）矿物内。两者稀土集中系数为95.63%。

1.6　织金中低品位磷矿石工艺性质特征

含稀土中低品位磷矿石自然类型分为以下几种类型：生物碎屑磷块岩、条带状磷块岩、鲕状磷块岩、内碎屑磷块岩与砂质磷块岩。其自然类型分别代表了不同层位，构成白云质磷块岩整体（图1-3、图1-4）。选取具有代表性的生物碎屑磷块岩、条带状磷块岩为主的综合样开展工艺矿物学特征分析。

在胶磷矿选矿过程中，其主要胶磷矿颗粒粒度、表面化学性质以及解离性能控制着选矿指标的选择。用显微镜或特定仪器及方法统计出磷矿石样品中不同粒径颗粒占总量的百分数，称为粒度分布统计，具体有区间分布和累计分布两种形式。区间分布又称为微分分布或频率分布，它表示一系列粒径区间中颗粒的百分含量。累计分布也叫积分分布，它表示小于或大于某粒径颗粒的百分含量。本次粒度分析统计样品中，胶磷矿粒度分布不均匀，需要进行胶磷矿的粒度分布特征统计分析，为选矿提供有价值的基础资料。

1.6.1　胶磷矿主要矿石粒度分布特征

本研究区粒度分布特征主要有均匀细粒分布类型，主要有见6号样砂屑含稀土磷块岩；不均匀等粒状分布，主要见1号样、2号样、3号样及4号样等；不均匀条带状分布，于集密粒状分布与稀疏粒状分布构成，主要见于4号样、5号样，其他样品中见有类型特征。不均匀等粒状、条带状分布是本区主要粒度分布特征。

1.6.1.1　胶磷矿主要矿石粒度统计分析

对胶磷矿主要矿石样品 1～6 号样进行显微镜鉴定制片，采用奥林巴斯 CX21P 显微镜完成粒度统计分析，得出胶磷矿总粒径分布范围为 0.0114～0.2186mm，多为 0.0593～0.1339mm。平均粒径为 0.1096mm。矿石工艺粒度分布范围为 0.055～0.1487mm，平均为 0.0979mm。统计分析结果表明，本矿区工艺粒度平均值为 0.0979mm。

测量统计分析结果表明，磷矿石中 0.08～0.12mm 直径颗粒分布普遍为各样片最大分布值，与上述统计分析结果相符合。

硅钙质磷块岩中胶磷矿矿石磨至 0.1mm 以下时，0.10～0.074mm 粒级胶磷矿单体解离率为 88.4%，0.074～0.037mm 粒级的单体解离率为 92.6%，对本区主要类型胶磷矿的解离实验具有一定参考意义。

1.6.1.2　以磷矿石样品（样品号：ZJ2-1）为例进行粒度统计分析

测试矿物名称：胶磷矿（矿片编号 2-1）。

绘制弦长测量统计表：表 1-17。

步长：$\Delta = 2 \times 0.02 = 0.04\text{mm}$，$L_T = 10 \times 15 = 150\text{mm}$。

目镜测微尺刻度值 $= \dfrac{\text{物镜测微尺格数} \times 0.01\text{mm}}{\text{目镜测微尺格数}} = \dfrac{100 \times 0.01\text{mm}}{50} = 0.02\text{mm/格}$。

$W = 0.02\text{mm}$；物镜：$5\times$；目镜：$10\times$；放大倍数：5×10 倍。

表 1-17　磷矿颗粒的弦长测量结果（矿片编号：2-1）

截弦区间（$i \sim i+1$）Δ/mm	球形颗粒直径 $d_{(V)j}$/mm	颗粒数 N_i	测线单位长度上的颗粒数 $(n_L)_i$/mm^{-1}	磷矿颗粒数 $(N_V)_j$/mm^{-3}
0～0.04	0.04	46	0.30637	28.3296
0.04～0.08	0.08	122	0.8133	125.5414
0.08～0.12	0.12	85	0.5667	81.0985
0.12～0.16	0.16	12	0.08	4.9654
0.16～0.20	0.20	7	0.0467	3.16702
0.20～0.24	0.24	2	0.0133	0.9622
0.24～0.28	0.28			
0.28～0.32	0.32			
0.32～0.36	0.36			
0.36～0.40	0.40			
总计				244.0641

$\Delta = 0.04\text{mm}$

$$(N_V)_j = \frac{4}{\pi\Delta^2} \times \left(\frac{(n_L)_i}{2i-1} \frac{(n_L)_{i+1}}{2i+1} \right)$$

$$\sum_{j=1}^{10} d_{(V)j} \cdot (N_V)_j = 22.5671\text{mm}$$

$$磷矿颗粒平均直径\ \overline{d}_{(V)} = \frac{\sum\limits_{j=1}^{k} d_{(V)j} \cdot (N_V)_j}{\sum\limits_{j=1}^{k} (N_V)_j} = \frac{22.5671}{244.0641} = 0.0925\text{mm}$$

磷矿石平均工艺粒度 $\overline{D} = 0.806\overline{d}_{(V)} = 0.806 \times 0.0925 = 0.0745\text{mm}$

表1-18 和图1-27 为磷矿石中组成矿物胶磷矿各粒级含量及累计含量测量计算图表。

表1-18 1号样各粒级含量及累计含量计算

矿 物		粒级/mm					合计	含量/%
		>0.04	0.04~0.08	0.08~0.12	0.12~0.16	0.16~0.20		
胶磷矿	截距数	90	221	115	56	7	489	
	粒级含量/%	18.40	45.19	23.52	11.45	1.43		
	累计含量/%	18.40	63.59	87.11	98.56	100		
合 计								

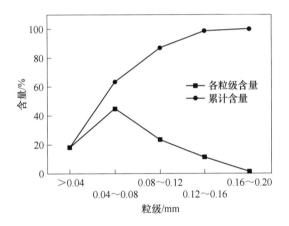

图 1-27 1号样各粒级含量及累计含量图

1.6.2 中低品位磷块岩中胶磷矿的嵌布特征

1.6.2.1 磷矿石主要有用矿物嵌布特征

中低品位磷块岩中的胶磷矿主要呈生物碎屑、不规则粒状（凝胶状、块状、内碎屑、生物屑）产出，见呈条带状以及纤维状。胶磷矿在单偏光下呈浅褐色－黑褐色，在正交偏光下显全消光性质。见少量重结晶的胶磷矿，正交偏光下呈Ⅰ级灰－亮灰白干涉色。

能谱分析表明胶磷矿含有 Fe、Mg 等有害组分，是一种含有 Si、Al、Mg、Fe 等有害组分的超细集合体，因此在工艺矿物学研究中常把胶磷矿中包裹体看成胶磷矿的组成部分，故常以其自然形态作为解离单体对待。

根据以上分析，本区中低品位磷块岩中胶磷矿嵌布特征主要分为三类。

A：细－微粒均匀嵌布；

B：不等粒带状嵌布；

C：不等粒不规则脉状嵌布。

1.6.2.2 脉石矿物的结构与嵌布关系

脉石矿物中白云石主要呈胶结物产出，一般为粉砂集合体，主要嵌布粒度为 0.02 ~ 0.15mm，白云石单体结晶粒度大多为 0.01 ~ 0.05mm。石英主要呈次棱角 – 次圆状，主要嵌布粒度范围为 0.02 ~ 0.1mm。玉髓呈微细粒集合体，呈胶结物状产出。黏土矿物一般呈细粒片状集合体产出，常包裹胶磷矿、微细粒石英、褐铁矿以及碳质，构成杂基支撑结构。褐铁矿一般呈细粒状分散嵌布，主要嵌布粒度为 0.01 ~ 0.1mm，见后期脉状褐铁矿产出。

1.6.3 中低品位磷块岩中胶磷矿解离特征

本次研究对中低品位白云质磷块岩的 1 ~ 7 号样品，进行了胶磷矿解离度计算及统计，结果如下。

1 号样：

磷块岩 – 0.025 ~ + 0.150mm 粒级解离度：54.90%；

磷块岩 – 0.150 ~ + 0.106mm 粒级解离度：41.48%；

磷块岩 – 0.106 ~ + 0.075mm 粒级解离度：71.50%；

磷块岩 – 0.075 ~ + 0.053mm 粒级解离度：65.47%。

2 号样：

磷块岩 – 0.025 ~ + 0.150mm 粒级解离度：88.12%；

磷块岩 – 0.150 ~ + 0.106mm 粒级解离度：87.00%；

磷块岩 – 0.106 ~ + 0.075mm 粒级解离度：92.70%；

磷块岩 – 0.075 ~ + 0.053mm 粒级解离度：89.00%。

3 号样：

磷块岩 – 0.025 ~ + 0.150mm 粒级解离度：70.15%；

磷块岩 – 0.150 ~ + 0.106mm 粒级解离度：52.88%；

磷块岩 – 0.106 ~ + 0.075mm 粒级解离度：78.50%；

磷块岩 – 0.075 ~ + 0.053mm 粒级解离度：64.54%。

4 号样：

磷块岩 – 0.025 ~ + 0.150mm 粒级解离度：53.02%；

磷块岩 – 0.150 ~ + 0.106mm 粒级解离度：80.50%；

磷块岩 – 0.106 ~ + 0.075mm 粒级解离度：96.00%；

磷块岩 – 0.075 ~ + 0.053mm 粒级解离度：98.00%。

5 号样：

磷块岩 – 0.025 ~ + 0.150mm 粒级解离度：91.00%；

磷块岩 – 0.150 ~ + 0.106mm 粒级解离度：98.00%；

磷块岩 – 0.106 ~ + 0.075mm 粒级解离度：99.00%；

磷块岩 – 0.075 ~ + 0.053mm 粒级解离度：99.00%。

6 号样：

磷块岩 - 0. 025 ~ + 0. 150mm 粒级解离度：46. 75%；

磷块岩 - 0. 150 ~ + 0. 106mm 粒级解离度：84. 50%；

磷块岩 - 0. 106 ~ + 0. 075mm 粒级解离度：95. 00%；

磷块岩 - 0. 075 ~ + 0. 053mm 粒级解离度：97. 00%。

7 号样：

磷块岩 - 0. 025 ~ + 0. 150mm 粒级解离度：58. 06%；

磷块岩 - 0. 150 ~ + 0. 106mm 粒级解离度：94. 30%；

磷块岩 - 0. 106 ~ + 0. 075mm 粒级解离度：96. 00%；

磷块岩 - 0. 075 ~ + 0. 053mm 粒级解离度：98. 00%。

1 ~ 7 号样品中胶磷矿的解离度主要特征为： - 0. 150 ~ + 0. 106mm、 - 0. 106 ~ + 0. 075mm、 - 0. 075 ~ + 0. 053mm 三个粒级范围胶磷矿的解离度普遍较高，普遍高于 80% 以上； - 0. 025 ~ + 0. 150mm 粒级解离度多数样中普遍较低，为 46. 75% ~ 70. 15%。

1.7　主要结论

主要结论如下：

（1）显微镜下观察表明：原生磷块岩的主要矿物是磷灰石和白云石，并且粒状和块状集合体产出；风化磷矿的主要矿物是磷灰石，呈团粒状产出，且含一部分石英，呈半透明或不透明的晶体产出。

（2）由 XRD 图谱分析和扫描电镜及能谱分析可知：原生磷块岩的主要矿物为胶磷矿（氟磷灰石），氟磷灰石含量为 40. 6%，脉石矿物主要为白云石等矿物，白云石含量为 52. 1%，发现 Y 元素，Y 元素的赋存状态可能与白云岩相关；风化磷矿的主要矿物为胶磷矿（氟磷灰石），氟磷灰石含量为 88. 1%，脉石矿物主要为石英、白云石等矿物，石英含量为 7. 0%，白云石含量为 2. 0%。磷块岩经风化作用后，风化磷矿石中白云石明显大量迁出，同时磷灰石产生 1 倍以上的富集。

（3）化学元素分析结果显示原生磷块岩中 P_2O_5 含量为 21. 141%，表明 P_2O_5 含量不高，属于中 - 低品位磷块岩；稀土元素 La、Ce、Nd 等 16 种元素，$\sum REE$ 为 1172. 95μg/g，稀土总含量大于 1000μg/g，故此原生磷块岩属于含稀土磷块岩；风化磷矿石样品中 P_2O_5 含量为 35. 109%，表明 P_2O_5 含量较高，属于高品位磷矿石，稀土元素含量 La、Ce、Nd 等 16 种元素，$\sum REE$ 为 1639. 92μg/g，较原生磷块岩的稀土元素含量 1172. 95μg/g 高，说明原生磷块岩在风化过程中除了 P_2O_5 含量的升高，还伴随着稀土元素升高，稀土元素达到了一定的富集。

（4）白云质磷块岩稀土元素主要赋存于胶磷矿中，胶磷矿中稀土分配量为 97. 17%，碳酸盐矿物中稀土分配量为 1. 82%，稀土集中系数为 98. 99%。

硅质磷块岩稀土元素主要赋存于胶磷矿中。胶磷矿中稀土分配量为 88. 35%，硅酸盐相（伊利石）矿物中稀土分配量为 7. 28%，表明稀土元素主要赋存于胶磷矿中，其次为硅酸盐相（伊利石）矿物内。两者稀土集中系数为 95. 63%。

（5）对胶磷矿主要矿石样品 1 号样 ~ 6 号样等进行了粒度统计分析，得出胶磷矿总粒径分布范围为 0. 0114 ~ 0. 2186mm，多为 0. 0593 ~ 0. 1339mm。平均粒径为 0. 1096mm。矿石工艺粒度分布范围为 0.055 ~ 0.1487mm，平均为 0.0979mm。统计分析结果表明，本矿区工艺粒度平均值为 0.0979mm。

（6）脉石矿物的结构与嵌布关系：脉石矿物中白云石主要呈胶结物产出，一般为粉砂集合体，主要嵌布粒度为 0.02 ~ 0.15mm，白云石单体结晶粒度大多为 0.01 ~ 0.05mm。石英主要呈次棱角 ~ 次圆状，主要嵌布粒度范围为 0.02 ~ 0.1mm。玉髓呈微细粒集合体呈胶结物状产出。黏土矿物一般呈细粒片状集合体产出，常包裹胶磷矿、微细粒石英、褐铁矿以及碳质，构成杂基支撑结构。褐铁矿一般呈细粒状分散嵌布，主要嵌布粒度为 0.01 ~ 0.1mm，见后期脉状褐铁矿产出。

（7）1 ~ 7 号样品中胶磷矿的解离度主要特征为：− 0.150 ~ + 0.106mm、− 0.106 ~ + 0.075mm、− 0.075 ~ + 0.053mm 三个粒级范围胶磷矿的解离度普遍较高，普遍高于 80% 以上；− 0.025 ~ + 0.150mm 粒级解离度多数样中普遍较低，为 46.75% ~ 70.15%。

参 考 文 献

[1] 张杰，等. 贵州织金含稀土磷块岩矿床生物成矿基本特征 [J]. 稀土，2006，27（1）：93 ~ 94
[2] 张杰，张覃，龚美菱，等. 贵州寒武纪早期磷块岩稀土元素特征 [M]. 北京：冶金工业出版社，2008.
[3] 刘勇胜，胡兆初，李明，等. LA-ICP-MS 在地质样品元素分析中的应用 [J]. 科学通报，2013，58（36）：3753 ~ 3769.
[4] 彭军，夏文杰，伊海生. 湘西晚前寒武纪层状硅质岩的热水沉积地球化学标志及其环境意义 [J]. 岩相古地理，1999，19（2）：1 ~ 11.
[5] 张杰，张覃，陈代良. 贵州织金新华含稀土磷矿床稀土元素地球化学及生物成矿基本特征 [J]. 矿物岩石，2003，23（3）：35 ~ 38.

2 贵州瓮福磷矿床磷矿石
工艺性质研究（A 层矿）

针对瓮福磷矿床开展磷矿石物质组成分析研究，主要进行磷矿石制样、制片、显微镜透射光和反射光下矿石矿物组成分析鉴定、X 射线衍射分析（XRD）、扫描电镜配合能谱分析、矿石结构构造分析、矿石化学成分及微量元素组成分析等，查明磷矿石矿物成分、化学组分及结构构造特征。

磷矿石加工性质特征研究，主要完成磷矿石粒度分布及嵌布特征分析、筛分分析及磷矿石解离度分析。

在以上研究工作基础上，查明某磷矿石（A 层矿）的矿物组成、结构构造特征、化学成分及微量元素组成分布特征。并通过矿物粒度和嵌布特征分析及解离度分析，查明磷矿石加工工艺性质，为该磷矿石加工利用提供有价值的基础分析资料。

2.1 磷矿石矿物组成特征

对瓮福磷矿石（A 层矿）样品开展物质组成分析，主要分为矿石矿物组成及化学成分分析。矿石矿物组成分析主要目的是查明磷矿石主要有用矿物种类、矿石类型、脉石矿物种类等；化学成分分析是查明矿石矿物化学组成及微量元素分布特征，为磷矿石加工利用提供物质组成分析研究资料。

采用奥林巴斯 CX21P 显微镜配合 X 射线衍射（XRD）分析、SEM 配合能谱分析进行磷矿石有用矿物、脉石矿物种类、含量及矿石类型分析，查明磷矿石矿物组成、含量及分布特征。

2.1.1 磷矿石矿物组成显微镜观察分析

采用奥林巴斯 CX21P 显微镜进行磷矿石薄片观察分析。

2.1.1.1 含硅白云石磷矿石（1 号样品，薄片号：A1、A2）

磷矿石经鉴定定名：含硅白云质磷矿石（含硅钙质磷矿石）。

主要有用矿物成分：磷酸盐类矿物主要为胶磷矿，极少部分呈结晶状磷灰石产出。含量为 40% ~ 60%。胶磷矿占含量的绝对多数。脉石矿物主要为石英、碳酸盐矿物白云石、方解石等为主。

胶磷矿：主要见团粒状、条带状、鲕粒状、细微粒状及胶状等产出（图 2-1 ~ 图 2-18）。其粒径分布为 0.10 ~ 0.22mm，平均粒径为 0.167mm。少量胶磷矿团粒颗粒大于 0.2mm，主要为微细粒胶磷矿及胶状胶磷矿。SEM-EDAX 分析结果证明胶磷矿矿物主要成分多为氟磷灰石（图 2-26），少部分为碳磷灰石。

团粒状胶磷矿主要由内碎屑胶磷矿团粒构成，因短距离搬运形成浑圆状。见部分胶磷矿团粒被隐晶质硅质胶结（图 2-5 ~ 图 2-18）。

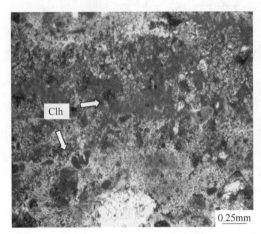
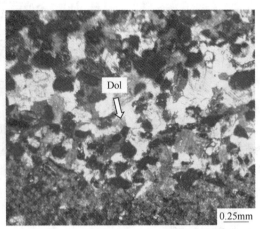

图 2-1　白云质磷矿石（样品号：A1）　　　　图 2-2　磷矿石中白云石（Dol）（样品号：A1）

（主要见团粒状、胶状胶磷矿（Clh），（-）×4）　（呈结晶状碳酸盐矿物，主要为白云石，（+）×4）

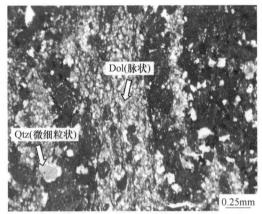

图 2-3　条带状胶磷矿（样品号：A1）　　　　图 2-4　条带状胶磷矿（样品号：A1）

（硅钙质磷矿石中条带状胶磷矿（Clh），（-）×4）　（石英（Qtz）产出于脉状白云石（Dol）中，（+）×4）

团粒状胶磷矿正交偏光（+）观察下显示混有细微粒硅质及微晶白云石，表明前期胶磷矿沉积过程中存在杂混堆积现象。

极少部分结晶磷灰石含量少于 5%，产出于磷矿石中，其结晶程度较高（图 2-9）。SEM-EDAX 分析结果见图 2-67，成分主要为氟磷灰石。

部分鲕粒状胶磷矿主要为藻鲕粒构成（图 2-11、图 2-12），显示磷矿石为生物成因。

磷矿石中部分胶状胶磷矿与微晶白云石成脉状、条带状产出，并见混合黏土矿物胶结微晶白云石。该部分胶磷矿由于粒度过细导致难于回收，见图 2-2、图 2-3、图 2-7、图 2-8。

脉石矿物：主要为碳酸盐矿物（白云石为主）、石英（隐晶硅质）、少部分微晶黄铁矿及混杂胶磷矿的黏土矿物伊利石等。

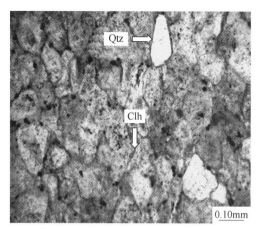

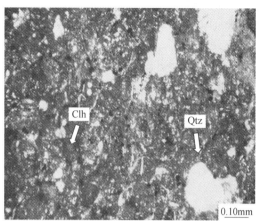

图 2-5　团粒状胶磷矿（Clh）（样品号：A2）

（磷矿石中团粒状胶磷矿及石英颗粒，

（－）×10）

图 2-6　团粒状胶磷矿（Clh）（样品号：A2）

（磷矿石中的石英（Qtz）颗粒和

微晶白云石，（＋）×10）

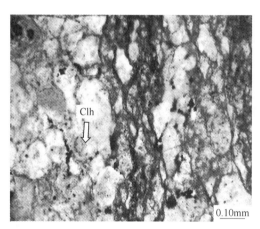

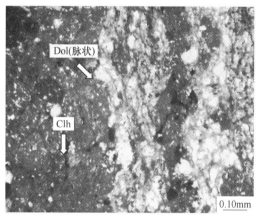

图 2-7　硅钙质磷矿石（样品号：A2）

（硅钙质磷矿石中团粒状胶磷矿（Clh），

（－）×10）

图 2-8　硅钙质磷矿石（样品号：A2）

（硅钙质磷矿石中胶磷矿（Clh）

被硅质胶结，（＋）×10）

　　石英主要粒径为 0.03～0.22mm。平均粒径为 0.105mm，主要以微晶状、隐晶质体及团粒状等为主。团粒状石英颗粒粒径 0.20～0.5mm，正交偏光下为一级灰干涉色，呈分散状分布（图 2-7、图 2-8），但总体以含量不高为特征。微晶状石英与多与胶磷矿混生，见有构成团粒状产出（图 2-5、图 2-6、图 2-11、图 2-12）。

　　硅质矿物另一产出特征为胶状隐晶质石英胶结胶磷矿，或胶结胶磷矿颗粒形成外壳，构成成条带状产出于磷矿石中（图 2-3、图 2-4、图 2-11、图 2-12）。该部分胶磷矿占硅质矿物较大部分。颗粒状石英分散状产出，主要粒径为 0.10～0.20mm，石英的总体含量为15%～20%。

　　碳酸盐矿物主要分为两部分：一部分为细晶－微晶白云石混杂黏土矿物，构成微晶基质基底式胶结类型，杂基支撑，总体呈脉状、条带状产出（图2-3、图2-4）。另一部分为微晶白云石呈颗粒状集合体产出，构成脉状、条带状分布于胶磷矿中（图2-7、图2-8）。

　　镜下见部分碳酸盐矿物为方解石产出（图2-2）。

　　碳酸盐矿物在样品中含量占20%～30%。

　　还见碳质（有机质）被包裹于胶磷矿颗粒中，少量见包裹于脉状胶磷矿（图2-13～图2-16）。

　　黄铁矿：主要以微粒状分散产出于胶磷矿中，粒径普遍较细，多为粒径小于0.03mm。含量极低，小于3%（图2-18）。

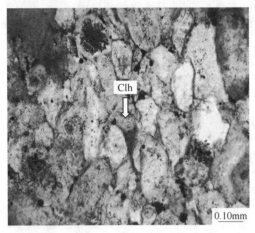

图2-9　硅钙质磷矿石（样品号：A2）
（硅钙质磷矿石中团粒状胶磷矿（Clh）及
含碳质胶磷矿，（－）×10）

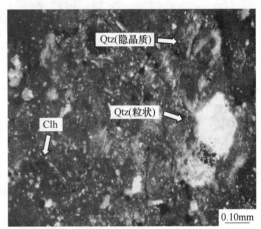

图2-10　硅钙质磷矿石（样品号：A2）
（硅钙质磷矿石中团粒状胶磷矿（Clh）与微晶白云石，
见隐晶质硅质矿物和粒状石英（Qtz），（＋）×10）

图2-11　硅钙质磷矿石（样品号：A2）
（硅钙质磷矿石中赤铁矿及藻鲕状
胶磷矿（Clh），（－）×10）

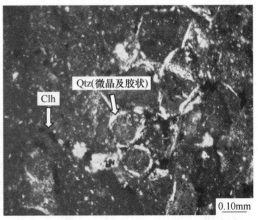

图2-12　硅钙质磷矿石（样品号：A2）
（硅钙质磷矿石微晶碳酸盐矿物及
胶磷矿（Clh），（＋）×10）

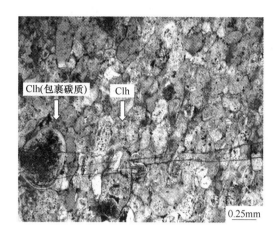

图 2-13　硅钙质胶磷矿（Clh）（样品号：A2）

（磷矿颗粒中见包裹碳质，（－）×4）

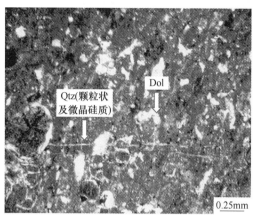

图 2-14　磷矿石中白云石（Dol）（样品号：A2）

（见微粒白云石及颗粒状石英（Qtz），（＋）×4）

图 2-15　包裹碳质物胶磷矿（Clh）

（样品号：A2）

（胶磷矿颗粒中包裹碳质物，（－）×10）

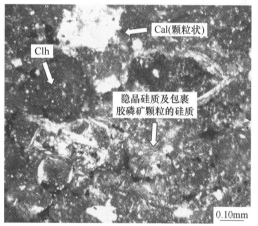

图 2-16　包裹胶磷矿（Clh）中脉石

（样品号：A2）

（包裹胶磷矿、被包裹的隐晶硅质

及方解石（Cal），（＋）×10）

重晶石：见极少量硫酸盐矿物重晶石呈脉状产出（图 2-34）。

黏土矿物主要为伊利石，常见与微晶白云石、隐晶硅质及微粒胶磷矿构成脉状、条带状集合体产出，含量较低，小于 5%（图 2-14、图 2-15）。

赤铁矿：主要见胶状、团粒状产出。原生矿中含量较低，见图 2-14、图 2-15。

结构构造：磷矿石结构主要见微细粒砂屑结构为主，杂基支撑，微－细晶体碳酸盐矿物、硅质石英为主要杂基成分，以条带状构造为主。

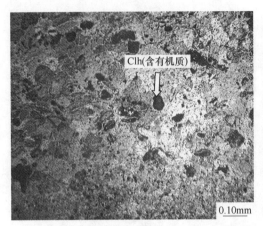

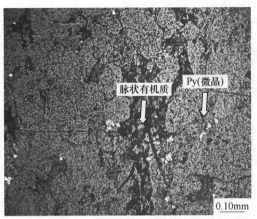

图 2-17 有机质胶磷矿（Clh）(样品号：A1)

（硅钙质磷矿石样品中含有机质胶磷矿，反射光×10）

图 2-18 脉状有机质、黄铁矿（Py）(样品号：A2)

（硅钙质磷矿石样品中脉状有机质，反射光×10）

2.1.1.2 含碳质硅质白云质磷矿石（2号样品，薄片号：A3、A4）

磷矿石经鉴定定名：含碳质硅质白云质磷矿石。

有用矿物成分：磷酸盐类矿物主要为胶磷矿，含量为45%～60%。

胶磷矿主要以团粒状，鲕粒状、细微粒状及脉状等形式产出（图2-19～图2-24），构成磷矿石有用矿物主体部分，多见呈条带状产出于磷矿石中。胶磷矿其粒径分布为0.10～0.28mm，平均粒径为0.23mm。SEM-EDAX分析结果证明胶磷矿主要成分为氟磷灰石（图2-26）。部分胶磷矿因遭受有机质、碳质浑染而呈现黑灰色。

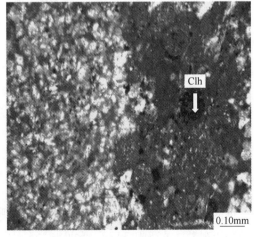

图 2-19 硅钙质磷矿石中胶磷矿（Clh）

（样品号：A3）

（硅钙质磷矿石样品中含碳质白云石，（－）×10）

图 2-20 条带状胶磷矿（Clh）

（样品号：A3）

（硅钙质磷矿石样品中条带状胶磷矿，（＋）×10）

矿石中见部分胶磷矿为胶状产出，与微晶白云石、黏土矿物混杂形成胶结物胶结胶磷矿颗粒或胶结微晶、颗粒状微细晶白云石，该部分胶磷矿较难回收，含量占 30% ~40% （图 2-21 ~图 2-24）。

图 2-21　硅钙质磷矿石（样品号：A3）
（硅钙质磷矿石中含有碳质白云石（Dol），（-）×4）

图 2-22　条带状磷矿石（Clh）（样品号：A3）
（硅钙质磷矿石的微粒胶磷矿构成条带状，（+）×4）

图 2-23　条带状胶磷矿（样品号：A3）
（磷矿石中条带状含微粒胶磷矿白云石，（-）×4）

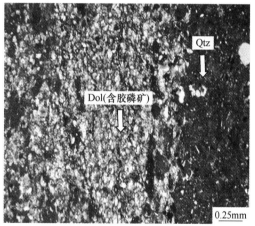

图 2-24　微晶白云石（Dol）（样品号：A3）
（矿石中的条带状微晶白云石、石英（Qtz），（+）×4）

团粒状胶磷矿中常见鲕粒状胶磷矿，由藻类生物胶磷矿化形成并含一定量有机质有关 （图 2-19 等）。

脉石矿物：主要为石英、碳酸盐矿物（白云石为主）、黄铁矿及黏土矿物等。

石英见粒径为 0.03 ~0.08mm，呈颗粒状、微晶状及隐晶质胶结物等产出。主要以颗粒状、微晶粒状及条带状为主。正交偏光下为一级灰干涉色。含量为 10% ~20%（图 2-24）。

碳酸盐矿物主要分为两部分：一部分为微 - 细晶白云石含有黏土矿物组成微晶基质基底式胶结类型，构成杂基支撑。另一部分为以微细粒团粒产出构成杂基支撑中较细粒成分 （图 2-19、图 2-20、图 2-23、图 2-24）。

黄铁矿主要以细－微粒颗粒状产出，以微晶状为主。黏土矿物主要成分为伊利石，含量较低，为1%～5%。

2.1.1.3　磷矿石中主要结构构造特征

（1）胶磷矿主要结构为颗粒支撑结构，并构成富胶磷矿条带。部分粒度较细胶磷矿呈胶状、脉状产出。见微粒状、胶状胶磷矿混杂隐晶硅质、伊利石黏土构成含碳质微晶白云石条带。

（2）混杂胶磷矿、碳质及隐晶质硅质的细－微晶状白云石构成基底式胶结胶磷矿为主，部分微细粒胶磷矿、石英构成杂基支撑结构，构成脉状条带。

（3）部分白云石、石英构成砂屑粒状结构，微－细晶体胶状胶磷矿、碳酸盐矿物为主要杂基成分（图2-13、图2-14、图2-23、图2-24等），SEM-EDAX分析证明其白云石存在（图2-27、图2-29），以条带状构造为主。

2.1.2　磷矿石 XRD 分析

针对磷矿石进行了 X 射线衍射仪（XRD）分析，测试分析由贵州省非金属矿产资源综合利用实验室完成，其目的是查明磷矿石矿物组成。XRD 测试条件见 1.2.2 节。

XRD 测试分析结果见表2-1。测试结果表明，磷矿石（A层矿）样品中主要有用矿物总含量为氟磷灰石（67.0%）。脉石矿物主要为白云石（24.0%）和石英（14.0%），以及少量方解石（6.0%）。磷矿石为应定名为含硅白云质磷矿石（硅钙质磷矿石）。XRD分析结果与显微镜下鉴定结果基本一致，显微镜下明显见碳酸盐矿物分布多于硅质矿物，应占15%～35%，其原因可能与石英颗粒较细、胶状硅质矿物所占一定比例及白云石结晶形态等有关。

样品中所含物质按含量高低排序为：氟磷灰石、白云石、石英、方解石。

表 2-1　磷矿石（A 层矿）X 射线衍射（XRD）测试分析结果

样　号	矿物种类和含量/%			
	氟磷灰石	白云石	石英	方解石
LC（综合样）	67.0	24.0	14.0	6.0

2.1.3　硅钙质磷矿石扫描电镜及能谱分析

对瓮福磷矿石（样品号：A1）进行了扫描电镜配合能谱分析。测试采用日立公司扫描电镜：Hitachi S-3400N，能谱仪：EDAX-204B for Hitachi S-3400N 进行，在贵州大学理化测试中心测试。使用扫描电镜（SEM）配合能谱分析（EDAX），在确定矿物形态特征基础上，通过测定矿物成分特征，确定矿物成分组合及种类，以达到配合鉴定矿物、查明矿物形态及结构等目的。扫描电镜技术参数见 1.2.3 节。

磷酸盐矿物样品的扫描电镜（SEM）及能谱成分分析（EDAX）结果表明，磷矿石主要矿石矿物为胶磷矿，能谱成分分析结果证明胶磷矿含有少量的 F、C 元素，其主要应为氟磷灰石（图 2-26），其次为碳磷灰石。

磷矿石主要分为以下类型：一为椭圆状、团粒胶磷矿（图 2-26、图 2-29），二为胶状胶磷矿（图 2-26）、条带状胶磷矿（图 2-32）。见有碎屑颗粒状胶磷矿（图 2-31）。

脉石矿物主要为白云石、石英等；硅质矿物主要为石英，主要以微晶颗粒状、脉状等产出（图 2-27、图 2-33）。见含黏土石英微晶构成含钛、含黏土石英团粒（图 2-28）。

碳酸盐矿物主要见白云石（图 2-25、图 2-29、图 2-30），EDAX 成分分析证明白云石成分较纯，见条带状产出。

黄铁矿主要以微细粒状产出（图 2-35），还见重晶石以脉状产出（图 2-34）。

黏土矿物主要为伊利石等（图 2-25、图 2-31、图 2-33），产出状态为充填、胶结胶磷矿颗粒，或构成脉状胶磷矿中胶结物产出。

扫描电镜配合能谱分析资料显示磷矿石中矿物组成均为常见矿物，与显微镜观察分析结果相一致（表 2-2、表 2-3）。

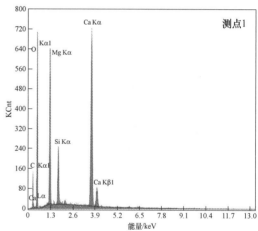
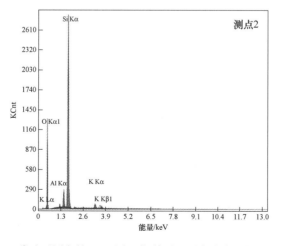

图 2-25　磷矿石测点的 SEM 图、能谱图及测点成分（样品号：A-1）

（测点 1 成分显示为细晶白云石，其中含一定碳质，测点 2 成分表明为伊利石）

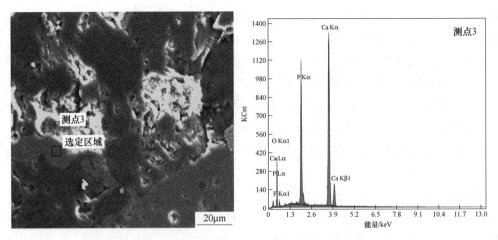

图 2-26　磷矿石的 SEM 图、能谱图及测点成分（样品号：A-3）

（测点成分显示为胶磷矿，成分为氟磷灰石）

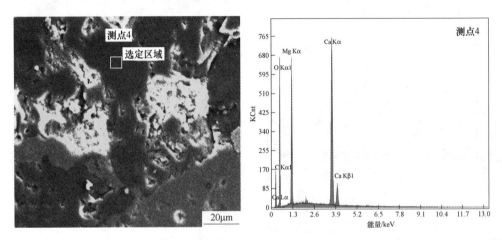

图 2-27　磷矿石的 SEM 图、能谱图及测点成分（样品号：A-4）

（测点成分显示为微晶状白云石）

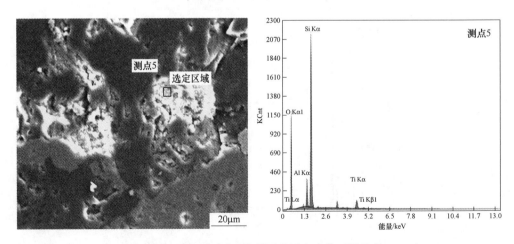

图 2-28　磷矿石的 SEM 图、能谱图及测点成分（样品号：A-5）

（测点成分显示为含黏土石英，局部含微量钛元素）

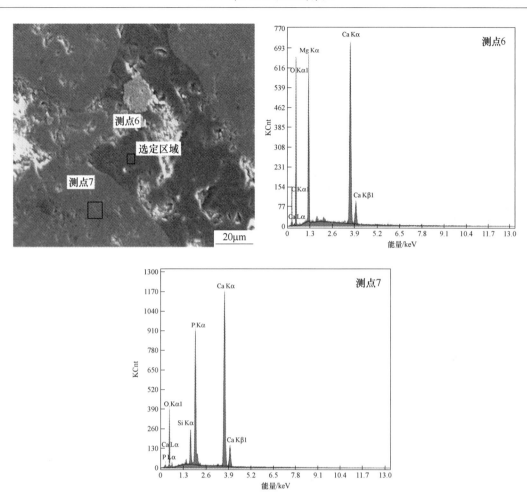

图 2-29　磷矿石的 SEM 图、能谱图及测点成分（样品号：A-6）
（测点 1 成分显示为微细晶白云石，测点 2 成分表明为胶磷矿）

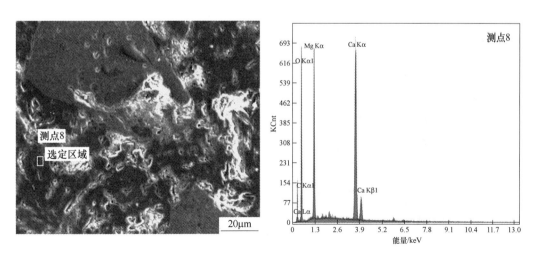

图 2-30　磷矿石的 SEM 图、能谱图及测点成分（样品号：A-9）
（测点成分显示为微细晶白云石，结晶度较高）

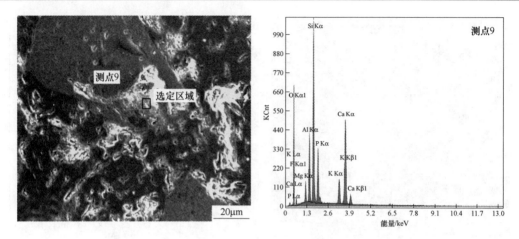

图 2-31　磷矿石的 SEM 图、能谱图及测点成分（样品号：A-10）

（测点成分显示基质成分为含伊利石黏土、含磷微晶白云石）

表 2-2　磷矿石（A-1 ~ A-10 号样品）的能谱成分　　　　　　（%）

元素 \ 测点	测点 1	测点 2	测点 3	测点 4	测点 5	测点 6	测点 7	测点 8	测点 9
C	8.87			9.01		8.41		9.10	
O	48.62	48.65	33.68	49.05	50.90	49.37	38.16	49.64	41.62
Si	4.34	45.28			38.50		3.50		17.52
P			18.24				17.45		7.33
Ca	25.21		43.49	27.51		27.44	40.90	26.66	17.44
Mg	12.96			14.43		14.77		14.59	2.24
F			4.59						
Ti					5.02				
Fe									
Al		4.02			5.58				6.83
K		2.06							4.03

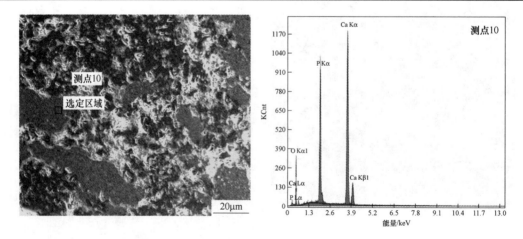

图 2-32　磷矿石的 SEM 图、能谱图及测点成分（样品号：A-11）

（测点成分显示基质成分为条带状胶磷矿）

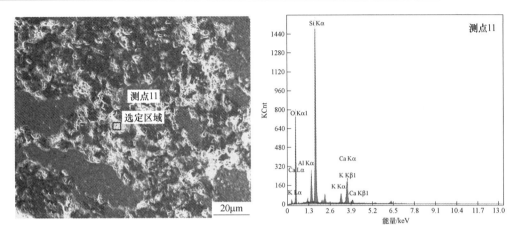

图 2-33　磷矿石的 SEM 图、能谱图及测点成分（样品号：A-12）

（测点成分显示基质成分为含伊利石黏土硅质团粒）

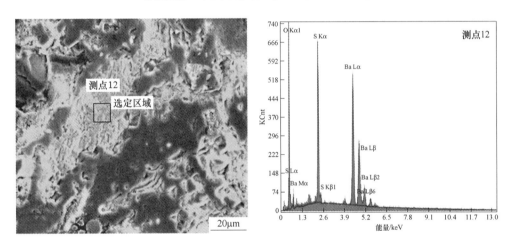

图 2-34　磷矿石的 SEM 图、能谱图及测点成分（样品号：A-13）

（测点成分显示条带状重晶石）

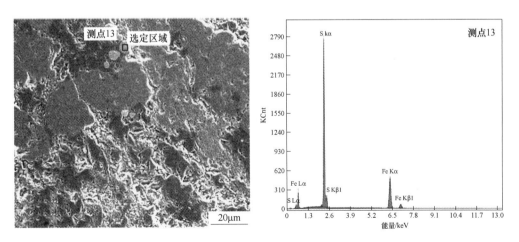

图 2-35　磷矿石的 SEM 图、能谱图及测点成分（样品号：A-13）

（测点成分显微晶黄铁矿）

表 2-3　磷矿石（A-11 ~ A-13 号样品）的能谱成分　　　　　　　　（%）

元素＼测点	测点 10	测点 11	测点 12	测点 13
S			14.78	52.49
O	36.43	49.75	21.90	
Si		31.77		
P	18.95			
Ca	44.62	10.00		
Al		5.47		
Mg				47.51
Fe				
K		3.01		
Ba			63.32	

2.1.4　磷矿石中矿石矿物及脉石矿物组成特征小结

通过显微镜观察结合 XRD 分析及扫描电镜配合能谱分析，本次研究的矿石矿物及脉石矿物主要具有下列主要特征。

2.1.4.1　主要矿石矿物

主要矿石矿物组合由下列矿物构成：

胶磷矿：主要见胶磷矿以团粒状、脉状、胶状及细微粒状形式产出，以团粒状、鲕状藻类胶磷矿为主。据 X 射线衍射分析（XRD）结果，多数磷灰石含 F^-，以氟磷灰石为主，部分为碳磷灰石。部分胶磷矿以胶状胶磷矿产出。

2.1.4.2　主要脉石矿物

脉石矿物主要以下列矿物为主：

碳酸盐矿物：主要以白云石为主，粒度较细，难以通过选矿方法综合利用。

硅质矿物石英：主要以胶状隐晶质脉状胶结物产出，还以微细粒状不均匀分布于磷矿石中。

硫化物矿物：主要见黄铁矿。

硫酸盐矿物：扫描电镜观察中，见少量重晶石呈脉状产出。

还见脉状含碳质、硅质及磷质伊利石类黏土矿物等。

2.1.4.3　主要矿石类型

据显微镜观测、XRD 分析及 SEM 配合 EDAX 分析，磷矿石类型确定为：含碳质硅质白云质磷矿石类型。

2.2　磷矿石化学组成特征

矿石常量化学成分及微量元素组成分析，是确定样品化学组成特征的主要手段。本次磷矿石化学成分特征分析在广州澳实分析测试公司完成，主要采用 ME-XRF、ICP-MS 等分析测试方法完成。

2.2.1 磷矿石化学成分

磷矿石（样品号：A1，综合样）的化学组成分析结果见表 2-4。

表 2-4 A 层磷矿石化学成分含量 （质量分数，%）

成分	P_2O_5	Al_2O_3	Fe_2O_3	CaO	MgO	SiO_2	SO_3	K_2O	Cr_2O_3	TiO_2	MnO	Na_2O	SrO	BaO	总计
含量	26.2	1.79	1.15	43.0	3.65	10.36	2.58	0.61	<0.01	0.09	0.15	0.28	0.10	0.24	90.21

注：广州澳实分析测试公司分析测试。

磷矿石的化学成分分析结果显示样品中 P_2O_5 含量为 26.2%，表明 P_2O_5 含量较高，属于中高品位磷矿石。

磷矿石中 CaO 含量为 43.0%，属于高钙质磷矿石；其中 SiO_2 含量为 10.36%，表明磷矿石硅质含量较高；样品中 MgO 含量为 3.65%。磷矿石中碳酸盐矿物含量以白云石为主，XRD 分析结果证明其碳酸盐矿物主要为白云石，其次为方解石。故磷矿石类型为含硅质白云质磷矿石（含硅高钙质磷矿石）。

磷矿石中 Al_2O_3 含量较低，为 1.97%，属于低铝质磷矿石；Fe_2O_3 含量 1.15%，属于低铁质磷矿石；与在显微镜下观察 A2、A1 薄片中与见少量赤铁矿产出基本一致。但矿石为混合矿，不排除部分铁元素来自原生矿中黄铁矿。

样品的化学组成特征表明，磷矿石应属低铁铝、含硅高钙质磷矿石，与海相沉积型白云质磷块岩物质组成相类同。

磷矿石中 MnO 含量为 0.15%，远低于碳酸锰矿石边界品位 8%。同时表明原生磷矿中应含碳质（有机质）使矿石染成黑色。

矿石中 Na_2O 含量不高，为 0.28%，K_2O 含量为 0.61%，表明矿石含 Na_2O、K_2O 较低。

采用 ICP-MS61 测试方法测定磷矿石 S 含量为 1.05%，XEF 分析测试方法测定 SO_3 含量为 2.58%。与磷矿石显微镜下观察见微晶黄铁矿含量小于 2.0% 相一致，应含有部分硫酸盐硫。

综合上述，磷矿石综合样属含碳质含硅白云质（钙质）磷矿石类型。

2.2.2 磷矿石微量元素组成

本次研究磷矿石样品（A1：混合样）的微量元素测试主要采用 ICP-MS（ME-MS81）方法测定，由广州澳实分析测试公司完成，结果见表 2-5、表 2-6。

表 2-5 A 层磷矿石微量元素含量 （μg/g）

元素	Ba	Cs	Cr	Ga	Hf	Nb	Rb	Sn	Sr	Th	Ta	U	V	W	Zr	As	Ag	Be
含量	2040	1.81	10	2.6	0.6	1.8	12.2	<1	797	2.23	0.2	16.05	21	163	31	20.0	0.06	2.75
元素	Co	Tl	Bi	Cd	Cu	Ge	In	Li	Mo	Ni	Sb	Sc	Se	Ge	Pb	Re	Te	Zn
含量	15.6	0.19	0.24	0.07	6.1	0.18	0.047	14.5	0.88	4.4	0.26	3.7	1	0.18	26.1	0.003	<0.05	10

注：广州澳实分析测试公司分析测试。

表 2-6　A 层磷矿石稀土元素含量表　　　　　　　（μg/g）

元素	La	Ce	Pr	Nd	Sm	Eu	Gd	Tb	Dy	Ho	Er	Tm	Yb	Lu	Y	∑REE
含量	29.8	55.8	7.08	33.7	7.67	1.88	10.25	1.51	10.45	2.35	6.74	0.91	4.75	0.59	89.1	262.6

注：广州澳实分析测试公司分析测试。

测试方法（ICP-MS（ME-MS81））用四酸消解，等离子光谱分析，除 Ba、Cr、Ti、W 四个元素可能部分消解定量准确性稍差外，其余全部达到定量分析，属微量多元素分析类型。

磷矿石的微量元素主要以 Ba、Sr 等元素富集为特征。

Ba：样品的 Ba 含量为 2040μg/g，表明 Ba 元素在磷矿石中明显富集。与 SEM-EDAX 分析得到的重晶石细脉相一致。

Sr：样品的 Sr 含量为 797μg/g，在磷矿石中明显发生富集，与沉积条件下形成磷矿石相似，大部分发生 Sr 元素富集。

U、Th：样品中 U 含量为 16.05μg/g，Th 含量为 2.23μg/g；磷矿石中 U 含量特征表明，其含量变化低于海相沉积磷块岩的 U 元素分布范围（50~300μg/g），Th 元素在磷矿石类型中含量也相对较低。

样品中稀土元素含量也明显偏低（表 2-6），∑REE 总量为 262.6μg/g，以重稀土元素稍大于轻稀土元素为特征。

微量元素分布特征显示，该矿石中能综合利用的微量元素相对含量不高。

2.3　磷矿石主要结构构造特征

矿石的结构是指矿物颗粒的形状、大小和相互关系，矿石构造是指矿石中各种矿物集合体的形状、大小和空间分布关系。

磷矿石（A层矿）主要结构特征为部分微细粒胶磷矿以颗粒支撑结构为主，并见微细颗粒结构及鲕粒状砂屑结构等构成胶磷矿条带。

见细-微晶白云石、石英混杂胶磷矿微粒呈现基底胶结微细粒胶磷矿，形成杂基支撑结构等。

磷矿石主要产出构造主要见脉状构造、条带状构造等，以条带状构造为主。

矿石的结构和构造决定矿石选别的难易程度。

2.3.1　磷矿石结构

本次研究的含硅白云质磷矿石（样品号：A1、A2）主要结构类型分为两类：

（1）含硅白云质磷矿石主要结构类型。见微-细砂状结构、不等粒结构，细-微粒状磷灰石、团粒状胶磷矿共生。

胶状胶磷矿混同隐晶硅质，胶结胶磷矿颗粒、微细晶白云石、细晶石英晶体等微-细粒颗粒嵌布于基底之中，形成基底式胶结为主的砂屑结构，砂屑以磷灰石、白云石颗粒为主。也见粒径较大的细粒石英、白云石颗粒呈分散状分布于磷矿石中。微细粒状、胶状胶磷矿混同碳质、隐晶硅质、伊利石黏土、微细晶白云石构成磷矿石中白云石条带。

见藻鲕状胶磷矿成条带状、脉状产出，以鲕粒状结构为主。

（2）含碳质含硅白云质磷矿石（样品号：A3、A4）结构类型。主要见胶状结构、条带状结构及微晶结构等。显微镜下常见胶状胶磷矿混合隐晶硅质胶结石英、碳酸盐矿物颗粒形成基底式胶结为主的砂屑状结构；也见条带状胶磷矿脉中团粒状、鲕状、藻鲕状胶磷矿团粒构成条带状结构、粒状结构等。

微-细粒石英、白云石颗粒呈分散状产出于磷矿石中，形成不均匀分散状、粒状结构。

2.3.2 磷矿石构造

本次研究的两类型磷矿石构造类型主要分为以下类型：

（1）含碳质硅质白云质磷矿石（A1~A4号样）构造。该类型矿石构造主要见条带状构造（图2-36~图2-39）；磷矿石条带状构造中浅色不均匀条带主要成分为白云石、石英；也见磷灰石晶体呈颗粒分布，深色不均匀条带的成分主要为胶磷矿，主要为团粒状、藻鲕状胶磷矿。

图2-36 磷矿石条带状构造
（其中显现砂屑状构造）

图2-37 磷矿石的脉状条带状构造
（见后期形成的碳酸盐脉）

图2-38 磷矿石中脉状构造
（胶磷矿、碳酸盐脉呈现砂屑状构造）

图2-39 磷矿石的条带状构造
（黑色条带主要为胶磷矿、浅色条带白云石
占多数，见后期形成的碳酸盐）

（2）后期脉状穿插构造。磷矿石见细脉状构造（图 2-39），为磷矿石被后期碳酸盐矿物（方解石）充填构成。

2.4　磷矿石工艺性质分析

矿石工艺性质分析，一般指研究有用矿物相关粒度分布及含量变化、矿物之间相互嵌布特征关系及了解矿物组合之间的关系等方面，研究目的是为后续矿物加工工艺提供可靠基础研究资料。

2.4.1　磷矿石中胶磷矿粒度分布及嵌布特征

本次研究的含白云质磷矿石的主要粒度分布及嵌布特征分析，采用岩矿鉴定片通过奥林巴斯 CX21P 显微镜完成鉴定后，经统计分析完成。

测试矿物：磷矿石中胶磷矿（氟磷灰石）。

含硅白云质磷矿石主要有用矿物为胶磷矿（氟磷灰石），以胶状、细微颗粒状存在于颗粒间形成类似填隙物，构成类似颗粒支撑结构。

其次以微 – 细粒颗粒，砂屑结构及鲕粒状结构为主，主要为以磷灰石颗粒、碳酸盐（白云石）颗粒及石英等颗粒组成分布于基底之上，构成类似杂基支撑结构。

显微镜下对样品进行粒度统计分析，结果表明磷灰石平均粒径为 0.167mm，平均工艺粒度为 0.135mm。将胶磷矿（氟磷灰石）颗粒主要粒径分布分为五个粒级范围，分别为：0 ~ 0.05mm、0.05 ~ 0.10mm、0.10 ~ 0.15mm、0.15 ~ 0.20mm、0.20 ~ 0.25mm。

样品中胶磷矿（氟磷灰石）在 0.10 ~ 0.15mm、0.15 ~ 0.20mm 粒级范围相对集中分布，粒级含量分别为 27.76%、25.59%，在 0.05 ~ 0.25mm 四个粒级范围胶磷矿集中分布量为 97.16%。

2.4.2　磷矿石样品中白云石的粒度分布及嵌布特征

测试矿物：磷矿石中白云石。

显微镜下对样品中的白云石进行粒度统计分析，结果表明白云石颗粒平均粒径为 0.075mm，平均工艺粒径为 0.060mm。将白云石颗粒主要粒径分布分为五个粒级范围，分别是：0 ~ 0.05mm、0.05 ~ 0.1mm、0.1 ~ 0.15mm、0.15 ~ 0.2mm、0.2 ~ 0.25mm。样品中白云石在 0.05 ~ 0.1mm、0.1 ~ 0.15mm 粒级范围相对集中分布，粒级含量分别为 32.14%、24.19%，其余粒级呈平均分布。

主要嵌布特征为：白云石呈结晶颗粒状集合体形成团粒状、条带状构成类颗粒支撑，呈不规则状嵌布分布。还见于微细胶磷矿、隐晶硅质及黏土矿物构成微细粒带状产出。

2.4.3　磷矿石样品中石英的粒度分布及嵌布特征

测试矿物：磷矿石中石英。

石英粒度分析结果表明石英的平均粒径为 0.105mm，平均工艺粒度为 0.084mm。将石英颗粒主要粒径分布分为三个粒级范围分别是：0 ~ 0.05mm、0.05 ~ 0.1mm、0.1 ~ 0.15mm。石英在 0.05 ~ 0.10mm 粒级范围相对集中分布，粒级含量为 60.61%，在 0 ~ 0.05mm 粒级范围分布较少，粒级含量为 13.37%，在 0.05 ~ 0.15mm 两个粒级范围石英相对集中分布，粒级含量为 86.63%。

主要嵌布特征：主要以隐晶硅质、细微粒状石英胶结胶磷矿颗粒呈胶结物形式产出；或与微细粒胶磷矿、碳质、伊利石黏土一起混入于微晶白云石构成磷矿石中浅色条带状集合体。其次为微细粒晶石英以分散粒状不均匀分布于胶磷矿、白云石中。

2.4.4 磷矿石样品中黄铁矿的粒度分布及嵌布特征

通过显微镜下观察发现，黄铁矿含量小于 5%，大部分分布在 0.05mm 以下，细微颗粒状存在于矿石中。

2.5 磷矿石及脉石矿物的解离度统计分析

磷矿石及脉石矿物的解离度计算分析，主要采用将矿石碎磨分级后制作砂薄片，经显微镜下统计分析完成（分析过程略）。

经统计分析，磷矿石（A 层矿：综合样）中胶磷矿及脉石矿物解离度的主要特征为：

胶磷矿（氟磷灰石）解离度在粒级 -0.245 ~ +0.165mm 为 78.99%，-0.165 ~ +0.074mm 粒级为 85.17%，粒级达到 -0.074 ~ +0.047mm 解离度为 87.66%。

解离度分析结果表明，随着粒级细度增加，胶磷矿的解离度逐渐增加，也显示胶磷矿随着磨矿细度的增加，解离度增加。表明在 -0.165 ~ +0.074mm 粒级磨矿细度之间可达到较好的解离效果。

脉石矿物白云石：解离度在粒级 -0.245 ~ +0.165mm 为 89.91%，-0.165 ~ +0.074mm 粒级为 87.59%，-0.074 ~ +0.047mm 粒级达到 92.25%。也显示白云石解离度随磨矿细度增加而递增。

分析样品解离度特征，可以得出以下特点：

（1）磷矿石各粒级解离度特征表明，随着磨矿细度增加，解离度也增大，于粒级 -0.074 ~ +0.047mm 达最大值 87.66%。

（2）解离度变化特征显示粒级 -0.074 ~ +0.047mm 解离度为 87.66%，粒级 -0.165 ~ +0.074mm 解离度达 85.17%，表明磨矿过程中部分胶磷矿进入微细粒级导致胶磷矿损失率增大，选矿过程中可能随着粒度变细则该部分胶磷矿回收难度加大。

（3）结合粒度分析资料，碳酸盐脉石矿物以白云石为主，白云石在各粒级解离度均较大，为 87.59% ~ 92.25%。随着白云石颗粒粒级降低，其解离度呈增加趋势。薄片观察表明碳酸盐颗粒粒级较多小于 0.03mm，该部分碳酸盐矿物由于粒度较细，可能会为白云石的选矿分离脱出带来困难。

（4）脉石矿物多为隐晶质或胶体状，解离度难于较准确统计。该部分硅质矿物伴随着部分胶状胶磷矿难于回收而进入尾矿。

3 四川绵竹某硫磷铝锶矿 矿石工艺性质研究

本章研究内容分为两个部分：一是开展磷矿石物质组成分析研究，主要进行磷矿石制样、制片、显微镜透射光和反射光下矿石矿物组成分析鉴定、X射线衍射分析（XRD）、扫描电镜配合能谱分析、矿石结构构造分析、矿石化学成分及微量元素组成分析等，查明磷矿石矿物成分、化学组分及结构构造特征；二是磷矿石加工性质特征研究，主要完成磷矿石粒度分布及嵌布特征分析、筛分分析及磷矿石解离度分析。

通过开展以上工作，查明某磷矿石矿物组成、结构构造特征、化学成分及微量元素组成分布特征。并通过矿物粒度和嵌布特征分析、筛分分析及解离度分析，查明磷矿石加工工艺性质，为该磷矿石加工利用提供有价值的基础研究资料。

3.1 硫磷铝锶矿矿区地质特征

四川绵竹硫磷铝锶矿矿区位处扬子准地台龙门山～大巴山台缘坳陷龙门山陷褶束九顶山台穹南东段次级褶皱大水闸复式背斜南东翼。矿山地处中高山地带，区内沟谷纵横、植被发育，地形陡峭，灌木丛生。山势走向近南北，南东高北西低，最高标高2188.4m，最低标高1392.2m，相对高差近800m。属强烈切割构造溶蚀中山地貌。中心坐标大致为东经104°02′05″，北纬31°28′04″。绵竹市金花镇城墙岩磷矿位于绵竹市城区318°方向，距离绵竹城区20.5km。矿区有简易公路通往广木铁路终点木瓜坪站，矿区经金花镇至绵竹市17.5km有水泥路相通，交通较为方便。矿区属于低山温暖潮湿气候，夏季多雨，冬季干旱，气候温和。

3.1.1 地层

矿区出露地层由老至新分别为震旦系上统灯影组（Zbdn）、泥盆系上统沙窝子组（D_3s）、石炭系下统岩关组（C_1y）、二叠系下统栖霞组（P_1q）、茅口组（P_1m）。硫磷铝锶矿位于泥盆系上统沙窝子组下端。

震旦系上统灯影组（Zbdn）上部为灰白、浅灰色厚层—块状"花斑状"白云岩，顶部常有磷块岩充填体，下部为浅灰色厚层状白云岩，厚332～710m。泥盆系上统沙窝子组（D_3s）为磷矿赋存层位，根据地层的含矿性和不同岩性组合分为两段：（1）下段（D_3s^1），即含磷段，自上而下由黏土岩、含磷黏土岩、硅质岩、硫磷铝锶矿、磷块岩组成，厚0～26.19m。（2）上段（D_3s^2），即白云岩段，为深灰、灰～浅色、黄灰色细－中晶白云岩，夹岩质水云母黏土岩，中部夹灰～浅蓝灰色薄层状黏土岩及泥质白云岩，上部含黑色有机质线纹，厚122.32～208.22m。石炭系下统岩关组（C_1y）上部为黄灰、灰白色薄～中厚层状灰岩，下部为细～粗晶白云岩，底部为肉红色砾岩，厚度7.60～15.3m。二叠系下统栖霞组＋茅口组（$P_1q + P_1m$），深灰色厚层状生物碎屑灰岩，厚度12.50～

400m。第四系（Q）在矿山内零星分布，为残坡积物、冲洪积物，由白云岩、灰岩碎块，砾石和黏土、亚黏土组成，厚0～30m。

3.1.2 构造

矿区位处扬子准地台龙门山～大巴山台缘坳陷龙门山陷褶束九顶山台穹南东段次级褶皱大水闸复式背斜南东翼。

3.1.2.1 褶皱

矿区主要构造为大水闸复式背斜次级褶皱四坪复式平卧倒转背斜，背斜总体构造呈北东～南西向，组成复式背斜的次级褶皱多为较紧闭的倒转褶皱，仅有少数保存完好的褶皱形态，其轴面走向北东－南西，倾向南东，倾角20°～40°；南东翼产状正常，倾向120°～150°，倾角30°～40°；北西翼地层发生倒转，倾向100°～130°，倾角15°～30°，两翼均出露泥盆系上统沙窝子组地层，核部为震旦系上统灯影组地层。

锅圈岩背斜、徐家坝向斜、上响水沟向斜为四坪复式平背斜的次级褶皱，其特点为短距离内褶皱强度和形态变化较大，锅圈岩背斜、徐家坝向斜脊线方向为南东，上响水沟向斜脊线方向为北东。

3.1.2.2 断裂

F1断层属于逆断层，位于矿区北西部，长约1300m，近东西走向，倾向南东，倾角约为30°，南东盘出露地层为D_3s^2～Zbdn地层，该断层使含磷层在矿区西北角断失。

F141断层属于正断层，位于矿区北西部，长约180m，走向北东－南西，倾向南东，倾角为38°～41°，水平断距约20m，两盘均出露地层为D_3s^2～Zbdn地层，该断层使含磷层连续性遭到破坏。

F104断层属于正断层，位于矿区北东部，走向北东－南西，倾向南东，倾角为50°～70°，水平断距约20m，地表断于灯影组顶层中，深部切断四坪复式平卧背斜北西翼隐伏矿体，向南西交于F51断层。

F51断层属于逆断层，位于矿区北东部，走向北东－南西，倾向南东，倾角约为50°，水平断距为20～30m，北西盘为Zbdn地层，南东盘为D_3s地层，该断层破坏了含磷层的连续性，使含磷层在平面上位移了600m。

四坪复式平卧背斜及四个断层（F1、F141、F104、F51）控制着含磷层的分布，造成矿区内地层的重复和断失，以及部分地层的倒转。综上，矿区断层发育，构造较复杂。

3.1.3 简要矿床、矿体地质特征

3.1.3.1 简要矿床地质特征

硫磷铝锶矿矿床由下部的磷块岩与上部的含磷高岭石黏土岩和含磷炭质水云母黏土岩组成。含磷层覆于震旦系上统灯影组含藻白云岩古岩溶侵蚀面上，中晶砂状白云岩呈深灰色中厚层状产出，伏于泥盆系上统沙窝子组细晶白云岩之下，微晶白云岩呈灰白色中厚层状产出，赋存于泥盆系上统沙窝子组含磷段地层中，呈层状、似层状产出，受古岩溶侵蚀

面控制，厚度 0 ~ 12.56m，平均厚度为 5.4m，厚度变化大。

含硫磷铝锶矿矿层一般不含夹石。局部偶尔含夹石，成分为硅质白云岩、含磷白云岩及硅质岩，形态呈大小不等的团块状和透镜状。该矿矿层顶板为 D_3s^2 白云岩，岩石致密性脆，节理裂隙发育。岩石抗压强度高，抗拉强度大，属非常坚固岩石。局部较发育的节理对岩体的完整性具有一定破坏，但总体来看，稳定性较好，利于开采时的坑道管理。矿层底板为 Zbdn 白云岩，岩石质坚性脆，裂隙较发育，岩石抗压强度较高、抗拉强度较大，岩体质量及稳定性较顶板略差。坑道如遇裂隙发育地段可出现片帮及掉块。

3.1.3.2　简要矿体地质特征

矿体内部结构单一，不含夹石。四坪复式平卧背斜及四个断层（F1、F141、F104、F51）控制矿体分布，矿区可分为Ⅰ、Ⅱ两个矿体。

矿体Ⅰ矿层呈层状、似层状产出，形态与围岩一致，露头线贯穿整个矿区，北西起于F1 断层南东盘，蜿蜒向南东展布，于矿区中部掉头向北东，止于矿区外北东部 F73 断层，长约 3400m。矿体在矿区西部于 K618 探槽附近被 F141 断层错断，平面上位移约 20m。矿体赋存于 1820 ~ 1200m 标高范围内，受构造影响，矿体不同部位倾向各异，原英雄岩磷矿浅部矿体倾向南西、南东、深部倒转，倾向北向，倾角 5° ~ 90° 之间；原城墙岩磷矿及二矿结合部位，矿体一般倾向南东，在上响水沟向斜部位矿体倒转，倾角 0° ~ 65°。

矿体Ⅱ位于矿区北东，矿区内露头长约 500m，出露标高 1600 ~ 1700m，呈北东 ~ 南西向展布，南西、北东端均被 F51 断层错失，倾向南东，倾角 50° ~ 80°，矿体厚度平均为 5.83m（以上地质资料来源于绵竹市金花镇城墙岩磷矿）。

注：硫磷铝锶矿矿区地质特征资料来源于绵竹市金花镇城墙岩磷矿。

3.2　矿石物质组成

硫磷铝锶矿的物质组成包括矿物组成和化学组成。矿物组成研究主要是查明矿石中所含矿物的种类及其含量，包括有用矿物和脉石矿物；化学组成研究主要是查明矿石中所有元素的种类及其含量，包括常量元素、微量元素、稀土元素等。通过对矿石的物质组成研究，为矿石的综合利用提供基础资料。

3.2.1　矿物组成分析

矿石为采自四川绵竹矿区的综合样。针对矿石特有的矿物组成，采用奥林巴斯 CX21P 偏光显微镜配合 X 射线衍射（XRD）分析、扫描电镜配合能谱（SEM-EDX）分析、电子探针（EMPA）分析进行磷矿石有用矿物、脉石矿物种类、含量及矿石类型分析，查明硫磷铝锶矿矿物组成及分布特征。采用等离子质谱（ICP-AES）分析，X 射线荧光光谱（XRF）分析，查明硫磷铝锶矿化学常量组分、微量元素、稀土元素组成。

3.2.1.1　X 射线衍射物相分析

本节采用 X 射线衍射物相分析方法对研究区内矿石综合样的矿物组成进行了研究，硫磷铝锶矿矿物组成在贵州大学理化测试中心测试，黏土分量在北京石油地质分析测试中心测试，分析结果见图 3-1、图 3-2。

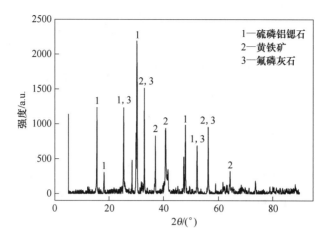

图 3-1 硫磷铝锶矿矿石 XRD 谱线图

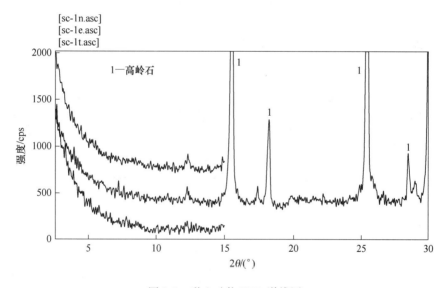

图 3-2 黏土矿物 XRD 谱线图

从图 3-1 可知，硫磷铝锶矿中含有硫磷铝锶石、胶磷矿、黄铁矿等。硫磷铝锶石为矿石主要成分，化学分子式为 $SrAl_3(PO_4)(SO_4)(OH)_6$。从图 3-2 可知，硫磷铝锶矿中黏土矿物为高岭石。还可能有其他矿物，由于其含量较低未达到检测限而未检测出。因为硫磷铝锶矿中含有胶状矿物，所以不能用 XRD 分析手段定量分析矿石中各矿物含量。

3.2.1.2 光学显微镜观察分析

将矿石样品制备成 10 余块光薄片，在偏光显微镜下对矿石的矿物组成进行鉴定分析，偏光显微镜照片见图 3-3 ~ 图 3-8。

显微镜下观察发现硫磷铝锶矿中主要矿物组成为硫磷铝锶石、胶磷矿和黄铁矿。矿石成分复杂，共生关系密切。

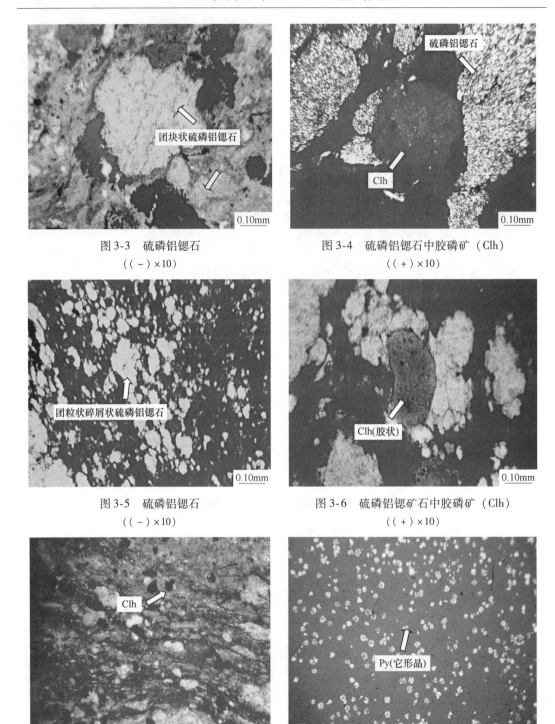

图 3-3　硫磷铝锶石
((-)×10)

图 3-4　硫磷铝锶石中胶磷矿（Clh）
((+)×10)

图 3-5　硫磷铝锶石
((-)×10)

图 3-6　硫磷铝锶矿石中胶磷矿（Clh）
((+)×10)

图 3-7　硫磷铝锶矿石中胶磷矿
((-)×20)

图 3-8　硫磷铝锶矿石中黄铁矿（Py）
（反射光×20）

硫磷铝锶石为主要有用矿物成分，含量为 40% ~ 60%，一般在单偏光下呈无色或浅黄褐色，正中突起，表面略显粗糙，边缘清楚（图 3-3 ~ 图 3-5）。正交偏光下呈浅蓝色，全消光。

胶磷矿在矿石中含量为20%～30%，由于混入物种类和数量不同，胶磷矿在单偏光下呈褐色、棕黄色、灰黄色、灰棕色等。颜色深浅与有机质、硅、镁、铝、铁等杂质含量有关。胶磷矿在正交偏光下全消光，类似均质体（图3-4）。胶磷矿表明略显粗糙，边缘较清楚（图3-6、图3-7）。

黄铁矿在矿石中含量相比其他磷块岩较多，含量约为10%，是最主要的硫化矿物和铁的主要载体矿物。黄铁矿在单偏光和正交偏光下呈黑色，在反射光下呈黄色（图3-8），属于均质矿物。

显微镜下见有少量黏土矿物、锐钛矿、石英及白云石等矿物，其含量都小于5%。

3.2.1.3 扫描电镜能谱物相分析

针对矿石特有的矿物组成，对此次采集的矿样制作了扫描电镜片，通过扫描电镜配合能谱（SEM-EDX）对矿物组成进行了分析，见图3-9～图3-12。

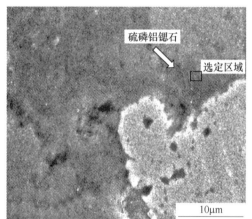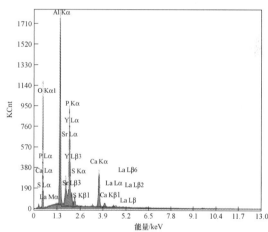

图3-9 硫磷铝锶石扫描电镜图和X射线衍射能谱图

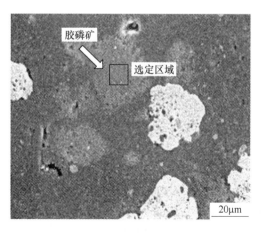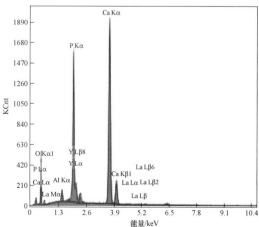

图3-10 胶磷矿扫描电镜图和X射线衍射能谱图

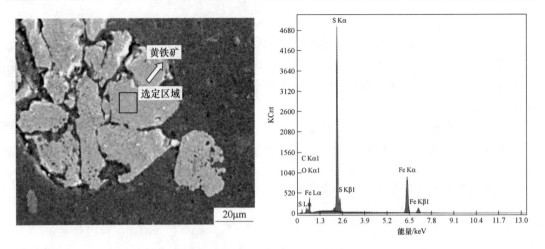

图 3-11　黄铁矿扫描电镜图和 X 射线衍射能谱图

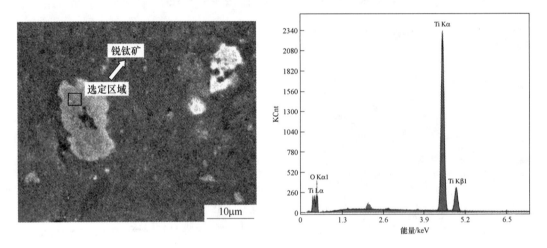

图 3-12　锐钛矿扫描电镜图和 X 射线衍射能谱图

　　结合显微镜测试结果，从图 3-9～图 3-12 可知矿石中含有硫磷铝锶石、胶磷矿、黄铁矿和锐钛矿。扫描电镜配合能谱分析结果表明磷酸盐矿物主要是氟磷灰石（图 3-10）。偏光显微镜下氟磷灰石主要呈隐晶质凝胶集合体（胶磷矿）特征。扫描电镜镜下未见有晶型完好的硫磷铝锶石（图 3-9），结合偏光显微镜分析结果表明，硫磷铝锶石是隐晶质集合体。扫描电镜下见有晶形较好的黄铁矿（图 3-11）。见有含钛的独立矿物，结合显微镜观察可判断其为锐钛矿（图 3-12）。

3.2.1.4　矿石的构造与结构

　　矿石结构与构造是根据矿石中矿物集合体和矿物形态来划分的，用来描述矿物在矿石中的形态和相互间结合关系。矿石结构与构造特征与其可选性关系密切，对于分析矿石的可选性具有重要指导意义。矿物晶粒大小、形状和相互结合关系直接决定着矿石破碎和磨矿时有用矿物单体解离的难易程度和连生体的特性。如矿石中有用矿物嵌布粒度越粗，磨矿时有用矿物解离就越充分且较易分选，反之，嵌布粒度较细的细粒浸染状矿石较难分选。

A 矿石构造

硫磷铝锶矿矿石整体呈致密块状构造，见图 3-13 ~ 图 3-16。硫磷铝锶石呈团块状、豆状、砾状、砂状、浸染状、网脉状构造。胶磷矿呈条带状、浸染状、结核状等构造，黄铁矿呈团块状、鲕状、结核状等构造。

图 3-13　硫磷铝锶石呈团块状构造
（胶磷矿呈条带状构造，黄铁矿呈砾状构造）

图 3-14　胶磷矿呈结核状构造
（呈椭球状及不规则团块状产出，
黄铁矿呈细脉状构造）

图 3-15　硫磷铝锶石呈砾状、砂状构造

图 3-16　硫磷铝锶石呈团块状、豆状构造
（胶磷矿呈砾状、结核状构造）

B 矿石结构

四川绵竹硫磷铝锶矿属致密型硫磷铝锶矿，矿石致密，矿石主要呈块状构造，为硫磷铝锶石、胶磷矿及黄铁矿等无方向性排列。硫磷铝锶矿主要结构特征为部分团块状硫磷铝锶石以颗粒支撑结构为主，泥晶胶磷矿（氟磷灰石）以胶状、细微颗粒状存在于颗粒间形成类似填隙物，黄铁矿以粒状、结核状、草莓状、微晶细脉状及不规则的团块状存在于颗粒间形成类似填隙物，构成类似颗粒支撑结构（图 3-17 ~ 图 3-19）。其次见细晶 - 微晶碳酸盐矿物、锐钛矿、石英、黏土矿物混杂胶磷矿呈现基底胶结微细胶磷矿，构成类似杂基支撑结构等（图 3-20 ~ 图 3-23）。

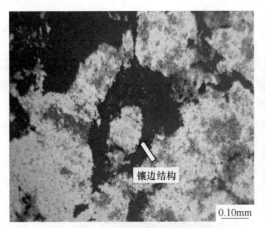

图 3-17　镶边结构

（见黄铁矿在硫磷铝锶石周围呈现此结构，（－）×10）

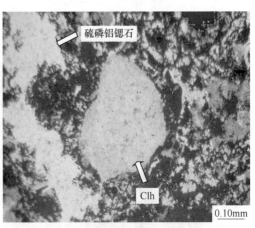

图 3-18　胶磷矿、硫磷铝锶石

（团块状胶磷矿、硫磷铝锶石，（－）×10）

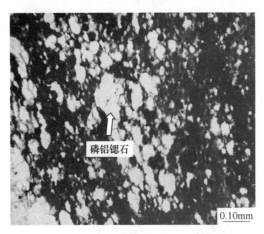

图 3-19　硫磷铝锶石

（团粒状硫磷铝锶石，（－）×10）

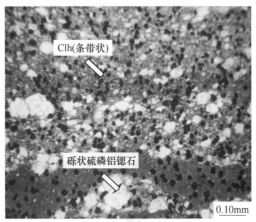

图 3-20　条带状胶磷矿

（条带状胶磷矿及砾状硫磷铝锶石，（－）×10）

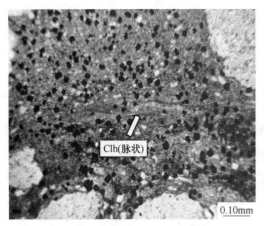

图 3-21　矿石中胶磷矿（Clh）

（见条带状胶磷矿，（－）×10）

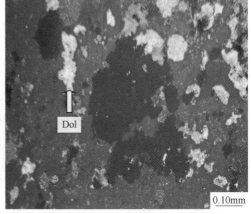

图 3-22　呈结晶状碳酸盐矿物

（主要为白云石（Dol），（＋）×10）

　　硫磷铝锶石（图3-18～图3-20）为矿石主要有用矿物，主要呈砾状，团块状产出。见有黄铁矿沿硫磷铝锶石边缘交代呈镶边状产出（图3-17）。还有部分硫磷铝锶石同胶磷矿呈包裹和毗邻嵌布特征，硫磷铝锶石被包裹在网脉状胶磷矿内，或硫磷铝锶石与胶磷矿毗邻共生。

　　胶磷矿是由沉积作用形成的胶状集合体，该矿石中的胶磷矿主要由氟磷灰石胶结而成。其主要呈胶结结构、碎屑结构（砾状、砂状、泥状）、团粒状、条带状、网脉状、胶状及不规则状产出（图3-17～图3-21，图3-23）。胶磷矿与硫磷铝锶石毗邻共生，或包裹硫磷铝锶石。

　　黄铁矿（图3-24～图3-28）呈粒状、结核状、草莓状、微晶细脉状及不规则的团块状产出。粗粒黄铁矿常呈压碎结构，裂隙被其他矿物充填交代；骸晶结构，其他矿物从晶体内部进行溶蚀交代；黄铁矿被胶磷矿和硫磷铝锶石交代呈残余状。中细粒黄铁矿可见有自形晶、半自形、他形晶结构。微晶黄铁矿以脉状他形晶结构分布于矿石中。自形晶黄铁矿晶形虽好，但数量很少且零星产出，半自形黄铁矿含量在50%以上，他形晶多呈不规则状，不具完好晶面。

图3-23　矿石中胶磷矿（Clh）

（见胶磷矿呈条带状，（－）×10）

图3-24　矿石中黄铁矿（Py）

（见黄铁矿呈交代侵蚀结构，反射光×10）

图3-25　微晶黄铁矿（Py）

（见黄铁矿微晶、骸晶结构，反射光×10）

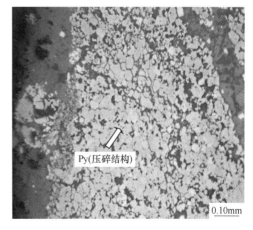

图3-26　黄铁矿（Py）显示压碎结构

（见黄铁矿压碎结构，反射光×10）

图 3-27 微晶细脉状黄铁矿（Py）

（见微晶细脉状黄铁矿，反射光×10）

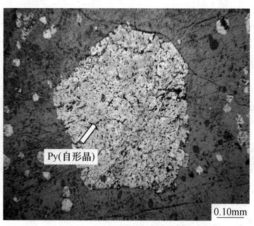

图 3-28   自形晶黄铁矿（Py）

（见自形晶黄铁矿，反射光×10）

3.2.2 化学组成分析

选取区内矿石样品，破碎、缩分、磨细至 −200 目制成测试样品，并在干燥箱内 90℃烘干 2h，以确保样品干燥。用不同的测试手段分析矿石中常量组分、微量元素及稀土元素的含量，测试结果见表 3-1～表 3-3，并讨论其地球化学特征。

3.2.2.1 矿石的常量化学成分分析

矿石的化学成分分析，主要是对矿石中常量化学组分及微量元素进行定量分析。用 X 射线荧光光谱分析仪（XRF）对矿样的常量化学组成进行分析，分析结果见表 3-1。

表 3-1 矿石化学多元素分析结果　　　　　　　　　（%）

成分	P_2O_5	SO_3	Al_2O_3	Fe_2O_3	CaO	SiO_2	SrO	MgO	TiO_2	MnO
含量	20.2	28.4	25.5	13.2	8.0	1.5	11.48	0.07	1.14	0.02

注：测试单位为广州澳实分析检测有限公司，测试方法为 X 射线荧光光谱分析（XRF）。

从表 3-1 可见，矿样中 P_2O_5 的质量分数为 20.2%，属于中低品位磷矿；SO_3、Al_2O_3、Fe_2O_3、SrO 和 CaO 质量分数较高，SO_3、Al_2O_3、Fe_2O_3、SrO 和 CaO 质量分数分别为 28.4%、25.5%、13.2%、11.48%、8%；MgO、TiO_2 和 SiO_2 质量分数较低，TiO_2 质量分数为 1.14%。

常量化学组分分析结果表明，矿石中部分 SO_3、P_2O_5、Al_2O_3 和全部 SrO 构成硫磷铝锶石，P_2O_5、CaO 构成胶磷矿，MgO、CaO、CO_2 构成碳酸盐矿物，Al_2O_3、SiO_2 构成黏土矿物，黏土矿物主要为高岭石。矿石中主要有用元素为磷、硫、铝、铁、锶、钛，具有综合利用价值，其他伴生元素钙、硅、镁等含量较低，回收难度较大。

彭军等人[1]研究发现离大陆较近的浅海沉积环境中，MnO/TiO_2 比值偏低，一般小于 0.5，硫磷铝锶矿中 MnO/TiO_2 比值为 0.02，表明硫磷铝锶矿是在靠近大陆的边缘海环境中形成的。Bostrom K[2]研究表明 Fe/Ti、(Fe + Mn)/Ti 和 Al/(Al + Fe + Mn)比值是衡量海相沉积物中热水来源的标志。当上述比值依次大于 20、20 ± 5，小于 0.35 时可认为呈热水沉积特征。矿石中 Fe/Ti、(Fe + Mn)/Ti 和 Al/(Al + Fe + Mn)比值依次为 13.5、13.53、0.59，故硫磷铝锶矿沉积物不完全来源于热水。

3.2.2.2 微量元素组成特征

用等离子质谱仪（ICP-MS）测定硫磷铝锶矿的微量元素，硫磷铝锶矿的微量元素质量分数见表 3-2。

表 3-2　矿样微量元素分析结果　　　　　（质量分数，µg/g）

元素 矿石类型	Ba	Cr	Cs	Hf	Nb	Rb	Th	U	V	W	Zr	Ta
硫磷铝锶石	2020	300	0.48	13.9	33.1	2	33.5	77.2	145	41	519	2.6
上地壳	550	35	3.7	5.8	12	112	10.7	2.8	60	2	190	0.96

注：测试单位为广州澳实分析检测有限公司，上地壳丰度采用 GERM（1998）元素丰度值。

从表 3-2 可知，微量元素分析结果表明硫磷铝锶矿中微量元素 Ba、Cr、Zr 质量分数大于 $100\mu g/g$，Hf、Nb、Th、U、W 质量分数大于 $10\mu g/g$，Rb、Ta 质量分数大于 $1\mu g/g$，Cs 的质量分数仅为 $0.48\mu g/g$。硫磷铝锶矿显著富集元素 U、W、Cr，富集系数分别达到 27.57、20.50、8.57，较富集元素 Ba、Hf、Th、Nb 等，Cs、Rb 元素相对亏损，富集系数为 0.13、0.02，均小于 1[3]。

矿石中微量元素在一定程度上反映了矿石的形成条件，可作为成因的指示剂。微量元素 Th/La 比值为 0.097，Nb/La 比值为 0.096、Hf/Sm 比值为 0.25，其比值小于 1，表明矿床成矿过程可能受到了热水成矿作用的影响，成矿热液以富 Cl 热液为主[3,4]，成矿流体来源于深部壳源岩浆结晶分异。Ba/Rb 为 1010，Rb/Sr 为 2.05×10^{-5}，其中 Rb/Sr 比值异常低表明矿床蚀变程度低。

Sr 和 Ba 元素地球化学性质很相似，同属亲石元素[5]，沉积岩中它们的含量通常与物质来源有关，元素 Sr、Ba 都是可与 Ca^{2+} 呈类质同象置换的元素。因此可以根据 Sr 和 Ba 元素的含量来判断其地球化学行为。Ba 含量高低反映水体深浅情况，Ba^{2+} 易与 SO_4^{2+} 在海水中结合形成难溶的 $BaSO_4$，Ba 的含量为 $2020\mu g/g$，含量异常高表明成因只能是海相沉积的结果，微量元素 Sr 含量为 $24617\mu g/g$，Sr/Ba 比值为 12.19，大于 1，表明矿床具有沉积成因特征，Sr/Ba 比值较高反映了沉积环境可能为水动力条件变化较大，阳光充足的滨海或浅海，这也与前面通过岩石 MnO/TiO_2 比值和 Ba 含量判断其沉积环境所得结论基本相吻合。

由于 Sr 与 Ca 的地球化学性质相似，Sr^{2+} 半径稍大于 Ca^{2+} 半径，这就造成了 Sr 以类质同象的形式较容易地进入含钙的氟磷灰石矿物晶格中。U 和 Th 元素的地球化学性质也很相似，U 属于亲氧元素，化合价为 4 价或 6 价，化学活性高，钍属于亲石元素，化合价以 4 价为主，化学活性低。U/Th 可以反映沉积环境，也可以反映沉积环境的氧化 – 还原条件。由于沉积物的沉积速度慢，因而能从海水中吸取较多的 Th，因此在大多数沉积岩中 Th 含量高于 U，但热水沉积物中 U 含量高于 Th，这是由于热水沉积物中沉积速率较快，抑制了从海水中对 Th 的吸收，使之 U 相对富集[6]。王成善等[7]认为 U/Th 在缺氧环境下大于 1.25，在贫氧条件下居于 0.75~1.25 之间，在富氧条件下小于 0.75。矿石U/Th 比值为 2.3 > 1.25，且氧化还原敏感元素 U、V 相对富集[8]，说明成矿环境可能属于相对还原环境，或者可能是在相对氧化的环境中受到了大陆河水补给作用的影响。热水沉积岩中 U/Th > 1，而非热水沉积岩中 U/Th < 1[9]，研究区内硫磷铝锶矿表现出热水沉积的地球化学特征。硫磷铝锶矿在 $\lg w(\mathrm{U}) - \lg w(\mathrm{Th})$ 图[10]上的投点在热水沉积区，进一步证明为热水沉积特征。

3.2.2.3　稀土元素特征

采用等离子质谱仪（ICP-MS）精确测定了硫磷铝锶矿稀土元素组成，结果见表 3-3。

表 3-3　矿石稀土元素含量（μg/g）及特征参数

元素	La	Ce	Pr	Nd	Sm	Eu	Gd	Tb
含量	346	269	64.8	266	54.9	12.9	72.2	10.4
元素	Dy	Ho	Er	Tm	Yb	Lu	Y	
含量	71.9	16.25	49.7	6.33	36.5	5.41	775	
稀土特征值	$\Sigma\mathrm{REE}$	$\mathrm{Y}/\Sigma\mathrm{REE}$	LREE/HREE	$(\mathrm{La/Sm})_\mathrm{N}$	$(\mathrm{Gd/Y})_\mathrm{N}$	$(\mathrm{La/Yb})_\mathrm{N}$	$\delta\mathrm{Ce}$	$\delta\mathrm{Eu}$
	2057.30	0.38	0.97	6.30	1.98	9.48	1.31	0.20

注：测试单位为 SC-1 广州澳实分析检测有限公司。

从表 3-3 可知，硫磷铝锶矿中稀土元素总量为 2057.3 μg/g，稀土总量 ΣREE 高，LREE/HREE 比值约为 1，稀土元素球粒陨石标准化分布模式（图 3-29）为向右倾斜曲线，表明其轻稀土略有富集趋势[11]。$(\mathrm{La/Yb})_\mathrm{N}$ 比值为 9.48，大于 1，$(\mathrm{La/Sm})_\mathrm{N}$ 比值为 6.3，大于 1，反映轻稀土之间分馏程度，分馏程度越低，轻稀土越富集，总体上表现出富集轻稀土的特征。$(\mathrm{Gd/Yb})_\mathrm{N}$ 比值为 1.98，大于 1，也表明其稀土组成模式为轻稀土富集型。硫磷铝锶矿中稀土元素钇占稀土总量 37.67%，稀土元素钇有较高富集，反映了四川绵竹硫磷铝锶矿富集轻稀土 La、Ce、Nd 和重稀土 Y 的基本特征。

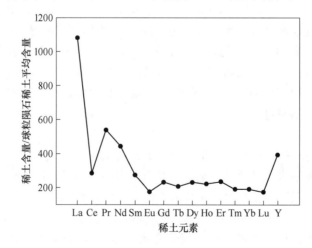

图 3-29　硫磷铝锶矿球粒陨石标准化分布模式

　　稀土元素地球化学特征用于解决矿床成因已经取得显著成果，硫磷铝锶矿石富含稀土，而且有富集轻稀土和重稀土钇特征，其分配形式反映了成矿的物质来源。一般磷矿床形成过程经历了藻类等生物吸收富集、海底热水喷流作用、热液活动等过程，最后通过一定搬运、沉积和其他漫长的地质作用形成磷矿层[12]。张杰等[13]研究织金新华含稀土磷矿时发现该磷矿具有负铈和负铕异常，织金新华含稀土磷矿床具有正常海相沉积伴有热水沉积混合作用成因特征。这与大多数学者在研究磷矿成因得到的结论是一致的。初步研究四川绵竹富稀土硫磷铝锶矿稀土元素地球化学特征，结果表明硫磷铝锶矿在成因上与普通磷矿石存在较大差异。由表中可见样品中 $\delta Eu < 1$ 即为负铕异常且异常较强，δCe 为 1.31，大于 1，即为铈正异常。δCe、δEu 值是成岩成矿物质来源的重要标志之一，其数值大小不仅与成岩成矿的氧化 - 还原条件、pH 值有密切关系[14]，且能反映沉积水体深浅[6]。

　　讨论硫磷铝锶矿的 Ce 正异常是很有意义的。铈在还原条件下为正三价状态，在氧化环境下为正四价，当海水处于氧化环境 Ce^{3+} 易被氧化成 Ce^{4+} 生成 $Ce(OH)_4$ 沉淀[15]，保留在海水中的是未氧化三价铈，因此导致铈负异常。铈氧化还原反应式为：

$$4Ce^{3+} + 14H_2O + O_2 \Longleftrightarrow 4Ce(OH)_4 \downarrow + 12H^+ \qquad (3-1)$$

磷矿沉积岩中普遍存在有负铈异常，这可能是处于氧化环境的结果，而同样处于氧化环境的河水则无铈异常。由于滨海或浅海受到大陆河水的补给，河水比海水 pH 值低，平均 pH 值在 6.8 左右，远小于 7.9，尽管处于氧化环境，也不会有铈负异常，因此硫磷铝锶矿矿床处于浅海沉积环境中可能受到了大陆新鲜河水的补给混合作用的影响。如果 Ce^{4+} 含量太高，在海水中超过 $Ce(OH)_4$ 溶度积所允许的量，从而形成 $Ce(OH)_4$ 沉淀后重新建立平衡，$Ce^{3+} \Longleftrightarrow Ce^{4+}$ 的氧化还原反应向右进行，因此一部分铈 Ce^{3+} 保留在海水中，也不会造成铈亏损[15]。

　　铕在氧化条件下为 3 价状态，在还原条件下为 2 价状态，硫磷铝锶矿中 δEu 为 0.2，小于 1，即为负铕异常且异常较强，反映出沉积环境可能处于氧化环境，但矿石中黄铁矿含量高，沉积环境还可能是还原环境。Eu 亏损的原因可能有两种：一种是在矿床沉积时从成矿热液中继承了相对亏铕的特征；另一种可能是在成矿过程中 Eu^{2+} 离子半径大，不易进入硫磷铝锶石矿物晶格置换 Sr^{2+} 和黄铁矿矿物晶格置换 Fe^{2+}，除 Eu^{3+} 能置换 Fe^{2+} 外，Eu^{2+} 离子也能置换 Ca^{2+}，但当溶液中 Eu^{2+} 浓度较低时，也能导致 Eu 亏损[16]。

　　Y 和 Ho 有相同的价态和离子半径，因此常具有相同的地球化学性质，Y/Ho 比值在一般的地质过程中不发生改变。该矿石中 Y/Ho 比值为 47.69，Y/Ho 比值与现代海水及海底热液流体接近。Y/Ho 比值为 47.69，表明矿床成矿流体来源与海底热液关系密切，因此矿床形成与海底喷流沉积作用有关[4]。

3.2.3　小结

　　本章运用 X 射线衍射物相分析（XRD）、光学显微镜观察、扫描电镜能谱物相分析（SEM-EDX）对矿石矿物组成进行了研究，运用 X 射线荧光光谱分析（XRF）、等离子质谱仪分析（ICP-MS）和化学分析法对硫磷铝锶矿常量化学组分、微量元素及稀土元素组成进行了分析，综合分析结果如下：

（1）四川绵竹硫磷铝锶矿属于中低品位磷矿，主要矿物为硫磷铝锶石、胶磷矿、黄铁矿，其次含有锐钛矿和高岭土，主要有用矿物为硫磷铝锶石和胶磷矿，金属矿物主要为黄铁矿和锐钛矿，黏土矿物主要为高岭石。

（2）硫磷铝锶矿总体呈块状构造，显胶体沉积特征。硫磷铝锶石主要呈团粒状、砾状、砂状、浸染状构造，胶磷矿呈团粒状、豆状、胶团状构造。黄铁矿呈粒状、结核状、草莓状、微晶细脉状及不规则的团块状产出。矿石以颗粒支撑结构为主，其次是类似杂基支撑结构。

（3）矿石主要化学组成为磷、硫、铝、铁、锶和钙，其中 P_2O_5、SO_3、Al_2O_3、Fe_2O_3、SrO 和 CaO 质量分数分别为 20.2%、28.4%、25.5%、13.2%、11.48%、8%；其次还有镁、钛和硅，TiO_2 质量分数为 1.14%。矿石微量元素钡、铬、锆含量相对较高，其质量分数都大于 $100\mu g/g$，显著富集元素铀、钨、铬，富集系数分别达到 27.57、20.50、8.57，铯、铷元素相对亏损。矿石稀土总量 $\sum REE$ 高，稀土元素总量为 $2057.3\mu g/g$，稀土元素球粒陨石标准化分布模式为向右倾斜曲线，稀土元素钇、镧、铈、钕含量较高，其质量分数分别达到 $775\mu g/g$，$346\mu g/g$，$269\mu g/g$，$266\mu g/g$，这反映了四川绵竹硫磷铝锶矿富集轻稀土镧、铈、钕和重稀土钇的基本特征。

（4）硫磷铝锶矿中 MnO/TiO_2 比值为 0.02，表明其是在靠近大陆的边缘海环境中形成的。Fe/Ti、(Fe+Mn)/Ti 和 Al/(Al+Fe+Mn) 比值分别为 13.5、13.53 和 0.59，反映了矿床沉积物不完全来源于热水。Th/La 比值为 0.097，Nb/La 比值为 0.096，Hf/Sm 比值为 0.25，其比值普遍小于 1，这表明矿床成矿过程可能受到了热水成矿作用的影响，成矿热液以富 Cl 热液为主。Rb/Sr 比值异常低表明矿床蚀变程度低。造成 U/Th 比值为 2.3 大于 1 的原因可能是在相对氧化的环境中受到了大陆河水补给作用的影响。铈正异常也证实了硫磷铝锶矿矿床处于浅海沉积环境中可能受到了大陆新鲜河水的补给混合作用的影响。Y/Ho 比值为 47.69 表明矿床形成与海底喷流沉积作用有关。Sr/Ba 比值较高反映了沉积环境可能为水动力条件变化较大、阳光充足的浅海相。

（5）矿石中主要有用元素为磷、硫、铝、铁、锶、钛，稀土元素具有综合利用价值，其他伴生元素钙、硅、镁等质量分数较低，回收难度较大。

3.3　元素赋存状态与分布规律

元素在矿石中的赋存状态可以分为独立矿物形式、类质同象形式和吸附形式。矿石中元素赋存状态研究目的在于查明元素在矿物中的存在形式和分布规律，其对选择矿物加工方法、工艺流程和评价分选指标具有重要意义。本章采用扫描电镜配合能谱分析、电子探针分析及选择性溶解法重点研究了 P、S、Fe、Sr、Al、La、Ce、Y 等元素在硫磷铝锶矿中赋存状态及分布规律。

3.3.1　扫描电镜配合能谱分析

采用扫描电镜配合能谱（SEM-EDX）对矿石中元素进行了分析，测出矿石中 P、S、Fe、Sr、Al、La、Ce、Y 元素分布规律，测试结果见表 3-4 ～ 表 3-7，图 3-30 ～ 图 3-33。

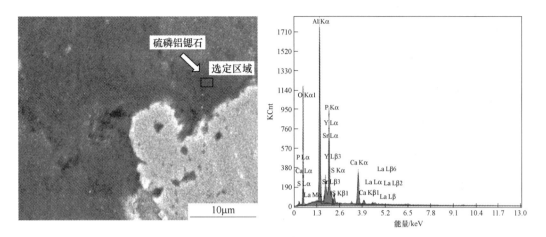

图 3-30 硫磷铝锶石扫描电镜图和 X 射线衍射能谱图

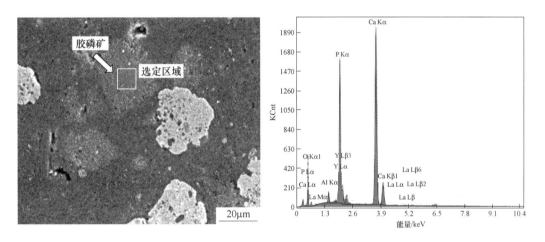

图 3-31 胶磷矿扫描电镜图和 X 射线衍射能谱图

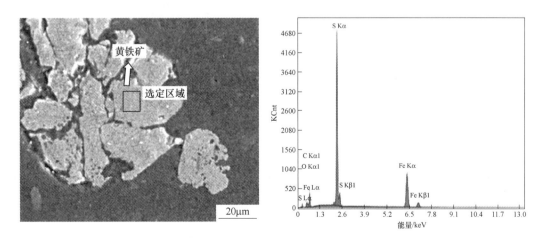

图 3-32 黄铁矿扫描电镜图和 X 射线衍射能谱图

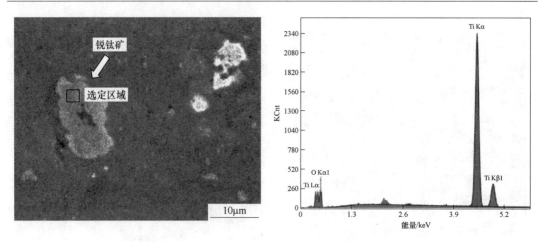

图 3-33   锐钛矿扫描电镜图和 X 射线衍射能谱图

表 3-4   硫磷铝锶石 X 射线能谱测试结果   （质量分数,%）

测点	Al	Sr	P	S	Ca	O	La	Y
SC-1	21.92	14.67	14.15	4.49	3.05	41.72	0.17	0
SC-2	21.85	7.43	16.07	2.44	7.59	41.75	2.17	0.71
SC-3	21.6	14.45	14.32	4.54	3.37	41.2	0.51	0
SC-4	22.06	6.3	16.26	2.53	8.71	42.13	1.54	0.47
SC-5	18.76	5.81	12.38	1.82	6.58	41.76	0.87	0.24
SC-6	21.84	14.3	14.12	4.03	3.54	41.81	0.35	0
SC-7	22.05	7.78	15.94	2.21	7.9	43.37	0.49	0.26
SC-8	21.2	7.5	15.68	2.16	8.39	42.88	1.27	0.92

表 3-5   胶磷矿 X 射线能谱测试结果   （质量分数,%）

测点	Al	P	S	Ca	O	La	Y
SC-1	2.96	17.62	0	41.04	34.47	0.48	1.38
SC-2	1.25	18.43	0	46.5	31.61	0.53	1.75
SC-3	1.37	17.48	<0.1	43.82	35.02	0.46	1.84
SC-4	4.49	17.51	2.2	39.35	34.1	0.55	1.79

表 3-6   黄铁矿 X 射线能谱测试结果   （质量分数,%）

测点	C	O	S	Fe	Y
SC-1	10.37	3.98	43.21	42.43	0
SC-2	<0.1	<0.1	50.77	48.96	0.04
SC-3	<0.1	<0.1	51.51	48.23	0.05

表 3-7   锐钛矿 X 射线能谱测试结果   （质量分数,%）

测点	O	Ti
SC-1	33.29	66.71

经扫描电镜配合能谱分析磷、硫、锶、铁、钙及稀土等元素在各种矿物中的存在形式具有以下特征：图3-30、图3-31中见有P的能谱峰，表明P主要以硫磷铝锶石（图3-30）、氟磷灰石（图3-31）形式存在，黄铁矿中未见有P元素能谱峰（图3-32）。元素S主要赋存于硫磷铝锶石和黄铁矿。元素Sr主要赋存在硫磷铝锶石。元素Al主要存在于硫磷铝锶石和胶磷矿，黄铁矿中未见有分布。元素Fe主要存在于黄铁矿。元素Ca主要存在于胶磷矿和硫磷铝锶石。元素Ti以独立矿物形式存在于锐钛矿。

从表3-4中可知硫磷铝锶石中钙元素平均含量为6.4%。可能是以类质同象的形式替代钙，从而较容易地进入含钙的氟磷灰石矿物晶格中，也可能是胶磷矿以微细包裹体形式存在于硫磷铝锶石中。扫描电镜及偏光显微镜下未见有天青石，说明锶以硫磷铝锶石的形式存在。

从表3-5中可知，胶磷矿中主要含有P、O、Ca、F元素，Al含量很少，而在胶磷矿能谱图（图3-31）中见有Al元素能谱峰，这可能是铝元素存在于杂质矿物混入其中导致的。

对胶磷矿和硫磷铝锶石矿物进行电镜扫描过程中，发现有稀土元素Y、La元素的含量峰。从表3-4和表3-5中可知，稀土元素Y、La大部分包含于胶磷矿和硫磷铝锶矿中，硫铁矿中元素Y含量极少。稀土元素Y、La在胶磷矿中分布较均匀，胶磷矿中的稀土元素Y、La可能以类质同象的形式存在[17]。稀土元素都伴随其他元素出现，扫描电镜下未见特殊稀土单矿物。

3.3.2 电子探针分析

采用电子探针（EMPA）对微区内多处硫磷铝锶石和胶磷矿进行定量分析，通过元素在矿物表面分布特征的检测来判断元素的赋存状态，测出硫磷铝锶石、胶磷矿中主要元素在各矿物中的分布规律，测试结果见表3-8、表3-9、图3-34、图3-35。

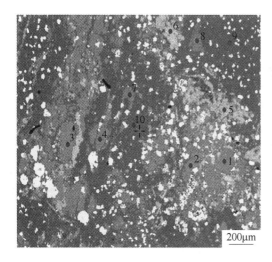

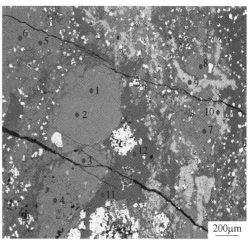

图3-34 硫磷铝锶矿和胶磷矿电子探针图　　　　图3-35 硫磷铝锶矿和胶磷矿电子探针图

表3-8　硫磷铝锶石电子探针测试结果　　　　　（质量分数,%）

测点	F	SiO$_2$	MgO	SrO	As$_2$O$_3$	V$_2$O$_5$	Al$_2$O$_3$	P$_2$O$_5$	SO$_3$	MnO	PbO$_2$	FeO	Cl	CaO	总计
SC-1-1	0.859	0.131	0.022	17.229	0.021	0.001	32.572	20.608	7.406	0	0	0.156	0.019	2.758	81.782
SC-1-2	0.274	0.181	0.046	17.531	0.002	0.001	32.083	20.181	7.369	0.02	0	0.141	0.014	2.777	80.62
SC-1-3	0	0.121	0.043	17.969	0.006	0.019	32.096	19.657	7.183	0.038	0	0.203	0.009	2.831	80.175
SC-1-4	0.446	0.189	0.025	17.183	0.04	0.01	32.834	19.555	7.269	0.001	0	0.129	0.008	2.802	80.095
SC-1-5	0	0.12	0.06	17.951	0	0.014	31.572	19.976	6.836	0	0	0.147	Cl	2.829	79.505
SC-1-6	0.448	0.106	0.026	18.261	0	0.026	32.784	20.836	7.433	0.005	0	0.251	0.006	2.318	82.5
SC-1-7	0	0.041	0.037	16.69	0	0	31.803	19.137	6.474	0	0.073	0.151	0.008	3.315	77.729
SC-1-8	0.107	0.136	0.042	16.667	0	0.003	32.175	20.066	6.595	0.004	0	0.127	0.012	3.174	79.108
SC-1-11	0	1.184	0	10.551	0.022	0.012	32.25	21.818	3.876	0	0	0.164	0.013	6.582	76.472
SC-1-12	0.338	0.063	0.023	9.784	0	0	33.835	23.017	3.738	0.008	0	0.115	0.011	6.731	77.663
SC-2-1	0.321	0.153	0.042	17.911	0.01	0	30.801	18.878	6.535	0.045	0	0.204	0.005	2.747	77.652
SC-2-2	0.533	0.128	0.044	17.571	0	0.035	31.721	19.766	6.835	0	0	0.267	0.014	2.829	79.743
SC-2-3	0.659	0.11	0.026	17.812	0	0	31.705	20.189	6.492	0.039	0	0.154	0.003	2.739	79.928
SC-2-4	0.21	0.089	0.021	16.98	0	0	32.349	20.34	7.156	0	0	0.147	0.012	3.229	80.536
SC-2-7	0.146	0.098	0.02	16.974	0.006	0.067	31.997	19.312	6.799	0.028	0	0.247	0.008	2.659	78.361
SC-2-8	0.558	0.119	0.038	17.091	0.028	0	31.372	19.197	6.803	0	0	0.176	0.019	2.936	78.337
SC-2-9	0.476	0.008	0.029	10.721	0	0.013	32.982	23.517	3.257	0.015	0.013	0.151	0.008	7.065	78.255
SC-2-10	0.265	0.068	0.036	12.03	0	0.006	33.134	22.675	4.982	0	0	0.211	0.016	5.116	78.539

注：测试单位为成都理工大学，测试方法为电子探针 X 射线显微分析（EPMA）。

表3-9　胶磷矿电子探针测试结果　　　　　（质量分数,%）

测点	F	SiO$_2$	MgO	SrO	As$_2$O$_3$	V$_2$O$_5$	Al$_2$O$_3$	P$_2$O$_5$	SO$_3$	MnO	PbO$_2$	FeO	Cl	CaO	总计
SC-1-9	5.861	0.082	0	1.533	0.015	0	6.339	30.434	4.757	0.005	0	1.521	0.028	48.078	98.653
SC-1-10	5.176	0.031	0.012	0.135	0	0	0.623	33.402	4.856	0	0	2.389	0.037	52.104	98.765
SC-2-5	4.941	0.035	0.009	0.316	0	0	1.08	33.27	4.46	0.016	0	2.225	0.005	52.717	99.074
SC-2-6	5.189	0.009	0.028	0.339	0	0.087	0.898	34.17	3.623	0.013	0.001	2.246	0.009	51.434	98.046

注：测试单位为成都理工大学，测试方法为电子探针 X 射线显微分析（EPMA）。

从表3-8 可知，硫磷铝锶矿中 P$_2$O$_5$、Al$_2$O$_3$、SrO、SO$_3$ 平均含量分别为 20.48%、32.2%、15.94%、6.28%。通过原子质量换算，得出硫磷铝锶石中磷、铝、锶、硫元素含量之比约为 9∶17∶14∶3。硫磷铝锶石中构成该矿物的主要元素硫、磷、铝、锶分布也较均匀，因此硫磷铝锶石是一种独立矿物，这也证明了磷矿石中所含铝、锶、硫元素不是胶磷矿包裹其他矿物形成的。硫磷铝锶石中还含有少量铁、钙元素，由于铁、钙元素在矿物表面分布较均匀，说明铁、钙元素以类质同象的形式存在。由于 Sr^{2+} 半径稍大于 Ca^{2+} 半径，这可能是在硫磷铝锶石成矿过程中成矿物质中的 Sr^{2+} 呈类质同象置换 Ca^{2+} 导致的[6]。

从表3-9 可知胶磷矿中主要含有钙、磷、氟元素，其较均匀分布在胶磷矿中，也有少量铝、铁、锶等元素分布其中，P_2O_5、F、CaO、Al_2O_3、FeO、SrO平均含量为32.82%、5.29%、51.08%、2.24%、2.1%、0.58%。通过原子质量换算，得出胶磷矿中磷、钙、氟元素含量之比约为14：36：5。标准氟磷灰石中P_2O_5、CaO、F含量为42.26%、55.56%、3.77%。该胶磷矿与标准氟磷灰石相比P_2O_5、CaO含量偏低，F含量偏高。

对比一般胶磷矿，胶磷矿中铝、锶元素含量偏高且呈不均匀分布，铝、锶元素含量在测点SC-1-1点显著富集，这说明胶磷矿中铝、锶元素是以微细包裹体的形式存在。胶磷矿中元素镁、砷、钒呈不均匀分布，其也可能以微细包裹体的形式存在。但铁元素分布较均匀，其可能是以类质同象的形式存在。

3.3.3 化学物相分析

化学物相分析是基于不同矿物的化学性质不同，利用化学方法，研究物相组成和含量的方法。化学物相分析既可以研究矿物或矿床的成因，也能查明目的矿物及脉石矿物的赋存状态，为矿物资源综合利用和选择工艺流程等提供基础资料。本次实验是以四川绵竹地区硫磷铝锶矿为研究对象，参照龚美菱等人[18,19]提出的相态分析方法，基于纯矿物实验确定了实验试剂及实验过程，再通过对实验过程中实验药剂用量以及实验方法步骤的优化和调节，制定合适的具体实验过程。

3.3.3.1 试验原理

本次实验采用选择性溶解法，其是选择合适的溶剂，在一定化学条件下，对特定载体矿物进行溶解或浸出，同时保证其他载体矿物不溶解。根据矿物中有关组分可溶性，以及待测元素与主元素可溶性的相关性，分析元素在载体矿物中赋存状态[17]。通过胶磷矿、黄铁矿纯矿物实验，查明胶磷矿和黄铁矿在不同化学条件下溶解度的差异。胶磷矿和黄铁矿纯矿物实验表明胶磷矿在10%的硝酸溶液中反应10min可完全溶解，而黄铁矿在同一化学条件下很难溶解。胶磷矿、黄铁矿和硫磷铝锶石均不溶于$(NH_4)_2SO_4$溶液，故可以用$(NH_4)_2SO_4$溶液浸出黏土矿物（高岭石）中的稀土。用10%硝酸溶液浸出后的硫磷铝锶矿置于500mL锥形瓶中，加入200mL饱和溴水，0.2g $K_2Cr_2O_7$，在室温下振荡60min，过滤洗涤至滤纸无黄色，用等离子质谱仪分析滤液，结果表明滤液中锶含量很低，接近零。黄铁矿与饱和溴水和重铬酸钾反应式：

$$2FeS + 3Br_2 \longrightarrow 2FeBr_3 + 2S \tag{3-2}$$

$$S + 3Br_2 + 4H_2O =\!\!=\!\!= H_2SO_4 + 6HBr \tag{3-3}$$

$$6Br^- + Cr_2O_7^{2-} + 14H^+ =\!\!=\!\!= 3Br_2 + 2Cr^{3+} + 7H_2O \tag{3-4}$$

实验还发现焙烧后的硫磷铝锶石溶于25%的硝酸溶液。综上设计P、Sr、Al、Fe及稀土元素的选择性溶解分析方法。

3.3.3.2 试验样品和试剂

A 试验样品

选取四川某地致密块状硫磷铝锶矿综合样，P_2O_5、SO_3、Al_2O_3、Fe_2O_3、SrO和CaO质量分数分别为20.2%、28.4%、25.5%、13.2%、11.48%、8%；除主要有价元素磷、铝、铁、硫、锶、钛元素之外还含有丰富的稀土元素，其中稀土元素Y、La、Ce含量较高，其质量分数分别为 $775\mu g/g$、$346\mu g/g$、$269\mu g/g$。

B　试验试剂

试验所用水均为去离子水（$>18.2M\Omega\cdot cm$），所用试剂均为分析纯，如重铬酸钾、硝酸、硫酸铵、饱和溴水等。单元素标准溶液（锶、铁、铝、镧、铈、钇）。

3.3.3.3　试验方法与试验条件优化

A　试验方法

试验步骤流程图如图3-36所示，具体试验步骤如下：

称取研磨烘干后样品 $1g$（$\pm0.00050g$），置于 $500mL$ 锥形瓶中，加入 $200mL$ $30g/L$ 的浸取液（$(NH_4)_2SO_4$ 溶液），在室温下振荡 $1h$[19]，过滤洗涤得到固体滤渣 1 和滤液 1，并将滤液 1 转入 $1000mL$ 容量瓶中定容，待 ICP-AES 检测。固体滤渣 1 置于 $500mL$ 锥形瓶中，加入 $200mL$ 浓度为 10% 的硝酸溶液，振荡浸出 $10min$，过滤洗涤得到固体滤渣 2 和滤液 2，并将滤液 2 转入 $1000mL$ 容量瓶中定容，待 ICP-AES 检测。将固体滤渣 2 置于 $500mL$ 锥形瓶中，加入 $200mL$ 饱和溴水，$0.2g$ $K_2Cr_2O_7$，在室温下振荡 $60min$，过滤洗涤至滤纸无黄色[18]，得到固体滤渣 3 和滤液 3，并将滤液 3 转入 $1000mL$ 容量瓶中定容，待 ICP-AES 检测。将上述固体滤渣 3 放入瓷坩埚中，在马弗炉中 800℃ 焙烧 $1h$，再转入 $500mL$ 锥形瓶中，加入 $200mL$ 浓度为 25% 的硝酸溶液，振荡浸出 $60min$，过滤洗涤得到固体滤渣 4 和滤液 4，并将滤液 4 转入 $1000mL$ 容量瓶中定容，待 ICP-AES 检测。测试结果见表3-10。

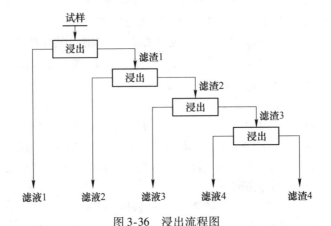

图3-36　浸出流程图

B　实验条件优化

对实验中所用离子吸附态浸出溶液为 $30g/L$ 的 $(NH_4)_2SO_4$ 溶液所需要的液态体积进行优化：称取相同质量的原矿 $1.0g$（$\pm0.00050g$），置于 $500mL$ 锥形瓶中，分别加入 $30g/L$ 的 $(NH_4)_2SO_4$ 溶液 $50mL$、$100mL$、$200mL$、$300mL$，在室温下振荡 $1h$ 并过滤，过滤洗涤得到固体滤渣 A 和滤液 A，将滤液 A 定容至 $1000mL$ 容量瓶，用 ICP-AES 测得滤液 A 中稀土元素 Y 的含量分别为 $0.0212\mu g/mL$、$0.0282\mu g/mL$、$0.0276\mu g/mL$、$0.0285\mu g/mL$。因此可以确定浸出液体积在 $200mL$ 时，浸出率相对较高，浸出液用量较少。

胶磷矿纯矿物实验表明，胶磷矿在稀硝酸中反应 $10min$ 后基本溶解，对实验中溶解胶磷矿的硝酸溶液的浓度和体积进行优化：制取上述滤渣 A，烘干后称取 $1g$（$\pm0.00050g$），置于 500mL 锥形瓶中，分别加入浓度为 5%、10%、20% 硝酸溶液 300mL，在室温下振荡 10min，过滤洗涤得到固体滤渣 B 和滤液 B，将滤液 B 定容至 1000mL 容量瓶，用化学分析法测得滤液 B 中元素 P 的含量为 1.8%、1.93%、2.08%，用 ICP-AES 测得滤液 B 中 Sr 的含量为 0.175μg/mL、2.36μg/mL、12μg/mL，随着硝酸溶液浓度提高，滤液 B 中 P 含量随之增大，Sr 含量也随之增大，为保证硝酸只溶解胶磷矿，使硫磷铝锶石留在固相中，因此应选择浓度为 10% 的硝酸溶液。称取滤渣 B 1g(±0.00050g)，置于 500mL 锥形瓶中，分别加入浓度为 10% 的硝酸溶液 100mL、200mL、300mL，在室温下振荡 10min，过滤洗涤得到固体滤渣 C 和滤液 C，将滤液 C 定容至 1000mL 容量瓶，用化学分析法测得滤液 C 中元素 P 的含量为 1.83%、2.02%、2.08%，用 ICP-AES 测得滤液 B 中 Sr 的含量为 1.87μg/mL、2.21μg/mL、3.57μg/mL，随着硝酸溶液体积增大，滤液 C 中 P 含量随之增大，Sr 含量也随之增大，为保证硝酸只溶解胶磷矿，使硫磷铝锶石留在固相中，因此硝酸溶液最佳体积为 200mL。

对实验中溶解焙烧后硫磷铝锶石的硝酸溶液的浓度进行优化：称取经焙烧后的硫磷铝锶矿 1.0g(±0.00050g)，置于 500mL 锥形瓶中，分别加入浓度为 5%、15%、25%、35% 的硝酸溶液 200mL，在室温下振荡 60min，过滤洗涤得到固体滤渣 D 和滤液 D，将滤液 D 定容至 1000mL 容量瓶，用 ICP-AES 测得滤液 D 中 Sr 的含量为 6.3%、7.4%、9.35%、9.53%，随着硝酸溶液浓度增大，滤液 C 中 Sr 含量也随之增大，但浓度为 25% 硝酸溶液浸出效果与 35% 硝酸溶液差不多，故选择浓度为 25% 的硝酸溶液。

3.3.3.4 测试结果

通过试验条件优化得出最优试验条件，再根据试验方法所述步骤依次浸出高岭石中稀土，选择性溶解胶磷矿、黄铁矿、硫磷铝锶石，分别得到滤液 1~4，用 ICP-AES 测得滤液 1~4 中各元素含量，测试结果见表 3-10。

表 3-10 滤液 1~4 中各元素含量

滤液	元素含量/μg·mL⁻¹						
	P	Al	Fe	Sr	Y	La	Ce
1	—	—	—	—	0.02877	0.01758	0.00294
2	20.1	2.8	4.2	1.2	0.23501	0.11301	0.01420
3	—	—	90.7	—	0.01910	0.01837	0.01255
4	67.4	128.3	0.5	94.1	0.42826	0.23396	0.26097

3.3.3.5 测试方法准确性研究

A 建立标准曲线

本实验采用标准曲线法，将已知浓度的单元素标准溶液逐级稀释成不同浓度，做出一条标准曲线对未知样品进行浓度标定。配制浓度为 1000μg/mL 的单元素标准溶液，将镧、铈及钇元素标准溶液分别稀释到 0.05μg/mL、0.1μg/mL、0.5μg/mL、1μg/mL、10μg/mL，将锶、铁、铝元素标准溶液分别稀释到 1μg/mL、5μg/mL、10μg/mL。在优化的仪器参数下，对各元素标准溶液进行测定，得到各元素标准曲线及线性相关系数 r^2，各元素标准线

性相关系数 r^2 均大于 0.999，均符合测量要求。

B　方法的准确性分析

为了验证本次选择性溶解实验的准确性、可行性和适用性。$(NH_4)_2SO_4$ 溶液只是浸出了高岭石中稀土，原矿中其他矿物均在滤渣 1 中。通过胶磷矿和黄铁矿纯矿物实验表明胶磷矿在 10% 的硝酸溶液中反应 10min 可完全溶解，黄铁矿在同一化学条件下很难溶解，因此黄铁矿和硫磷铝锶石未溶解，都留在滤渣 2 中。用 X 射线衍射仪（XRD）分析实验方法中所述滤渣 3、4 的成分。测试结果见图 3-37、图 3-38。从图 3-37 中可知加入 200mL 饱和溴水、0.2g$K_2Cr_2O_7$，在室温下振荡 60min 后黄铁矿完全溶解。固体残渣 4 分析结果（图 3-38）表明最终剩余的 0.0675g 残渣中主要成分为 TiO_2，说明锐钛矿未溶解。

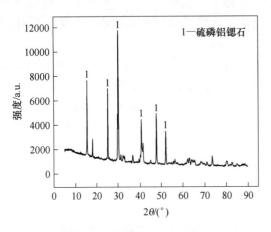

图 3-37　滤渣 3XRD 谱线图

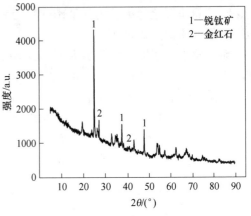

图 3-38　滤渣 4XRD 谱线图

将选择性溶解实验中各样品的磷、铝、铁、锶、镧、铈和钇元素的提取总量与分析原矿样品中这些元素的总量进行对比，分别计算出各元素配分平衡系数和相对误差，结果见表 3-11。

表 3-11　硫磷铝锶矿元素配分平衡系数及相对误差计算

元素	选择性溶解总量 /$\mu g \cdot mL^{-1}$	原矿分析总量 /$\mu g \cdot mL^{-1}$	配分相对误差 /%	配分平衡系数 /%
P	87.5	88.197	0.79	99.21
Al	131.1	135	2.89	97.11
Fe	95.4	92.4	3.25	103.25
Sr	95.3	97.138	1.89	98.11
La	0.363	0.346	4.89	104.89
Ce	0.291	0.269	8.05	108.05
Y	0.711	0.775	8.24	91.76

从表 3-11 中可见，各元素配分相对误差均小于 10%，配分平衡系数在 90% ~ 110% 之间，综上可说明此次选用的选择性溶解法准确可靠，适合本次四川绵竹地区硫磷铝锶矿元素赋存状态研究。

3.3.3.6 结果及讨论

利用 ICP-AES 分析各滤液中金属元素含量，化学分析法分析各滤液中磷元素含量，测试结果列于表 3-12 ~ 表 3-14。

表 3-12 各矿物中元素磷、铝、铁及锶含量 （%）

矿 物	元 素 含 量			
	P	Al	Fe	Sr
硫磷铝锶石	6.74	12.83	0.05	9.41
胶磷矿	2.01	0.28	0.42	0.12
黄铁矿	—	—	9.07	—
高岭石	—	—	—	—
小 计	8.75	13.11	9.54	9.53

表 3-13 各矿物中稀土元素钇、镧及铈含量 （μg/g）

矿 物	元 素 含 量		
	Y	La	Ce
硫磷铝锶石	428.26	233.96	260.97
胶磷矿	235.01	113.01	14.20
黄铁矿	19.10	18.37	12.55
高岭石	28.77	17.58	2.94
小 计	711.14	382.92	290.66

表 3-14 矿石样品中元素分布 （%）

矿 物	元 素 分 布						
	P	Al	Fe	Sr	Y	La	Ce
硫磷铝锶石	77	97.79	0.52	98.74	60.22	61.10	89.78
胶磷矿	23	2.21	4.40	0.26	33.05	29.51	4.88
黄铁矿	—	—	95.07	—	2.69	4.80	4.32
高岭石	—	—	—	—	4.05	4.59	1.01
小 计	100	100	100.00	100	100	100.00	100.00

A 元素分布规律

由表 3-12、表 3-13 中可见，硫磷铝锶石中元素磷、铝、锶及铁含量分别为 6.74%、12.83%、9.41%、9.54%，稀土元素钇、镧及铈含量分别为 428.26μg/g、233.96μg/g、260.97μg/g。矿石中有用元素 P、Al、Fe、Sr 及稀土元素 Y、La、Ce 在各矿物中分布见表 3-14，P 主要分布在硫磷铝锶石和胶磷矿中，分别占 77%、23%；Al 主要分布在硫磷铝锶石中，占 97.79%；Fe 主要分布在黄铁矿中，占 95.07%；Sr 主要分布在硫磷铝锶石中，占 98.74%。由表 3-14 可见，硫磷铝锶石中稀土元素 Y 主要分布在硫磷铝锶石和胶磷矿中，分别占 60.32%、33.05%；稀土元素 La 主要分布在硫磷铝锶石和胶磷矿中，分别占 61.1%、29.51%；稀土元素 Ce 主要分布在硫磷铝锶石中，占 89.78%。

　　B　元素赋存状态

　　从表 3-4、表 3-8、图 3-30、图 3-34 中可知，硫磷铝锶石中元素 P、Al、Sr 以独立矿物的形式存在，元素 Fe 可能以微细包裹体形式存在，稀土元素 Y、La 及 Ce 可能以悬浮状态被硫磷铝锶石吸附[18]，也可能以微细包裹体形式存在。由表 3-5、表 3-9、图 3-34、图 3-38 中可见，胶磷矿中元素 P、Ca 以独立矿物形式存在，元素 Sr 可能是以类质同象形式存在，元素 Fe 可能以微细包裹体形式存在，稀土元素 Y、La 可能以类质同象形式存在。由表 3-6、图 3-35 可知，黄铁矿中元素 Fe 以独立矿物存在。由表 3-7、图 3-36 可知元素 Ti 以独立矿物形式存在。高岭石中稀土元素 Y、La 及 Ce 可能以吸附形式存在。

3.3.4　小结

　　经扫描电镜、电子探针及化学物相分析，查明了硫磷铝锶矿中主要元素 P、S、Al、Sr、Ti 及 Fe 及稀土元素 Y、La 及 Ce 的赋存状态和分布规律。元素 P 以独立矿物形式赋存在硫磷铝锶石和胶磷矿；元素 S 以独立矿物形式赋存于硫磷铝锶石和黄铁矿；元素 Al 主要以独立矿物形式赋存在硫磷铝锶石，少量以微细包裹体的形式赋存在胶磷矿；元素 Sr 主要以独立矿物的形式赋存在硫磷铝锶石，少量可能以微细包裹体的形式赋存在胶磷矿；元素 Ti 主要以独立矿物形式赋存在锐钛矿；元素 Fe 主要以独立矿物赋存在黄铁矿，少量以类质同象形式赋存在胶磷矿。元素 P 主要分布于硫磷铝锶石和胶磷矿，元素 S 主要分布在硫磷铝锶石和黄铁矿，元素 Al 主要分布于硫磷铝锶石，Sr 主要分布在硫磷铝锶石内，元素 Ti 主要分布在锐钛矿中，元素 Fe 主要分布在黄铁矿，胶磷矿中稀土元素 $\sum$REE 总体赋存量较硫磷铝锶石低。

3.4　矿石工艺性质

　　矿物粒度分布、嵌布特征及矿物单体解离度研究，是矿石工矿物学性质的一项重要内容。矿物工艺性质分析一般指研究有用矿物粒度分布、矿物之间相互嵌布特征关系、单体解离度及了解矿物组合之间的关系等方面，研究目的是为后续矿物加工工艺提供可靠基础研究资料。

3.4.1　粒度分布及嵌布特征

　　矿物粒度分布及嵌布特征直接影响到选矿方法及其工艺流程选择，通过对矿物粒度分布及嵌布特征研究，可以预测矿物实现单体解离所需的最佳磨矿细度。本次研究对象为硫磷铝锶矿中硫磷铝锶石、胶磷矿及黄铁矿主要粒度分布及嵌布特征分析，对此次样制作了 9 块薄片采用显微镜下横（过）尺线法通过奥林巴斯 CX21P 显微镜对硫磷铝锶石、胶磷矿及黄铁矿的嵌布粒度进行了测定，再统计分析完成。

3.4.1.1　硫磷铝锶石粒度分析

　　显微镜下对硫磷铝锶石进行粒度统计分析，结果表明硫磷铝锶石平均粒径为 0.0877mm，平均工艺粒度为 0.0707mm。

　　将硫磷铝锶石颗粒主要粒径分布分为五个粒级范围：0~0.05mm，0.05~0.1mm，

$0.1 \sim 0.15mm$、$0.15 \sim 0.2mm$、$0.2 \sim 0.25mm$。

样品中硫磷铝锶石在 $0.05 \sim 0.1mm$、$0.1 \sim 0.15mm$ 粒级范围相对集中分布，粒级含量分别为 25.63%、32.13%，在 $0.05 \sim 0.25mm$ 四个粒级范围硫磷铝锶石集中分布量为 92.77%。

硫磷铝锶石平均工艺粒度 $\overline{D} = 0.806\overline{d}_{(V)} = 0.806 \times 0.0877 = 0.0707mm$。

从粒度累计含量图可知，在 $0 \sim 0.025mm$ 粒级范围内，硫磷铝锶石累计含量曲线表明矿物嵌布粒度呈极不均匀嵌布特征。应结合实际，采用多段磨矿、多段选别流程。

3.4.1.2 胶磷矿粒度分析

显微镜下对胶磷矿（氟磷灰石）进行粒度统计分析，结果表明胶磷矿平均粒径为 0.1173mm，平均工艺粒度为 0.0945mm。将胶磷矿颗粒主要粒径分布分为五个粒级范围，分别是：$0 \sim 0.05mm$、$0.05 \sim 0.1mm$、$0.1 \sim 0.15mm$、$0.15 \sim 0.2mm$、$0.2 \sim 0.25mm$。样品中胶磷矿在 $0.15 \sim 0.2mm$、$0.2 \sim 0.25mm$ 粒级范围相对集中分布，粒级含量分别为 32.23%、40.53%，在 $0.05mm \sim 0.25mm$ 四个粒级范围胶磷矿集中分布量为 97.49%。

胶磷矿平均工艺粒度 $\overline{D} = 0.806\overline{d}_{(V)} = 0.806 \times 0.1173 = 0.0945mm$。

从粒度累计含量图可知，在 $0 \sim 0.025mm$ 粒级范围内，胶磷矿累计含量曲线表明胶磷矿嵌布粒度呈粗粒不均匀嵌布特征。胶磷矿分布粒级范围较宽，但以粗粒为主，建议采用阶段磨矿、阶段选别流程。

3.4.1.3 黄铁矿的粒度分析

显微镜下对黄铁矿进行粒度统计分析，结果表明黄铁矿平均粒径为 0.0612mm，平均工艺粒度为 0.0493mm。

将黄铁矿颗粒主要粒径分布分为五个粒级范围，分别是：$0mm \sim 0.05mm$、$0.05mm \sim 0.1mm$、$0.1mm \sim 0.15mm$、$0.15 \sim 0.2mm$、$0.2 \sim 0.25mm$。样品中黄铁矿在 $0 \sim 0.05mm$、$0.05 \sim 0.1mm$、$0.1 \sim 0.15mm$，粒级范围相对集中分布，粒级含量分别为 25.68%、36.38%、20.53%，在 $0 \sim 0.15mm$ 三个粒级范围黄铁矿集中分布量为 82.59%。

黄铁矿平均工艺粒度 $\overline{D} = 0.806\overline{d}_{(V)} = 0.806 \times 0.0612 = 0.0493mm$。

从粒度累计含量图可知，在 $0 \sim 0.025mm$ 粒级范围内，黄铁矿累计含量曲线表明胶磷矿嵌布粒度呈细粒不均匀嵌布特征。黄铁矿分布粒级范围较宽，但以粗粒为主，建议采用阶段磨矿、阶段选别流程。

3.4.2 单体解离度

某矿物解离成单体的程度就是该矿物的单体解离度。

首先将矿石样品进行筛分，分成若干粒级，将各级样品烘干、称重，再将不同粒级样品用环氧树脂进行嵌固并磨制成光薄片。采用线测法在显微镜下对各级样品进行单体、连生体测量统计，最后根据各个粒级产率和各粒级单体解离度，计算整个样品单体解离度。

3.4.2.1 硫磷铝锶石解离度

偏光显微镜下统计硫磷铝锶石在五个粒级的颗粒含量分布，计算出单体解离度。统计和计算结果可知，硫磷铝锶石解离度在 $-0.250 \sim +0.180$mm 粒级为 53.67%，$-0.180 \sim +0.150$mm 粒级为 65%，$-0.150 \sim +0.090$mm 粒级为 68.03%，$-0.090 \sim +0.075$mm 粒级达到 72.97%，粒级 $-0.075 \sim +0.045$mm 达到 75.76%，硫磷铝锶石全样解离度为 69.42%。单体解离度分析结果表明硫磷铝锶石的解离度随着粒级细度增加解离度逐渐增加，即硫磷铝锶石随着磨矿细度的增加，解离度增加，在 $-0.075 \sim +0.045$mm 粒级达到较好解离效果。

3.4.2.2　胶磷矿

经胶磷矿在五个粒级的单体解离度的统计计算结果可知，胶磷矿解离度在粒级 $-0.250 \sim +0.180$mm 粒级为 45.68%，$-0.180 \sim +0.150$mm 粒级为 61.11%，$-0.150 \sim +0.090$mm 粒级达到 63.07%，粒级 $-0.090 \sim +0.075$mm 为 69.81%，$-0.075 \sim +0.045$mm 粒级解离度为 75.99%，胶磷矿全样解离度为 67.21%。胶磷矿解离呈现粒度变细，解离度增高特征。

3.4.2.3　黄铁矿解离度

由于黄铁矿在硫磷铝锶矿中嵌布粒度较细，通过显微镜下观察发现只有 $-0.090 \sim +0.075$mm、$-0.075 \sim +0.045$mm 粒级的黄铁矿含量相对较多，故只统计 $-0.090 \sim +0.075$mm、$-0.075 \sim +0.045$mm 粒级的黄铁矿单体解离度。从统计结果可知，黄铁矿解离度在粒级 $-0.090 \sim +0.075$mm 为 78.59%，$-0.075 \sim +0.045$mm 粒级解离度为 84.85%，黄铁矿全样解离度为 80.77%。黄铁矿解离度也呈现粒度变细、解离度增高特征。

3.4.3　矿石综合利用探讨

研究区内硫磷铝锶矿含磷偏低且矿物组成复杂，工业上至今停留在将其焙烧后作为肥料[20,21]或被作为废石排弃的阶段，硫、铝、铁、锶、钛及稀土元素均达到了其工业综合利用的最低工业品位却一直未得到合理利用，造成了巨大的资源浪费。综合利用方面困难重重，至今未见重大进展，但其综合利用被证明是可行的。唐显裕等[22]采用浮选黄铁矿—电炉制黄磷—烧结提铝—矿渣制水泥的工艺流程在小试基础上完成了从硫磷铝锶矿中综合回收硫、磷、铝的扩大试验，回收氧化铝后的赤泥又进行了回收稀土和锶及赤泥制水泥的小试，较合理地解决了硫磷铝锶矿的综合利用题，但由于能耗较高，故成本较高。硫磷铝锶矿难溶于酸和碱，但经焙烧后的硫磷铝锶矿较易溶于无机酸[23]。这是因为焙烧破坏了矿物结构，使得原本不易被酸完全分解的硫磷铝锶矿能被盐酸、硝酸和硫酸完全溶解。硫磷铝锶矿中 CaO 含量低，Fe_2O_3 和 Al_2O_3 总量很大，这与一般的磷灰石或磷块岩恰恰相反。由于硫磷铝锶矿中 CaO 少，在制取磷酸工艺中，分离固相较容易，因此不再需要普通磷酸厂那么庞大的过滤系统。在硫磷铝锶矿酸浸时，料浆的物化性质良好，矿渣很易分离[24]，在用硫酸酸浸硫磷铝锶矿的过程中，原矿所含 SrO 在酸解工序中以 $SrSO_4$ 形式富集。喻婵娟等[25]对硫磷铝锶矿制取磷酸的研究表明，稀磷酸浸取硫磷铝锶矿时，锶大部分都在矿渣中，用含硫酸的稀磷酸浸取时，锶几乎都留在了矿渣中，极少分布在磷石膏中。

作者在查明这些有用元素的赋存状态期间发现将该矿石在 800℃ 下焙烧 1h 后，用

20%的硝酸溶液振荡浸出60min，可使磷、铝、锶及稀土元素大部分转移到液相中。并对浸出后的残渣用X射线衍射仪（XRD）分析（图3-38），结果表明残渣中TiO_2含量占43%，锐钛矿在残渣中富集。用10%硝酸溶液溶解硫磷铝锶矿，振荡10min，发现矿石中胶磷矿完全溶解，硫磷铝锶石几乎不溶。由于黄铁矿属于硫化矿物，其易通过浮选与其他矿物分离。因此针对硫磷铝锶矿中含有硫磷铝锶石、胶磷矿、黄铁矿和锐钛矿的特征，首先采用浮选法将黄铁矿分离，再用化学选矿法将胶磷矿分离，然后采用焙烧法将硫磷铝锶石分离，从而将这四种矿物分离。

由上述研究成果表明可以在焙烧制取磷肥的同时综合回收锶、钛和稀土元素，也为硫磷铝锶石的综合利用提供了一些思路。综合利用好这些有价元素，在减少资源浪费的同时为企业带来巨大的经济效益。稀土元素的综合利用也为高新技术发展注入新活力。但工作还待深入，从硫磷铝锶矿中综合回收有用元素，探索出既经济又合理的工艺流程是下一步工作的重点。

3.4.4 小结

硫磷铝锶矿粒度分布及嵌布特征研究结果表明硫磷铝锶石呈极不均匀分布，胶磷矿呈粗粒不均匀分布，黄铁矿呈细粒不均与分布特征。矿石成分复杂，共生关系密切，硫磷铝锶石同胶磷矿、黄铁矿的嵌布关系主要是毗邻嵌布和包裹嵌布。其中属于包裹嵌布的很难达到单体解离，嵌布粒度细的部分矿物也很难达到单体解离。本次粒度分布及嵌布特征分析只针对矿石中颗粒状、团粒状胶磷矿，但其中含有较多胶状网脉状胶磷矿，其因粒度太细，在浮选过程中，部分胶磷矿可能进入尾矿，导致胶磷矿损失率较大，针对该部分胶磷矿回收难度加大。部分黄铁矿由于嵌布粒度较细，可能会导致黄铁矿的选矿分离脱除存在难度。

硫磷铝锶石、胶磷矿和黄铁矿单体解离度分别为69.42%、67.21%、80.77%。由于硫磷铝锶石主要与胶磷矿矿物界面结合强度较大，这可能是硫磷铝锶石和胶磷矿单体解离不完全的原因之一。因此直接采用先磨再选工艺流程回收有用组分相当困难，难以获得较高的回收效率，应根据实际情况采用多段磨矿、多段选别流程，或采用细磨工艺。

综上，通过浮选分离硫磷铝锶石和胶磷矿难度较大，且胶磷矿精矿难以达到倍半氧化物（Al_2O_3和Fe_2O_3等）含量低于4%的选矿要求。综合嵌布粒度分析和单体解离度测试结果，入选粒度控制在0.075～0.045mm之间为宜，过细则不利于选矿。

3.5 主要结论与建议

3.5.1 主要结论

通过较为系统的综合研究，取得以下主要结论：

（1）地质特征。矿区断层发育，构造较复杂，矿区主要构造为大水闸复式背斜次级褶皱四坪复式平卧倒转背斜，背斜总体构造呈北东～南西向。硫磷铝锶矿床磷块岩、含磷高岭石黏土岩和含磷炭质水云母黏土岩组成。覆于震旦系上统灯影组，伏于泥盆系上统沙窝子组，呈中厚层状产出，厚度为0～12.56m，平均厚度为5.4m，厚度变化大。

（2）矿物组成。四川绵竹硫磷铝锶矿属于中低品位磷矿，主要矿石矿物组合由下列矿物构成：

硫磷铝锶石呈团粒状、砾状、砂状、浸染状；胶磷矿主要见胶磷矿以团粒状、脉状、胶状及细微粒状产出。

脉石矿物主要是黄铁矿，呈粒状、结核状、草莓状、微晶细脉状及不规则的团块状产出，易通过选矿方法综合利用。还见脉状含有机质、硅质及混有胶磷矿高岭石类黏土矿物等。

据显微镜观察、XRD 分析、EMPA 分析及 SEM 配合 EDAX 分析，磷矿石定名为硫磷铝锶矿。

（3）化学组成。磷矿石的化学成分分析结果表明，样品中 P_2O_5 含量为 20.2%，测试结果表明 P_2O_5 含量不高，属于中低品位磷矿石。矿石中 Al_2O_3 含量高，为 25.5%，属于高铝质磷矿石；矿石中 CaO 含量为 8%，MgO 含量为 0.07%。表明硫磷铝锶矿中碳酸盐矿物应以方解石为主。

（4）微量元素特征。磷矿石的微量元素主要以钡、铬、锆等元素富集为特征，其质量分数都大于 $100\mu g/g$，显著富集元素铀、钨、铬，富集系数分别达到 27.57、20.50、8.57。铯、铷元素相对亏损。

微量元素 Th/La 比值为 0.097，Nb/La 比值为 0.096、Hf/Sm 比值为 0.25，其比值普遍小于 1，表明矿床受到了热水成矿作用的影响，成矿热液以富 Cl 热液为主，成矿流体来源于深部壳源岩浆结晶分异。Rb/Sr 为 2.05×10^{-5}，其中 Rb/Sr 比值异常低表明矿床蚀变程度低。Sr/Ba 比值为 12.19 >1 表明矿床具有沉积成因特征，Sr/Ba 比值较高反映了沉积环境可能为水动力条件变化较大、阳光充足的滨海或浅海。硫磷铝锶矿在 $lgw(U) - lgw(Th)$ 图上的投点在热水沉积区，进一步证明为热水沉积特征。

（5）稀土元素特征。磷矿石稀土总量 ΣREE 高，稀土元素总量为 $2057.3\mu g/g$，稀土元素球粒陨石标准化分布模式为向右倾斜曲线，稀土元素钇、镧、铈、钕含量较高，其质量分数分别达到 $775\mu g/g$、$346\mu g/g$，$269\mu g/g$，$266\mu g/g$，这反映了四川绵竹硫磷铝锶矿富集轻稀土镧、铈、钕和重稀土钇的基本特征。地球化学特征表明硫磷铝锶矿总体呈沉积特征，沉积过程可能受到大陆新鲜河水的补给混合作用和海底喷流沉积作用等因素的影响。

（6）结构与构造特征。硫磷铝锶矿属致密型硫磷铝锶矿，矿石致密，矿石主要结构为硫磷铝锶石、胶磷矿及黄铁矿等无方向性排列，呈块状构造。硫磷铝锶矿主要结构特征为部分团块状硫磷铝锶石以颗粒支撑结构为主，泥晶胶磷矿（氟磷灰石）以胶状、细微颗粒状存于颗粒间形成类似填隙物，黄铁矿以粒状、结核状、草莓状、微晶细脉状及不规则的团块状存在于颗粒间形成类似填隙物，构成类似颗粒支撑结构。其次见细晶－微晶碳酸盐矿物、锐钛矿、石英、黏土矿物混杂胶磷矿呈现基底胶结微细胶磷矿，构成类似杂基支撑结构等。

（7）元素分布规律及赋存状态。硫磷铝锶石中元素磷、铝、锶及铁含量分别为 6.74%、12.83%、9.41%、9.54%，稀土元素钇、镧及铈含量分别为 $428.26\mu g/g$、$233.96\mu g/g$、$260.97\mu g/g$。P 主要分布于硫磷铝锶石和胶磷矿，分别占 77%、23%；Al 主要分布于硫磷铝锶石，占 97.79%；Fe 主要分布于黄铁矿，占 95.07%；Sr 主要分布于硫磷铝锶石，占 98.74%。硫磷铝锶石中稀土元素 Y 主要分布于硫磷铝锶石和胶磷矿，分别占60.32%、33.05%;稀土元素La主要分布于硫磷铝锶石和胶磷矿,分别占61.1%、29.51%;稀土元素Ce主要分布于硫磷铝锶石,占89.78%。

元素P、Al、Sr主要以独立矿物形式赋存于硫磷铝锶石,元素S以独立矿物形式赋存于硫磷铝锶石和黄铁矿,元素Ti主要以独立矿物形式赋存于锐钛矿,元素Fe主要以独立矿物赋存于黄铁矿,稀土元素Y和La主要分布于硫磷铝锶石和胶磷矿,稀土元素Ce主要分布于硫磷铝锶石。

(8)粒度分布与解离度特征。矿石成分复杂,共生关系密切,硫磷铝锶石同胶磷矿、黄铁矿的嵌布关系主要是毗邻嵌布和包裹嵌布。

硫磷铝锶石平均粒径为0.0877mm,平均工艺粒度为0.0707mm。样品中硫磷铝锶石在0.05~0.1mm、0.1~0.15mm粒级范围相对集中分布,粒级含量分别为25.63%、32.13%,在0.05~0.1mm、0.1~0.15mm、0.15~0.18mm、0.18~0.25mm四个粒级范围硫磷铝锶石集中分布量为92.77%。

胶磷矿平均粒径为0.1173mm,平均工艺粒度为0.0945mm。样品中胶磷矿在0.15~0.2mm、0.2~0.25mm粒级范围相对集中分布,粒级含量分别为32.23%、40.53%,在0.05~0.1mm、0.1~0.15mm、0.15~0.18mm、0.18~0.25mm四个粒级范围胶磷矿集中分布量为97.49%。

黄铁矿平均粒径为0.0612mm,平均工艺粒度为0.0493mm。样品中黄铁矿在0~0.05mm、0.05~0.1mm、0.1~0.15mm粒级范围相对集中分布,粒级含量分别为25.68%、36.38%、20.53%,在0~0.15mm三个粒级范围黄铁矿集中分布量为82.59%。

硫磷铝锶石、胶磷矿和黄铁矿单体解离度分别为69.42%、67.21%、80.77%。硫磷铝锶石解离度在-0.250~+0.180mm粒级为53.67%、-0.180~+0.150mm粒级为65%、-0.150~+0.090mm粒级为68.03%、-0.090~+0.075mm粒级达到72.97%,粒级-0.075~+0.045mm粒级达到75.76%,硫磷铝锶石全样解离度为69.42%。单体解离度分析结果表明硫磷铝锶石的解离度随着粒级细度增加解离度逐渐增加,即硫磷铝锶石随着磨矿细度的增加,解离度增加,在-0.075~+0.045mm粒级达到较好解离效果。

胶磷矿解离度在-0.250~+0.180mm粒级为45.68%、-0.180~+0.150mm粒级为61.11%、-0.150~+0.090mm粒级达到63.07%、-0.090~+0.075mm粒级为69.81%、-0.075mm~+0.045mm粒级解离度为75.99%,胶磷矿解离呈现粒度变细、解离度增高特征。

黄铁矿解离度在粒级-0.090~+0.075mm为78.59%、-0.075~+0.045mm粒级解离度为84.85%,黄铁矿全样解离度为80.77%。黄铁矿解离度也呈现粒度变细、解离度增高特征。

3.5.2 建议

直接采用先磨再选工艺流程回收有用组分相当困难,难以获得较高的回收效率,应根据实际情况采用多段磨矿,多段选别流程,或采用细磨工艺,入选粒度控制在0.075~0.045mm之间为宜。

先通过浮选选出黄铁矿,再通过其他手段实现硫磷铝锶石和胶磷矿的分离,最终达到综合利用硫磷铝锶矿的目的。

针对磷矿石中硫、铝、铁、锶、钛、稀土元素等开展进一步综合利用研究。

参 考 文 献

[1] 彭军, 夏文杰, 伊海生. 湘西晚前寒武纪层状硅质岩的热水沉积地球化学标志及其环境意义 [J]. 岩相古地理, 1999, 2: 31 ~ 39.

[2] Bostrom K. Provenance and accumulation rates of opaline silica, Al, Fe, Ti, Mn, Cu, Ni and Co in Pacific pelagicsediment [J]. Chemical Geology, 1973, 11 (1 - 2): 123 ~ 148.

[3] 张玉松, 张杰. 云南富源某红土型钛矿稀土元素地球化学特征 [J]. 稀土, 2015, 3: 1 ~ 8.

[4] 龙汉生, 罗泰义, 黄智龙, 等. 云南澜沧老厂大型银多金属矿床黄铁矿稀土和微量元素地球化学 [J]. 矿物学报, 2011, 3: 462 ~ 473.

[5] Imeokparia E G, 赵振华. Ba/Rb 和 Rb/Sr 比值作为岩浆分离、岩浆期后蚀变和矿化的指标 (以尼日利亚北部年轻的 Afu 花岗杂岩为例) [J]. 地质地球化学, 1983, 9: 31 ~ 35.

[6] 罗迪柯. 湖北荆襄磷矿地球化学特征及其矿床成因研究 [D]. 北京: 中国地质大学 (北京), 2011.

[7] 李毅. 广西热水沉积矿床成矿规律及找矿方向研究 [D]. 长沙: 中南大学, 2007.

[8] 王成善, 胡修棉, 李祥辉. 古海洋溶解氧与缺氧和富氧问题研究 [J]. 海洋地质与第四纪地质, 1999, 3: 42 ~ 50.

[9] 熊小辉, 肖加飞. 沉积环境的地球化学示踪 [J]. 地球环境, 2011, 3: 405 ~ 414.

[10] Rona P A. Criteria for recognition of hydrothermal mineral deposit s in ocean crust [J]. Economic Geology, 1987, 73 (2): 135 ~ 160.

[11] 施春华, 胡瑞忠, 王国芝. 贵州织金磷矿岩元素地球化学特征 [J]. 矿物学报, 2006, 2: 169 ~ 174.

[12] 王中刚, 于学元, 赵振华, 等. 稀土元素地球化学 [M]. 北京: 科学出版社, 1989.

[13] 张杰, 孙传敏, 龚美菱, 等. 贵州织金含稀土生物屑磷块岩稀土元素赋存状态研究 [J]. 稀土, 2007, 1: 75 ~ 79.

[14] 张玉学, 刘义茂, 高思登, 等. 钨矿物的稀土地球化学特征——矿床成因类型的判别标志 [J]. 地球化学, 1990, 1: 11 ~ 20.

[15] 汪云亮, 曾德森. 铈异常及海水中铈的热力学 [J]. 海洋学报 (中文版), 1993, 4: 68 ~ 76.

[16] 周永章. 丹池盆地热水成因硅岩的沉积地球化学特征 [J]. 沉积学报, 1990, 3: 75 ~ 83.

[17] 张杰, 陈代良. 贵州织金新华含稀土磷矿床扫描电镜研究 [J]. 矿物岩石, 2000, 20 (3): 59 ~ 64.

[18] 龚美菱. 物相分析与地质找矿 [M]. 北京: 地质出版社, 1994.

[19] 池汝安. 稀土选矿与提取技术 [M]. 北京: 科学出版社, 1996.

[20] 黄尚勋. 试论硫磷铝锶矿湿法综合利用途径 [J]. 无机盐工业, 1985, 9: 27 ~ 31.

[21] 黄绍云, 汤孝悦, 李德七. 对综合回收有益组分后的硫磷铝锶矿废渣利用的探讨 [J]. 矿产综合利用, 1985, 1: 73 ~ 74.

[22] 唐显裕, 王韩生, 白秀梅, 等. 硫磷铝锶矿碱性介质浮选半工业试验 [J]. 矿产综合利用, 1982, 4: 1 ~ 10.

[23] 黄尚勋. 试论硫磷铝锶矿湿法综合利用途径 [J]. 无机盐工业, 1985, 9: 27 ~ 31.

[24] 宋德镇, 汪庆华. 硫磷铝锶矿制取磷酸的研究 [J]. 化学世界, 1994, 8: 404 ~ 406.

[25] 喻婵娟, 应建康, 李军, 等. 硫磷铝锶矿制取磷酸的研究 [J]. 化工矿物与加工, 2008, 2: 7 ~ 10.

4 重庆某磷矿石工艺矿物学性质研究

受重庆涪陵化工有限责任公司委托，对某磷矿矿石开展工艺矿物学研究。

研究内容分为两个部分：第一部分为开展磷矿石物质组成分析研究，主要进行磷矿石制样、制片、显微镜透射光和反射光下矿石矿物组成分析鉴定、X 射线衍射分析（XRD）、扫描电镜配合能谱分析、矿石结构构造分析、矿石化学成分及微量元素组成分析等，查明磷矿石矿物成分、化学组分及结构构造特征；第二部分为磷矿石加工性质特征研究，主要完成磷矿石粒度分布及嵌布特征分析、筛分分析及磷矿石解离度分析。

通过开展以上工作，查明某磷矿石矿物组成、结构构造特征、化学成分及微量元素组成分布特征。并通过矿物粒度和嵌布特征分析、筛分分析及解离度分析，查明磷矿石加工工艺性质，为该磷矿石加工利用提供有价值基础研究资料。

4.1 磷矿石矿物组成特征

对重庆涪陵化工有限责任公司提供的某磷矿石开展物质组成测试分析，分为两个部分进行，即矿石矿物成分和化学组成分析。主要目的是查明磷矿石主要有用矿物种类、矿石类型、脉石矿物种类、矿石矿物化学组成及微量元素分布特征等，为磷矿石加工利用提供可靠基础研究资料。

4.1.1 磷矿石矿物组成特征显微镜分析

采用奥林巴斯 CX21P 显微镜配合 X 射线衍射分析（XRD），进行磷矿石有用矿物、脉石矿物种类、含量及矿石类型分析，查明磷矿石矿物组成及含量特征。

4.1.1.1 磷矿石 1 号样（样品薄片号：L1-1 ~ L1-7）的显微镜鉴定

磷矿石定名：弱风化碎屑状硅质白云质磷块岩（胶磷矿）矿石。

主要有用矿物成分特征：磷酸盐类矿物主要为团粒状胶磷矿（氟磷灰石）。含量为 50% ~ 60%。其次为胶体状胶磷矿石，约占 20%。磷灰石（胶磷矿）其粒径主要分布在 0.20 ~ 0.40mm 粒径范围，少量颗粒粒径达到 0.50 ~ 0.60mm。以颗粒 0.20 ~ 0.40mm 粒径范围占大多数。XRD（X 射线衍射分析）、扫描电镜配合能谱分析结果证明磷酸盐磷矿物主要成分为氟磷灰石（见图 4-41、表 4-3）。

胶磷矿的矿石矿物构成类型较为复杂，主要分为以下类型：

（1）砂屑状、颗粒状胶磷矿、含伊利石黏土胶状胶磷矿及微晶白云石共存类型。矿石由微晶白云石、颗粒状椭圆状胶磷矿及含黏土胶状胶磷矿构成，含黏土胶状胶磷矿中见有碳酸盐矿物、硅质微粒等分布，导致磷块岩硬度增大（图 4-1、图 4-2）。该部分矿石中磷酸盐矿物含量较低，脉石矿物含量较高。

（2）含微晶颗粒状石英、椭圆状胶磷矿共存类型。该类型矿石总体以胶磷矿为主，椭圆状胶磷矿呈紧密堆积状，其中含有5%左右的细－微晶碳酸盐矿物和硅质矿物，也见微晶硅质及碳酸盐矿物，导致矿石硬度增加，含磷有机质为填隙物，表现为颗粒紧密支撑结构，见含有机质胶磷矿胶结粒状胶磷矿，细－微晶状石英及碳酸盐矿物分布于胶磷矿中，孔隙式胶结（图4-3～图4-9）。

（3）它形碳酸盐矿物、椭圆颗粒状胶磷矿杂混堆积型。主要为不同粒径的椭圆状胶磷矿颗粒、不同粒径细粒－微粒状胶磷矿与碳酸盐矿物（白云石）杂混堆积为主，胶磷矿占60%以上。碳酸盐矿物为填隙物，构成典型杂基支撑。并见脉状细晶黄铁矿产出，微晶星散状黄铁矿在本类型产出较少（图4-7～图4-10、图4-14）。

（4）椭圆颗粒状胶磷矿受应力拉长，构成条带状胶磷矿型。主要见长椭圆状胶磷矿定向排列，构成条带状结构。脉石矿物主要为碳酸盐矿物，呈脉状出现。矿石及脉石中见微晶碳酸盐矿物和微晶硅质矿物产出（图4-11、图4-12）。

图4-1　颗粒状胶磷矿（Clh）（样品号：L-1）
（见胶磷矿、方解石（Cal）及黏土集合体，（－）×10）

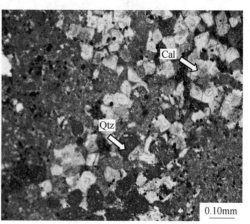

图4-2　颗粒状石英（Qtz）（样品号：L-1）
（见粒状石英及细－微晶方解石（Cal），（＋）×10）

图4-3　胶磷矿（Clh）呈团粒状（样品号：L-2）
（胶磷矿呈团粒状产出，被胶状胶磷矿胶结，（－）×4）

图4-4　颗粒状石英（Qtz）（样品号：L-2）
（其中含颗粒状石英，碳酸盐为胶结物，（＋）×4）

图 4-5 微晶状黄铁矿（Py）（样品号：L-2）

（见极少量微晶状黄铁矿，反射光×10）

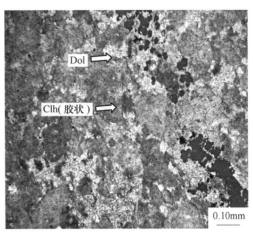

图 4-6 胶磷矿（Clh）（样品号：L-3）

（胶磷矿和碳酸盐矿物（白云石）

杂混产出，（-）×10）

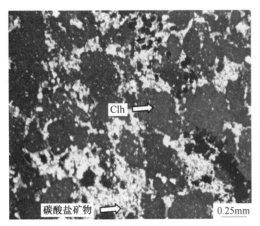

图 4-7 碳酸盐胶结物（样品号：L-3）

（胶磷矿被碳酸盐矿物胶结为主，（+）×4）

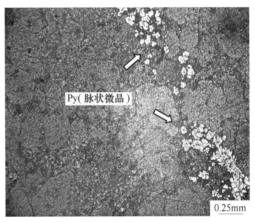

图 4-8 脉状微晶黄铁矿（样品号：L-3）

（见脉状微晶状黄铁矿产出（Py），反射光×4）

胶磷矿矿物普遍存在以下特征：

部分磷灰石因遭受弱风化作用而呈现灰白色、浅褐色。胶磷矿显示出特征的胶磷矿具有的裂理及裂开（图 4-1～图 4-14）。

见胶状磷酸盐矿物呈胶状产出，矿物成分为氟磷灰石，并包裹硅质、碳酸盐岩屑（图 4-3、图 4-6、图 4-9）。磷矿石矿物还分布于磷灰石颗粒中并与微晶白云石构成基底矿物（图 4-4、图 4-13）。

脉石矿物：主要为石英、碳酸盐矿物（白云石为主）、黄铁矿及少量海绿石及黏土矿物等。

石英分为三种：一为粒径为 0.20～0.30mm 呈分散状产出微－细粒石英，主要以颗粒自行晶粒状、次棱角状为主。正交偏光下为一级灰干涉色。含量为 1%～5%（图 4-2、图 4-4）。二者见微晶粒状产出于胶磷矿、含碳酸盐、黏土矿物的微晶胶磷矿中。三者为硅质团粒状产出（图 4-2、图 4-14）。细－微粒石英和硅质团粒占硅质矿物的 60% 以上。

图 4-9　微 – 细粒状胶磷矿（样品号：L-3）

（见微 – 细粒状胶磷矿（胶状磷灰石（Clh），

（ – ）×10）

图 4-10　碳酸盐矿物（Dol）（样品号：L-3）

（碳酸盐矿物胶结胶磷矿，胶磷矿混有

碳酸盐矿物，（ + ）×10）

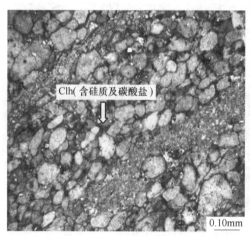

图 4-11　细 – 微粒胶磷矿（Clh）（样品号：L-4）

（细 – 微粒胶磷矿含有细微粒碳酸盐矿物，

（ – ）×10）

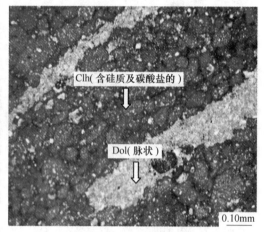

图 4-12　脉状碳酸盐（Dol）（样品号：L-4）

（见不同期的碳酸盐脉状产出，

（ + ）×10）

　　碳酸盐矿物主要分为三部分：一者为微 – 细晶白云石（少量微细晶方解石），见它形晶晶体产出，并与胶磷矿、黏土矿物共生（图 4-1、图 4-2）；二者为填隙物产出于胶磷矿颗粒间，或与胶磷矿杂混堆积产出（图 4-6、图 4-7、图 4-10）；三者见于微晶状产出于胶磷矿、黏土岩间，呈集密星散状分布。（图 4-1、图 4-3、图 4-4、图 4-10 等）

　　脉石矿物中黄铁矿主要分为两类；一类主要以细 – 微颗粒状产出、脉状等产出，颗粒粒径较大，为细 – 微粒状粒径分布范围（图 4-8、图 4-16）。另一类主要以微晶状、分散状存在于胶磷矿矿石中（图 4-5、图 4-15）。

　　扫描电镜及能谱分析结果表明部分铁质矿物为黄铁矿分布于矿石中（图 4-36、图 4-45）。

图 4-13　胶磷矿、碳酸盐矿物（样品号：L-5）
（胶磷矿和碳酸盐矿物（白云石）杂混产出，
（ - ）×10）

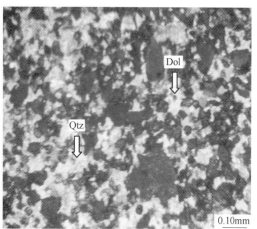

图 4-14　碳酸盐矿物（样品号：L-5）
（胶磷矿和碳酸盐矿物（Dol）杂混产出，
见少量石英微晶，（ + ）×10）

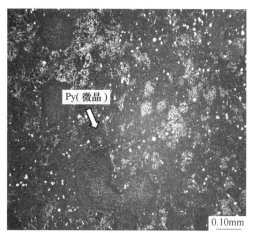

图 4-15　微晶黄铁矿（Py）（样品号：L-7）
（磷矿石中微晶黄铁矿，反射光×10）

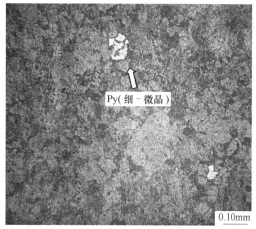

图 4-16　粒状黄铁矿（样品号：L-7）
（磷矿石中粒状黄铁矿，反射光×10）

含有黏土矿物的碳酸盐矿物白云石组成微晶基质基底式胶结类型，构成杂基支撑。部分以砂粒屑产出构成杂基支撑中较粗粒成分。碳酸盐矿物在该样品中含量不高，占2%～5%（图4-6～图4-10）。

少量黏土矿物主要产出于基底物质中，含量较低，为1%～5%。

结构构造：团粒状、鲕状碎屑结构为主，杂基支撑，微-细晶体碳酸盐矿物（白云石）为主要杂基成分，正交偏光下呈现高级白等。磷矿石主要为团粒状、砂屑状构造，见胶磷矿团粒、鲕粒构成砂屑状集合体（图4-1～图4-14）。

4.1.1.2　磷矿石2号样（样品薄片号：YL-1～YL-6）的显微镜鉴定

磷矿石定名：弱风化硅钙质胶磷矿矿石。

　　有用矿物成分：磷酸盐类矿物主要为胶磷矿，主要见团粒状胶磷矿产出。含量为40%～50%，其次为胶状磷灰石。主要分布于磷灰石颗粒中，并与微晶白云石构成基底矿物（图4-17～图4-32）。

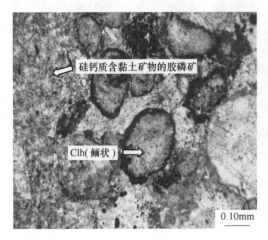
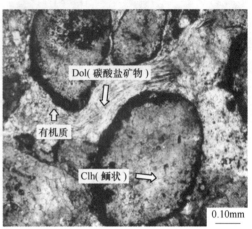

图4-17　团粒状胶磷矿（Clh）（样品号：YL-1）　　　　图4-18　流变结构（样品号：YL-1）
　　　（含黏土矿物致密胶磷矿与团粒　　　　　　　　　　（胶磷矿中填隙胶结物碳酸盐
　　　状胶磷矿接触带，（－）×10）　　　　　　　　　　矿物呈现流变结构，（－）×20）

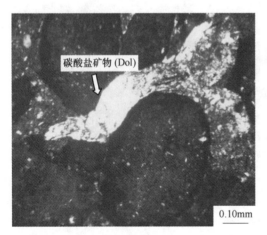
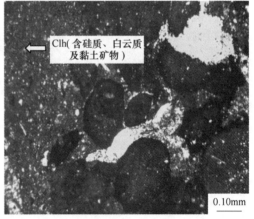

图4-19　碳酸盐矿物白云石（Dol）（样品号：YL-1）　　图4-20　胶磷矿中黏土矿物（样品号：YL-1）
　　　（呈流变结构的碳酸盐矿物表明　　　　　　　　　　（胶磷矿中黏土矿物含微晶石英及
　　　其受力作用，（＋）×10）　　　　　　　　　　　　碳酸盐矿物，（＋）×10）

　　磷灰石（胶磷矿）其粒径分布在＋0.10～－0.20mm粒级较为集中，粒级含量为57.46%；＋0.20～－0.35mm粒级集中度为29.85%，两者分布率为87.31%。少量颗粒大于0.40mm（图4-17、图4-18）。扫描电镜配合能谱分析结果证明胶磷矿主要成分为碳磷灰石。部分磷灰石因遭受风化作用而呈现黑灰色、黑色。结晶程度较高，多见显现出裂理及裂开（图4-18、图4-27）。另有接近一半粒度分布于0.15～0.20mm的浅黄色磷灰石分散于风化磷灰石中，表明该部分磷灰石遭受风化作用较弱。

　　磷矿石中根据胶磷矿有用矿物、脉石矿物相嵌布的结构特征，可将磷矿石划分为以下类型：砂屑状、颗粒状胶磷矿、黏土矿物及填隙碳酸盐矿物共生类型（图 4-17 ~ 图 4-32）。

　　矿石由颗粒状、椭圆状胶磷矿、黏土矿物及碳酸盐矿物构成。少部分胶磷矿颗粒粒径较大，达到 0.72 ~ 0.85mm，见胶体矿物特有的裂开及裂纹。胶磷矿颗粒普遍见鲕状结构，主要见薄皮鲕、变形鲕及高能鲕等，显示磷矿石主要属原生沉积形成，并经历一定的沉积环境改造。薄皮鲕的同心状包壳主要有两种成分：一是为黄铁矿包裹层（图 4-21、图 4-22）构成，二是含有机质磷质包裹层（图 4-17、图 4-20）构成。它是黄铁矿、有机质的一种赋存形态。

　　黏土矿物中分布见有碳酸盐矿物、硅质微粒等，使矿石硬度增大，同时含有部分胶磷矿。

　　石英矿物主要为砂屑状细 – 微粒颗粒状产出，还见硅质团块及微晶硅质产出于黏土矿物（图 4-19、图 4-20、图 4-24、图 4-26）。

　　该部分矿石中碳酸盐矿物主要为填隙物产出，具有流变结构，反映了胶磷矿矿石受后期改造作用影响特征（图 4-17 ~ 图 4-20）。

　　黄铁矿主要以包裹层及微晶状产出。含量低于 2% ~ 4%。脉石矿物总体含量含量较高，含量占 40% ~ 60%（图 4-21、图 4-22）。

　　细 – 微粒椭圆状胶磷矿与硅钙质含黏土胶磷矿共存类型（图 4-25、图 4-26）：主要见细微粒胶磷矿与含硅钙质含黏土胶状胶磷矿共生，胶磷矿中含有石英、碳酸盐矿物，碳酸盐见高级白干涉色。该类型矿石胶磷矿为椭圆状胶磷矿与砂屑状石英呈紧密堆积状，其中含有 5% 左右的细 – 微晶碳酸盐矿物和硅质矿物，导致矿石硬度增加，含磷有机质为填隙物，表明为颗粒紧密支撑结构，见含有机质黏土胶磷矿胶结粒状胶磷矿，细 – 微晶状石英及碳酸盐矿物分布于胶磷矿中，孔隙式胶结（图 4-25 ~ 图 4-28）。矿石中见含有有机质呈胶结物产出（图 4-23、图 4-24）。黄铁矿为细 – 微晶状，以星散状分布于硅钙质含黏土胶状胶磷矿、碳酸盐填隙物中（图 4-31、图 4-32）。

　　不同粒径的椭圆状胶磷矿共存类型（图 4-23 ~ 图 4-29）：粒径较大的胶磷矿为鲕粒状，具有不同圈层结构，具高能鲕的多圈层特征（图 4-23、图 4-24）。粒径较小的鲕状胶磷矿多圈层状结构不明显。胶磷矿由于遭受后期改造均有褪色现象（图 4-29、图 4-30）。

　　胶磷矿紧密镶嵌，碳酸盐矿物呈脉状、网脉状填隙物类型（图 4-25 ~ 图 4-29）：

　　见胶磷矿颗粒间以线状、缝合线状接触，填隙物碳酸盐矿物（白云石）主要为脉状、网脉状充填胶磷矿缝隙间。该类型矿石总体含量不高，但胶磷矿占 60% ~ 70%，显示胶磷矿含量较高的特征。

　　脉石矿物主要为石英、碳酸盐矿物（白云石为主）、黄铁矿及黏土矿物等。

　　石英主要有两类；一类为粒径为 0.10 ~ 0.35mm 的微 – 细粒石英，呈颗粒分散状产出。主要以次棱角状、团粒状为主。正交偏光下为一级灰干涉色。含量约为 2%（图 4-24、图 4-26、图 4-30）。第二类为硅质微晶和微晶团粒，主要分布于胶磷矿颗粒间，以填隙物形式产出，石英在 +0.02 ~ -0.06mm 粒级较为集中，粒级含量为 79.82%（图 4-30）。

　　碳酸盐矿物主要分为三部分：一者为微 – 细晶碳酸盐（白云石为主）含有黏土矿物

组成微晶基质基底式胶结类型，构成杂基支撑。二者以砂粒屑产出构成杂基支撑中较粗粒成分。其三为微－细晶方解石晶体产出，胶磷矿为其胶结物（图4-1、图4-2）。

脉石矿物中见细晶黄铁矿，以细－微粒颗粒呈星散状分布为主，主要分为两种粒径，一为微晶黄铁矿，分散分布在胶磷矿颗粒间，也见磷矿石中微晶黄铁矿构成胶磷矿外壳圈（图4-21、图4-22）。二为微－细粒晶黄铁矿，以分散状分布产出（图4-31、图4-32）。

扫描电镜及能谱分析结果表明部分铁质矿物为赤铁矿矿物（图4-42）。

脉石矿物中见有极少量钾长石产出，正交偏光下显无色透明特征（图4-25）。

磷矿石中有机质部分见两种产出形式，一为产出于胶磷矿边缘，构成有机质壳圈，其次产出于胶结物中，少量为黏土矿物混合物产出于基底物质中，含量较低，为1%～5%（图4-17、图4-18、图4-27、图4-28）。

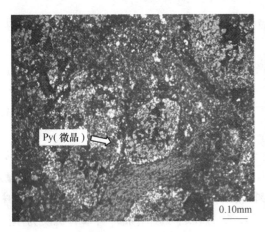

图4-21　微晶黄铁矿（Py）（样品号：YL-1）

（磷矿石中微晶黄铁矿构成胶磷矿外壳圈，也见
微晶黄铁矿呈浸染分散于胶磷矿中，反射光×10）

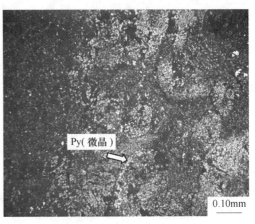

图4-22　微晶黄铁矿（Py）（样品号：YL-1）

（见微晶黄铁矿构成胶磷矿外层壳圈，
反射光×10）

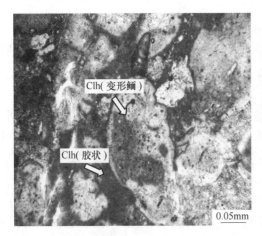

图4-23　胶磷灰石（Clh）（样品号：YL-1）

（磷矿石中胶磷灰石团粒，被胶状胶
磷矿胶结，（－）×20）

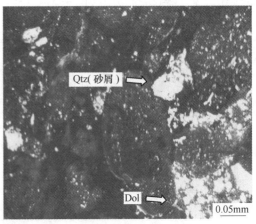

图4-24　胶状胶磷石（样品号：YL-1）

（胶磷矿石中白云石（Dol）、
石英砂屑，（＋）×20）

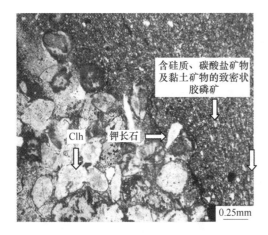

图4-25 胶磷矿（样品号：YL-2）

（胶磷矿与含硅钙质磷质黏土共生，（-）×4）

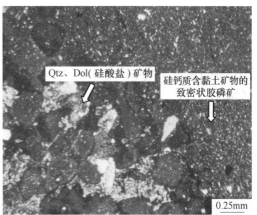

图4-26 碳酸盐矿物（样品号：YL-2）

（胶磷矿中含有石英、碳酸盐矿物，碳酸盐见

高级白干涉色，（+）×4）

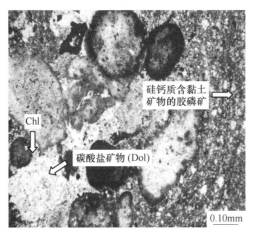

图4-27 碳酸盐胶结物（样品号：YL-2）

（胶磷矿中碳酸盐矿物填隙胶结物，（-）×10）

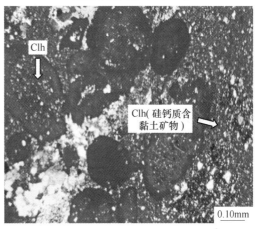

图4-28 胶磷矿（Clh）颗粒（样品号：YL-2）

（胶磷矿颗粒中含有碳酸盐、硅微粒屑，（+）×10）

图4-29 胶磷矿（样品号：YL-3）

（磷矿石中碳酸盐脉，（-）×5）

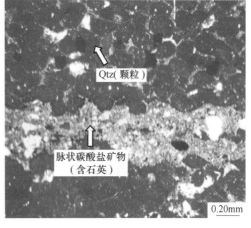

图4-30 细-微晶石英（样品号：YL-3）

（胶磷矿中的细-微晶石英，（+）×5）

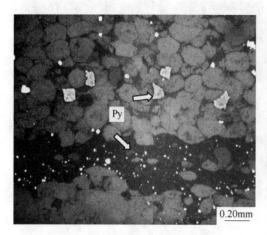

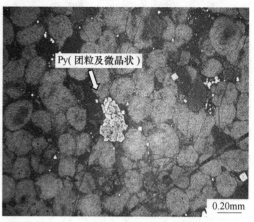

图 4-31　微晶黄铁矿（Py）（样品号：YL-3）　　　　图 4-32　微晶黄铁矿（样品号：YL-3）

（碳酸盐脉状见微晶黄铁矿，（-）×5）　　　　（胶磷矿中见微晶黄铁矿及黄铁矿集合体，（+）×5）

4.1.2　磷矿石 XRD 分析

针对重庆涪陵化工有限责任公司提供的两个磷矿石进行了 X 射线衍射仪（XRD）分析，其目的是查明磷矿石矿物组成。XRD 分析测试条件见第 1 章。

XRD 测试分析结果见表 4-1。测试结果表明，两个磷矿石样品主要有用矿物为氟磷灰石。脉石矿物主要见白云石、石英及黏土矿物。

表 4-1　磷块岩矿物 X 射线衍射分析报告　　　　　　　　　　　（%）

样品号	原定名	矿物种类和含量						黏土矿物总量
		石英	钾长石	钠长石	方解石	白云石	氟磷灰石	
GS	硅钙质磷块岩	9.6	1.3	—	—	34.4	46	8.7
YL	含有机质磷块岩	10.7	—	—	1.9	34.3	49.8	3.3

注：北京石油勘探开发研究院试验中心测试。

GS 样（L-8、综合样）氟磷灰石含量为 46%，白云石含量 34.4%，石英含量为 9.6%，黏土矿物含量为 8.7%，钾长石含量为 1.3%。

YL 样品（YL-7、综合样）氟磷灰石含量为 49.8%，白云石含量 34.3%，石英为 10.7%，黏土矿物含量为 3.3%。

两个样品总体矿物组成变化不大，与显微镜观察基本符合。磷酸盐矿物（胶磷矿）主要为氟磷灰石。碳酸盐矿物主要为白云石，镜下见少量微-细晶方解石，估计因局部含量偏低故尚未检出。石英在两个样品中含量变化不大，为 9.6%~10.7%，包含三种类型硅质矿物，石英的较高含量导致矿石硬度较大。GS 样品中检测出钾长石，估计为沉积过程中的碎屑产物。

黏土矿物含量不高，为 8.7%~3.3%，根据扫描电镜分析资料其种类主要以伊利石为主。XRD 图谱见图 4-33、图 4-34。

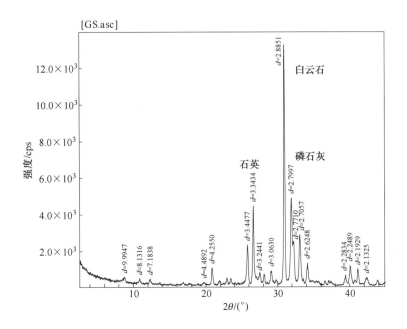

图 4-33 样品 L-8 的 XRD 衍射谱线

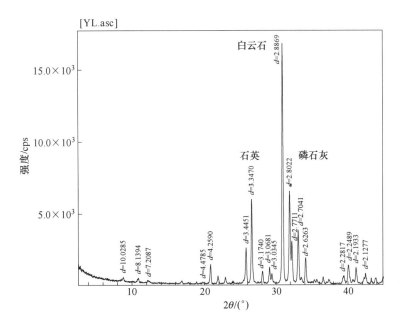

图 4-34 样品 YL-7 的 XRD 衍射谱线

4.1.3 胶磷矿矿石扫描电镜及能谱分析

对重庆涪陵化工有限责任公司提供的两个磷矿石样品进行了扫描电镜配合能谱分析。测试采用日立公司扫描电镜（Hitachi S-3400N）和能谱仪（EDAX-204B for Hitachi

S-3400N）进行，在贵州大学理化测试中心测试。扫描电镜技术参数见第1章。

4.1.3.1　磷矿石1号样（薄片号L-3、L-7）的扫描电镜分析

1号样品的扫描电镜（SEM）及能谱成分分析结果表明，磷矿石主要矿石矿物为胶磷矿，能谱成分分析结果证明测点成分组成为磷酸钙，并含有少量的F元素，磷酸盐矿物成分表明应有氟磷灰石，表4-2测点与分析结果表明胶磷矿部分为碳磷灰石。胶磷矿主要分为两种类型，一种为椭圆状团粒胶磷矿（图4-38），另一种为致密状胶磷矿（图4-38），其中包裹有石英及白云石微晶颗粒。脉石矿物主要为白云石（图4-37）、石英（图4-35）及黄铁矿等。

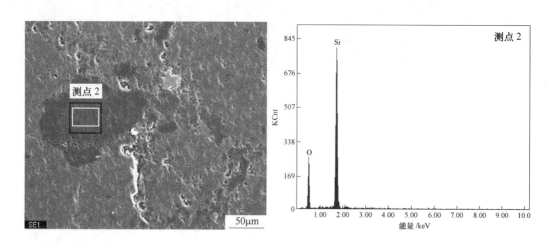

图4-35　样品L-3测点2的SEM及能谱图

（测点2为石英矿物）

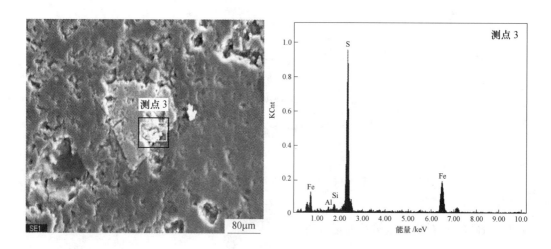

图4-36　样品L-3测点3的SEM图及能谱图

（测点3为黄铁矿矿物）

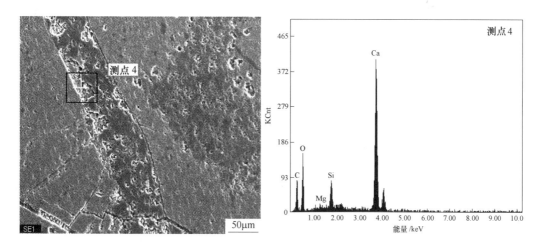

图 4-37 样品 L-3 测点 4 的 SEM 图及能谱图

（测点 4 为碳酸盐矿物）

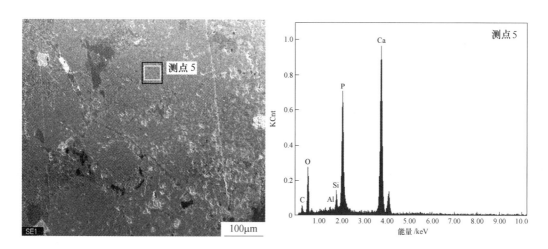

图 4-38 样品 L-7 测点 5 的 SEM 图及能谱图

（测点 5 为致密胶磷矿矿物）

表 4-2　磷矿石（1 号样品）各测点的能谱成分　　　　　　　（%）

元素＼测点	测点 2	测点 3	测点 4	测点 5
C			28. 16	12. 85
O	49. 20		39. 92	36. 58
Si	50. 80	2. 54	4. 27	2. 19
P				17. 26
Ca			26. 60	30. 68
Mg			1. 06	
F				

元素 \ 测点	测点2	测点3	测点4	测点5
Ti				
Fe		38.28		
Al		1.39		0.44
S		57.78		

4.1.3.2　磷矿石（2号样品）（薄片号 YL-1、YL-5）的扫描电镜分析

2号样品的扫描电镜（SEM）及能谱成分分析测试结果证明，主要矿石矿物为胶磷矿，能谱成分分析结果证明测点成分组成为磷酸钙，并含有少量的 F 元素，磷酸盐矿物成分表明应有氟磷灰石（表4-3 测点8）。扫描电镜测试分析资料表明，磷矿石有三种类型：主要的为椭圆团粒状胶磷矿（图4-39）；其次为致密状含赤铁矿的胶磷矿（图4-42）；还见胶状胶磷矿（图4-41）。能谱分析结果证实胶磷矿中含氟，主要为氟磷灰石。

主要脉石矿物为白云石（图4-43）、石英、伊利石黏土（图4-44）及黄铁矿（图4-45）等。

扫描配合能分析检测出白云石中含有稀土元素钇，显示出磷矿石含有稀土元素 Y 的特征（图4-40）。

表4-3　磷矿石（2号样品）的能谱成分　　　　　　　　　　（%）

元素 \ 测点	测点6	测点7	测点8	测点9	测点10	测点11	测点12
C	13.23	23.23	11.88		25.59		
O	36.93	45.93	34.93	33.96	44.94	48.48	
Si			0.83			33.31	
P	16.84		17.74	20.20			
Ca	33.01	15.83	31.54	32.48	14.93	2.74	
Mg		14.46			14.55		
Y		0.55					
F			3.08				
S							59.16
Fe				13.36			40.84
Al						9.20	
K						6.26	

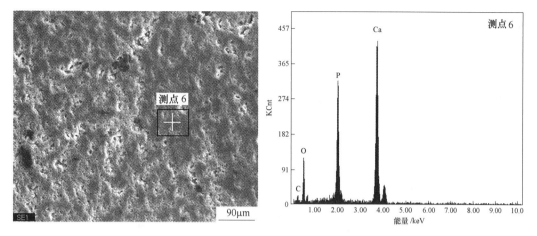

图 4-39　样品 YL-1 测点 6 的 SEM 图及能谱曲线图
（测点为胶状胶磷矿）

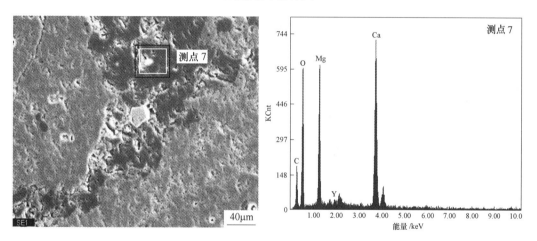

图 4-40　样品 YL-1 测点 7 的 SEM 图及 X 射线能谱图
（测点成分显示为白云石）

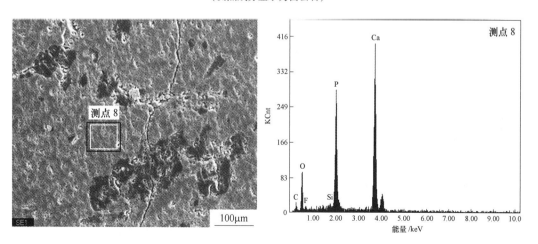

图 4-41　样品 YL-1 测点 8 的 SEM 图及能谱图
（测点为致密状胶磷矿）

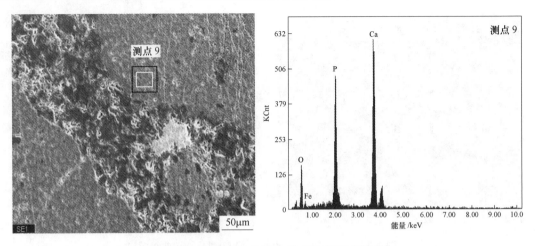

图 4-42　样品 YL-1 测点 9 的 SEM 图及能谱图
（测点为含赤铁矿致密状胶磷矿）

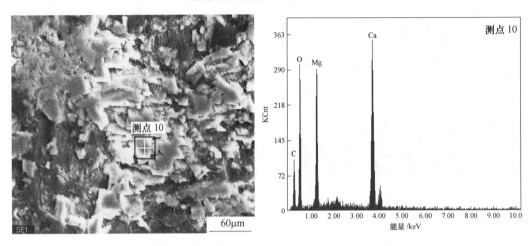

图 4-43　样品 YL-5 测点 10 的 SEM 图及能谱图
（测点成分为白云石）

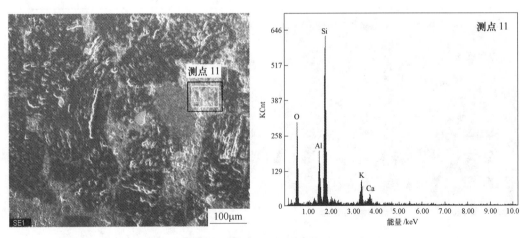

图 4-44　样品 YL-5 测点 11 的 SEM 图及能谱图
（测点成分显示为伊利石黏土）

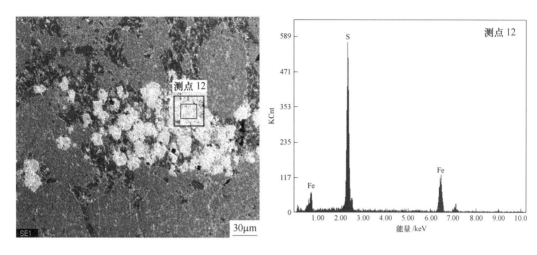

图 4-45 样品 YL-1 测点 12 的 SEM 图及能谱图

（测点为微晶黄铁矿集合体）

4.2 磷矿石化学组成特征

化学成分及微量元素组成分析，是了解和确定样品化学组成和微量元素组成特征的主要测试手段。微量元素分析则进行了两个样品系统测试分析。

4.2.1 磷矿石化学成分

对重庆涪陵化工有限责任公司提供的两个磷矿石样品经室内取样、制样，送广州澳实分析测试公司进行化学成分分析，结果见表 4-4。

表 4-4 某磷矿石化学成分含量　　　　　　　　　　　　　　（质量分数，%）

成　分	SiO_2	Al_2O_3	Fe_2O_3	CaO	MgO	Na_2O	K_2O	Cr_2O_3
样品号：GS	18.45	3.84	1.66	37.47	3.26	0.39	1.98	<0.01
样品号：YL	15.27	1.28	1.03	40.6	4.69	0.1	0.41	<0.01
成　分	TiO_2	MnO	P_2O_5	SrO	BaO	LOI	总计	
样品号：GS	0.28	0.02	23.938	0.06	0.11	8.6	100.05	
样品号：YL	0.05	0.13	24.373	0.07	0.28	11.45	99.74	

注：广州澳实分析测试公司测试。

化学成分分析结果表明，两个矿石中 P_2O_5 含量为 23.94% ~ 24.37%，平均为 24.16%，表明 P_2O_5 含量偏低，含量变化较为均匀，应属于低 – 中品位磷矿石。

两个磷矿石 CaO 含量 1 号样（GS）为 37.47%，2 号样（YL）含量为 40.6%，MgO 含量低者为 1 号样（GS）：3.26%，2 号样（YL）：4.69%，镁含量较高，构成碳酸盐矿物应以白云石为主，方解石次之。

磷矿石中 SiO_2 含量：1 号样（GS）中为 18.45%，2 号样（YL）中为 15.27%，平均为 16.86%，属于硅质磷矿石。

磷矿石中铁质矿物 Fe_2O_3 含量：1 号样（GS）中为 1.66%，2 号样（YL）中为
1.03%，为低铁质硅质高钙磷矿石。

磷矿石中 Al_2O_3 含量分别为 3.83%、1.28%，总体含量不高，显示出 1 号样（GS）>2
号样（YL）的特征。根据扫描电镜配合能谱分析资料显示，可能与在 GS 样品中，存在
少量磷铝磷酸盐矿物有关，另可能为黏土矿物中所含 Al_2O_3 组分有联系。

磷矿石的 K_2O 含量 > Na_2O 含量，分别为 1.98% > 0.39%，0.41% > 0.10%，与织金
原生磷块岩为 K_2O 型 > Na_2O 型相同。2 号样 K_2O、Na_2O 含量明显低于 1 号样的，总体含
量偏低，与风化磷块岩中 K_2O、Na_2O 含量总体较低相一致，反映磷矿石遭受一定程度的
弱风化作用，与镜下观察胶磷矿遭受弱风化作用产生褪色现象相符合。

以上磷矿石化学成分表明两个样品应属低铁质硅质高钙胶磷矿（氟磷灰石为主）矿
石，与沉积型硅钙质磷块岩物质组成相类同。

两类型矿石含 S 量都不高，含量为 0.60% ~ 1.36%，1 号样（GS）含量高于 2 号样
（YL），与镜下观察 1 号样黄铁矿高于 2 号样相一致。为低含硫磷矿石，含量见表 4-5。两
类型矿石含 F^- 含量稍高，1 号样（GS）F^- 含量为 2.51%，2 号样（YL）为 2.88%，平
均为 2.70%。氟含量稍低于我国磷矿中氟磷灰石的平均含量为 3.61% ~ 3.80%[1]，也和
扫描电镜配合能谱分析资料相吻合。

两个磷矿石样 Cl 含量较低，为 0.008% ~ 0.013%，表明磷矿石主要以氟磷灰石为主。

表 4-5　某磷矿石 S、F、Cl 成分含量　　　　　　　　（质量分数,%）

成　分	S	F	Cl	备注
样品号：GS	1. 36	2. 51	0. 008	
样品号：YL	0. 60	2. 88	0. 013	

注：金波分析测试中心测试。

4.2.2　磷矿石微量元素组成

对重庆涪陵化工有限责任公司的两个磷矿石样品进行的微量元素测试主要采用 ICP-
MS 方法测定，由广州澳实分析测试公司完成，结果见表 4-6。

测试方法为 ME-ICP61，采用四酸消解，等离子光谱分析，除 Ti、Ba、Cr、W 四个元
素可能部分消解定量不准外，其余全部达到定量分析，属微量多元素分析类型。

磷矿石样的主要元素 Al、Ca、Fe 含量特征与矿石化学分析类同，显现磷矿石具有低
铝、高钙及低铁的特征，进一步验证了磷矿石化学成分的正确性。

胶磷矿矿石的微量元素主要以 Ti、Ba、Sr 等元素富集为特征。其中表现为胶磷矿
（氟磷灰石）矿石为典型沉积型磷块岩所含微量元素的基本特征。

Ba：1 号样（GS）、2 号样（YL）Ba 含量为 970 ~ 2230μg/g，平均为 1600μg/g。Ba
元素在磷矿石中明显富集，并显示 Ba 元素含量 2 号样 > 1 号样的特征。

Sr：1 号样（GS）、2 号样（YL）Sr 含量为 587 ~ 733μg/g，平均为 660μg/g，Sr 元素
在磷矿石中也明显发生富集。

Mg 元素含量统计表明：1 号样（GS）、2 号样（YL）Mg 含量为 1.87% ~ 2.76%，平

表 4-6 某磷矿石微量元素含量

元　素	Al	Ca	Na	K	Ti	S	Fe	Mg	Ba	Be	Bi	Cd	Ce	Co	W	Y
单　位	%	%	%	%	%	%	%	%	μg/g	μg/g	μg/g	μg/g	μg/g	μg/g	μg/g	μg/g
样品号：GS	2.04	24.7	0.27	1.7	0.089	1.25	1.11	1.87	970	1.36	0.07	0.14	61.7	3.1	0.7	35.5
样品号：YS	0.7	27	0.05	0.43	0.026	0.51	0.71	2.76	2230	1.38	0.05	0.79	24	1.9	0.9	63.7
元　素	Cs	Cu	Ga	Ge	Hf	In	Li	Ag	As	Mn	Mo	Nb	V	Cr	Zn	Zr
单　位	μg/g	μg/g	μg/g	μg/g	μg/g	μg/g	μg/g	μg/g	μg/g	μg/g	μg/g	μg/g	μg/g	μg/g	μg/g	μg/g
样品号：GS	1.78	10.5	6.34	0.14	0.2	0.019	11.2	0.09	12	140	1.5	4.7	20	31	31	8.6
样品号：YS	1.37	5.5	2.94	0.1	0.1	0.007	11.2	0.24	19	917	4.17	1.4	28	23	106	2.7
元　素	Ni	Pb	Rb	Re	Sb	Sc	Se	Sn	Sr	Ta	Te	Th	Tl	U	La	
单　位	μg/g	μg/g	μg/g	μg/g	μg/g	μg/g	μg/g	μg/g	μg/g	μg/g	μg/g	μg/g	μg/g	μg/g	μg/g	
样品号：GS	13.2	18	31.4	0.004	0.46	4.2	4	0.8	587	0.15	<0.05	3.5	0.22	5.4	34.3	
样品号：YS	9.5	45.3	11.3	0.007	0.65	1.5	3	0.6	733	0.08	<0.05	2.4	0.19	25.2	33.2	

注：广州澳实分析测试公司测试。

均为 2.32%。显示 Mg 元素 2 号样 > 1 号样的特征，Mg 含量变化特征与化学分析资料相一致。

放射性 U、Th 元素含量特征：1 号样（GS）U 含量为 5.4μg/g，富集特征不明显；2 号样（YL）U 含量为 25.2μg/g，显示出稍有富集，但总体 U 元素含量低于海相沉积磷块岩的 U 元素分布范围（50～300μg/g）。两个样 Th 元素含量较低，为 0.19～0.22μg/g，含量较偏低。

4.3 磷矿石工艺性质分析

矿石工艺性质分析一般指了解研究有用矿物相关粒度与含量变化，矿物之间相互嵌布特征、矿物的单体解离度及其对矿石加工工艺性能的影响，查明矿物组合之间关系，为后续矿物加工工艺提供可靠矿石综合利用的基础研究资料。

4.3.1 磷矿石粒度分布及嵌布特征

对重庆涪陵化工有限责任公司的两个磷矿石主要矿石矿物粒度及嵌布特征分析，采用岩矿鉴定片通过奥林巴斯 CX21P 显微镜完成鉴定后，经统计分析完成。

4.3.1.1 两个磷矿石样品胶磷矿（氟磷灰石）的有用粒度分布及嵌布特征

两个磷矿石主要有用矿物为胶磷矿（氟磷灰石）。1 号样薄片号：GL1-3、GL1-4，2 号样薄片号：YL-2、YL-6。

胶磷矿（氟磷灰石）为中－细粒颗粒嵌布于基底之中，形成的矿石为基底式胶结为主的砂屑结构，主要以磷灰石颗粒为主，胶磷矿以椭圆颗粒、鲕粒等构成颗粒支撑结构。

其次见微－细晶磷灰石（胶磷矿）以细微颗粒状存在于颗粒间形成填隙物，以胶结物形式出现，构成杂基支撑结构。还见形成集合体形态构成颗粒支撑产出。

显微镜下对样品 GL1-3、GL1-4、YL-2、YL-6 的粒度统计分析，结果表明磷灰石颗粒主要粒径分布如下。

样品 GL1-3：磷灰石（胶磷矿）在 +0.20 ~ -0.30mm 粒级相对集中，为 44.36%。在 +0.35 ~ -0.40mm 粒级分布较为集中，粒级含量为 26.86%。+0.20 ~ -0.40mm 粒级集中度为 71.22%。

样品 GL1-4：磷灰石（胶磷矿）在 +0.20 ~ -0.30mm 粒级较为集中分布，粒级含量为 46.10%；在 +0.30 ~ -0.40mm 粒级相对集中，为 33.43%，+0.20 ~ -0.40mm 粒级集中度为 79.53%。

样品 YL-2：磷灰石（胶磷矿）在 +0.10 ~ -0.20mm 粒级较为集中，粒级含量为 57.46%；+0.20 ~ -0.35mm 粒级集中度为 29.85%，两者分布率为 87.31%。

样品 YL-6：+0.10 ~ -0.20mm 粒级集中分布，集中度为 68.15%；其次为 +0.05 ~ -0.10mm，集中度分别为 68.15%、20.67%，两者共分布率为 88.82%。

4.3.1.2　脉石矿物石英的粒度分布特征

样品 GL1-3：石英在 +0.10 ~ -0.25mm 粒级相对集中，为 68.85%；-0.05 ~ +0.10mm 集中率为 19.57%。

样品 GL1-7：石英在 +0.02 ~ -0.06mm 粒级较为集中分布，粒级含量为 63.97%；在 < -0.02mm 粒级集中度为 19.91%，两者占 83.88%。

样品 YL-4：石英在 +0.02 ~ -0.06mm 粒级较为集中，粒级含量为 79.82%；< -0.02mm 粒级集中度为 15.60%，两者分布率为 95.42%。

样品 YL-1：+0.02 ~ -0.06mm 粒级集中分布，集中度为 79.36%；< -0.02mm 粒级集中度为 15.87%。

4.3.1.3　脉石矿物白云石的粒度分布特征

样品 GL1-3：白云石在 +0.05 ~ -0.15mm 粒级相对集中，为 82.45%。

样品 GL1-7：白云石在 +0.14 ~ -0.20mm 粒级较为集中分布，粒级含量为 61.00%；在 -0.10 ~ +0.12mm 粒级集中度为 17.96%，两者占 78.96%。

样品 YL-1：白云石在 +0.02 ~ -0.06mm 粒级较为集中，粒级含量为 77.27%；+0.06 ~ -0.08mm 粒级集中度为 13.07%，两者分布率为 90.34%。

样品 YL-6：白云石在 +0.05 ~ -0.15mm 粒级集中分布，集中度为 75.10%；-0.15 ~ 0.25mm 粒级集中度为 18.73%，两者占 93.83%。

4.3.1.4　脉石矿物黄铁矿的粒度分布特征

样品 GL1-3：黄铁矿在 +0.02 ~ -0.06mm 粒级相对集中，为 58.06%；< -0.02mm 粒级集中度为 33.01%，两者占 91.07%。

样品 GL1-7：黄铁矿在 +0.02 ~ -0.06mm 粒级相对集中，为 68.08%；在 < -0.02mm 粒级集中度为 30.59%，两者占 98.67%。

样品 YL-4：黄铁矿在 +0.02 ~ -0.04mm 粒级较集中，粒级含量为 40.59%；< -0.02mm 粒级集中度为 57.26%，两者分布率为 97.85%。

样品 YL-6：黄铁矿在 +0.05～-0.15mm 粒级集中分布，集中度为 69.06%；<-0.05mm 粒级集中度为 21.58%，两者分布率占 90.64%。

4.3.2　磷矿石（氟磷灰石）及脉石矿物的解离度统计分析

磷矿石及脉石矿物的解离度计算分析，主要采用将矿石碎磨分级后制成薄片，经显微镜下统计分析完成。

经统计分析，两个样胶磷矿中 1 号样胶磷矿（氟磷灰石），解离度在 -0.045～+0.0147mm 粒级为 68.69%、-0.147～+0.074mm 粒级为 72.46%、-0.074～+0.043mm 粒级达到 80.59%。表明胶磷矿随着磨矿细度的增加，解离度增加。

脉石矿物白云石：解离度在 -0.045～+0.0147mm 粒级为 90.19%、-0.147～+0.074mm 粒级为 88.63%、-0.074～+0.043mm 粒级达到 88.80%。

白云石矿物解离度在 3 个粒级内变化不大，表明白云石各粒级解离较为均匀。

脉石矿物石英：解离度在 -0.045～+0.0147mm 粒级为 84.58%、-0.147～+0.074mm 粒级为 80.88%、-0.074～+0.043mm 粒级达到 85.98%。

石英的解离度在 3 个粒级内开始较高，第二个粒级稍有降低，后又增高，表明石英的解离度在选择合适的磨矿细度后，能够达到较高解离度。

2 号样的磷酸盐矿物（氟磷灰石），解离度在 -0.045～+0.0147mm 粒级为 77.11%、-0.147～+0.074mm 粒级为 89.01%、-0.074～+0.043mm 粒级达到 92.23%。也表明胶磷矿随着磨矿细度的增加，解离度增加。但随着磨矿细度的增加，解离度增加不大，磨矿细度选择 -0.147～+0.074mm 粒级为宜。

脉石矿物白云石：解离度在 -0.045～+0.0147mm 粒级为 85.71%、-0.147～+0.074mm 粒级为 92.26%、-0.074～+0.043mm 粒级达到 94.19%。表明在 -0.147～+0.074mm 粒级磨矿细度可达到较好解离效果。

脉石矿物石英：解离度在 -0.045～+0.0147mm 粒级为 86.14%、-0.147～+0.074mm 粒级为 85.97%、-0.074～+0.043mm 粒级达到 86.34%。表明石英的解离度在选择合适的磨矿细度后，能够达到较高解离度。

参 考 文 献

[1] 张杰，等. 贵州寒武纪早期磷块岩稀土元素特征 [M]. 北京：冶金工业出版社，2008.
[2] 雷鸣，等. 黄磷生产中放射性核素迁移规律及放射性污染防治对策 [J]. 贵州化工，2000，25（4）：40～44.

5 含有机质含锰磷矿石工艺矿物学性质研究

受瓮福（集团）有限责任公司委托，对某磷矿矿石开展矿石工艺性质研究。

研究内容分为两个部分：第一部分为开展磷矿石物质组成分析研究，主要进行磷矿石制样、制片、显微镜透射光和反射光下矿石矿物组成分析鉴定、X射线衍射分析（XRD）、扫描电镜配合能谱分析、矿石结构构造分析、矿石化学成分及微量元素组成分析等，查明磷矿石矿物成分、化学组分及结构构造特征；第二部分为磷矿石加工性质特征研究，主要完成磷矿石粒度分布及嵌布特征分析、筛分分析及磷矿石解离度分析。

通过开展以上工作，查明某磷矿石矿物组成、结构构造特征、化学成分及微量元素组成分布特征。并通过矿物粒度和嵌布特征分析、筛分分析及解离度分析，查明磷矿石加工工艺性质，为该磷矿石加工利用提供有价值的基础分析资料。

5.1 某磷矿石物质组成

对瓮福（集团）有限责任公司提供的某磷矿石开展物质组成测试分析，分为两个部分进行，即矿石矿物成分及化学组成分析。第一部分主要目的是查明磷矿石主要有用矿物种类、矿石类型、脉石矿物种类等；第二部分是查明矿石矿物化学组成及微量元素分布特征等，为磷矿石加工利用提供可靠基础研究资料。

5.1.1 磷矿石矿物组成特征

采用奥林巴斯CX21P显微镜配合X射线衍射（XRD）分析，进行磷矿石有用矿物、脉石矿物种类、含量及矿石类型分析，查明磷矿石矿物组成及含量特征。

5.1.1.1 磷矿石矿物组成显微镜鉴定特征

A 磷矿石（样品号：3-1，薄片号：3-1-1 ~ 3-1-3）显微镜鉴定特征

磷矿石定名：含有机质、含锰硅钙质磷矿石。

主要有用矿物成分：磷酸盐类矿物主要为胶磷矿，部分呈磷灰石产出，含量约为30% ~ 50%，其次为菱镁矿、菱锰矿，胶磷矿、磷灰石占多数。

胶磷矿：主要见团粒状、细微粒状、脉状及胶团状等产出（图5-1 ~ 图5-3、图5-9 ~ 图5-42）。其粒径分布为0.03 ~ 0.08mm，以0.06mm左右为主。少量胶磷矿团粒颗粒大于0.2mm，0.075mm以下颗粒占大多数。SEM-EDAX分析结果证明磷矿物主要成分为氟磷灰石（图5-59 ~ 图5-62）。

见部分磷灰石（占5% ~ 10%）产出于磷矿石中，其结晶程度较高，多显现出裂理及裂开（图5-23 ~ 图5-28）。SEM-EDAX分析结果见图5-61 ~ 图5-63，成分主要为氟磷灰石、碳磷灰石。微化结果表明，当点滴入硝酸、柠檬酸加钼酸铵混合溶液后，呈现黄色，

为磷钼酸铵结晶（图 5-15 等），实验结果证明为磷酸盐矿物。

磷灰石产出特征为：六方柱状，具线理构造，磷灰石具定向排列特征，由磷矿石受力作用产物，磷灰石周围见线状压力影构造（图 5-5、图 5-7、图 5-37 ~ 图 5-58）。

菱镁矿（$MgCO_3$）：片状、纤状产出（图 5-30、图 5-40、图 5-63）。

菱锰矿：呈粒状产出（图 5-5、图 5-6、图 5-11、图 5-12），SEM-EDAX 结果见图 5-63。锰矿物也见存在于脉状含有机质胶磷矿中，也产出于含有机质脉状黏土矿物中（图 5-5、图 5-11、图 5-12），SEM-EDAX 分析结果表明黏土矿物主要成分为伊利石（菱镁矿晶体较少见）。

脉石矿物：主要为石英、碳酸盐矿物（白云石为主）、黄铁矿及黏土矿物伊利石等。

石英见粒径为 0.03 ~ 0.73mm 呈分散状产出。主要以微晶状、团粒状、次棱角状为主。常见微晶状与胶磷矿混生产出。正交偏光下为一级灰干涉色（图 5-2、图 5-4、图 5-8、图 5-10 等）。含量为 10% ~ 20%。

图 5-1　硅钙质磷矿石（样品号：3-1-1）
（硅钙质磷矿石见颗粒状、胶状胶磷矿（Clh），（-）×4）

图 5-2　硅钙质磷矿石（样品号：3-1-1）
（见结晶状磷灰石及碳酸盐矿物，（+）×4）

图 5-3　硅钙质磷矿石（样品号：3-1-1）
（硅钙质磷矿石中胶磷矿（Clh），（-）×4）

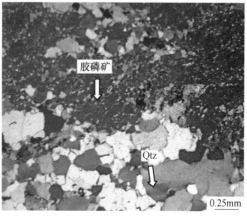

图 5-4　硅钙质磷块岩（样品号：3-1-1）
（硅钙质磷块岩中石英(Qtz)呈微细粒状产出，（+）×4）

碳酸盐矿物主要分为两部分：一者为细晶－微晶白云石含有黏土矿物组成微晶基质基底式胶结类型，构成杂基支撑；二者以脉状与含有机质、锰质黏土构成脉状、网脉状及线理状产出（图5-5、图5-7、图5-10）。碳酸盐矿物在样品中含量占15%～25%。

脉石矿物黄铁矿：主要以微细颗粒状、微晶脉状等产出，也见围绕磷灰石以线状压力影构造形式产出（图5-16、图5-27、图5-28）。

黏土矿物伊利石主要以脉状产出，含量较低，为1%～2%。

有机质：主要见脉状产出，经SEM-EDAX分析证明有机碳含量高，同时含锰及P_2O_5。

结构构造：含有机质、锰磷矿石结构主要见网脉状结构、条带状结构等为主，杂基支撑，微晶－细晶体碳酸盐矿物、硅质石英为主要杂基成分，条带状构造为主。见典型矿石受力作用产生的线理－压力影构造；岩石中由刚性物体两侧及其两端发育的纤维状结晶矿物形成。属于A型线理（图5-51、图5-52、图5-57、图5-58）。

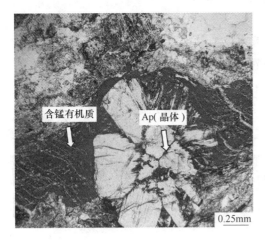

图5-5　磷矿石中磷灰石（样品号：3-1-1）
（硅钙质磷矿石中磷灰石（Ap）及有机质，（－）×4）

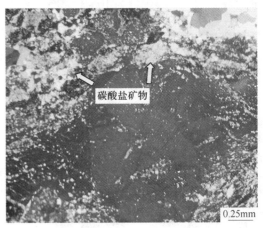

图5-6　磷矿石中碳酸盐矿物（样品号：3-1-1）
（硅钙质磷矿石中碳酸盐矿物，（＋）×4）

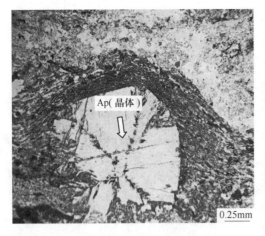

图5-7　磷矿石中磷灰石（样品号：3-1-1）
（硅钙质磷矿石中磷灰石（Ap）及石英，（－）×4）

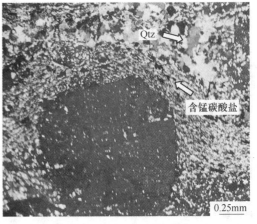

图5-8　磷矿石中石英（样品号：3-1-1）
（硅钙质磷矿石中磷灰石及石英（Qtz），（＋）×4）

图 5-9　磷矿石中胶磷矿（Clh）（样品号：3-1-1）

（硅钙质磷矿石中微粒团状胶磷矿，（－）×4）

图 5-10　矿石中碳酸盐矿物（样品号：3-1-1）

（硅钙质磷矿石中石英（Qtz）及碳酸盐矿物，（＋）×4）

图 5-11　含锰有机质细脉（样品号：3-1-1）

（磷矿石胶磷矿（Clh）中含锰有机质细脉，（－）×4）

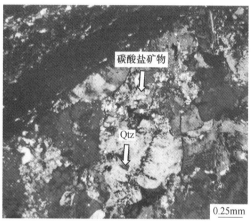

图 5-12　碳酸盐微晶（样品号：3-1-1）

（硅钙质磷矿石中石英（Qtz）及碳酸盐微晶，（＋）×4）

图 5-13　硅钙质磷矿石（样品号：3-1-1）

（硅钙质磷矿石中硅质矿物及菱镁矿，（－）×4）

图 5-14　纤状菱镁矿（Mgs）（样品号：3-1-1）

（磷矿石中见微晶硅质矿物及细微纤状菱镁矿，（＋）×4）

图 5-15　矿石中磷灰石晶体（样品号：3-1-1）

（硅钙质磷矿石中磷灰石晶体见点硝酸
加钼酸铵后形成黄色磷钼酸铵，（－）×4）

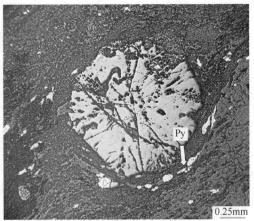

图 5-16　磷灰石晶体边部黄铁矿（Py）

（样品号：3-1-1）

（磷灰石晶体边部充填微晶黄铁矿，（＋）×4）

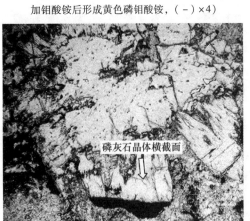

图 5-17　磷灰石晶体横截面（样品号：3-1-1）

（硅钙质磷矿石中磷灰石晶体横截面，（－）×4）

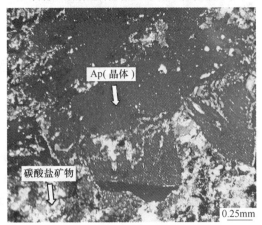

图 5-18　碳酸盐矿物（样品号：3-1-1）

（硅钙质磷矿石中磷灰石晶体及碳酸盐矿物，（＋）×4）

图 5-19　微细胶磷矿（样品号：3-1-1）

（硅钙质磷矿石中微细胶磷矿与硅质物共生，（－）×4）

图 5-20　微细胶磷矿（样品号：3-1-1）

（磷矿石微细胶磷矿与微晶石英共生，（＋）×4）

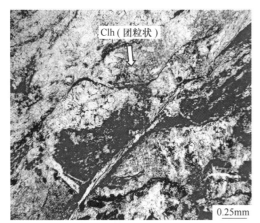

图 5-21 团粒胶磷矿（样品号：3-1-1）

（磷矿石中团粒胶磷矿（Clh）与碳酸盐矿物
共生，（－）×4）

图 5-22 纤状菱锰矿（样品号：3-1-1）

（见硅钙质磷矿中团粒胶磷矿（Clh）与
纤状菱锰矿（Mgs）共生，（＋）×4）

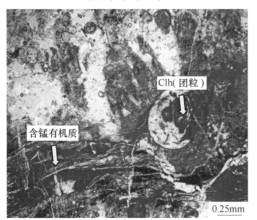

图 5-23 含锰有机质（样品号：3-1-1）

（硅钙质磷矿石中团粒胶磷矿与含锰有机质，（－）×4）

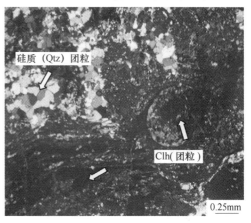

图 5-24 团粒状石英（Qtz）（样品号：3-1-1）

（磷矿中团粒胶磷矿与团粒状石英共生，（＋）×4）

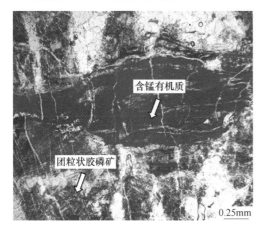

图 5-25 含锰有机质（样品号：3-1-1）

（硅钙质磷矿石中团粒胶磷矿（Clh）
与含锰有机质，（－）×4）

图 5-26 含锰有机质（样品号：3-1-1）

（矿石中团粒胶磷矿与含锰有机质，（＋）×4）

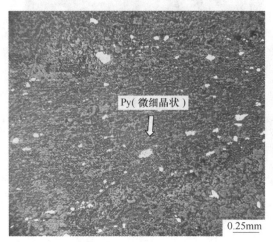 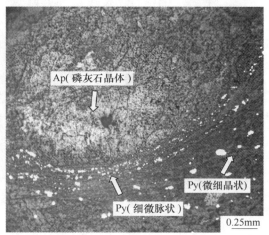

图 5-27 微晶黄铁矿（Py）（样品号：3-1-1）   图 5-28 细微脉状黄铁矿（Py）（样品号：3-1-1）

（硅钙质磷矿石中微晶黄铁矿，反射光×4）   （微粒状黄铁矿围绕磷灰石晶体呈

细微脉状分布，反射光×4）

 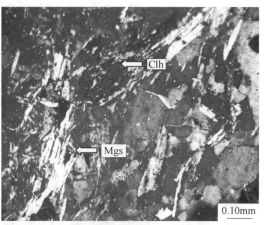

图 5-29 胶磷矿及菱镁矿   图 5-30 胶磷矿（Clh）、菱镁矿等

（样品号：3-1-1）   （样品号：3-1-1）

（磷矿石中胶磷矿（Clh）及   （磷矿石样品中胶磷矿、菱镁矿（Mgs）

菱锰矿（Mgs），（-）×10）   及硅质，（+）×10）

图 5-31 ~ 图 5-38 为磷矿石（样品号：3-1-2）的显微镜下特征。

图 5-39 ~ 图 5-42 为磷矿石（样品号：3-1-3）的显微镜下特征。

B 磷矿石样品（样品号：5-2）显微镜鉴定特征

磷矿石定名：硅钙质磷矿石。薄片号：5-2-1、5-2-2。

图 5-31　碳酸盐矿物（样品号：3-1-2）

（硅钙质磷矿石中胶磷矿及碳酸盐矿物，（－）×4）

图 5-32　碳酸盐矿物（样品号：3-1-2）

（磷矿石样品中胶磷矿（Clh）、硅质矿物，（＋）×4）

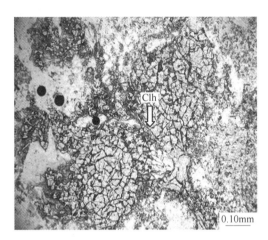

图 5-33　团粒状等胶磷矿（样品号：3-1-2）

（硅钙质磷矿石中微粒、团粒状胶磷矿（Clh），（－）×10）

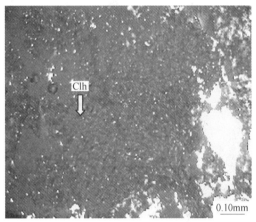

图 5-34　矿石中胶磷矿（样品号：3-1-2）

（硅钙质磷矿石样品中胶磷矿（Clh），（＋）×10）

图 5-35　含锰胶磷矿（样品号：3-1-2）

（硅钙质磷矿石中微粒、团粒状胶磷矿，（－）×10）

图 5-36　硅钙质磷矿石（样品号：3-1-2）

（硅钙质磷矿石样品中胶磷矿，（＋）×10）

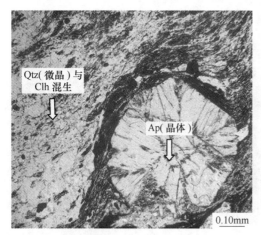

图 5-37　磷灰石晶体（样品号：3-1-2）

（硅钙质磷矿石中磷灰石晶体，（－）×10）

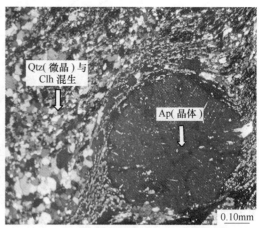

图 5-38　硅钙质磷矿石（样品号：3-1-2）

（磷矿石中磷灰石（Ap）晶体边缘硅质矿物，（＋）×10）

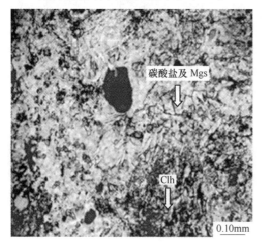

图 5-39　团粒状胶磷矿（Clh）等（样品号：3-1-3）

（硅钙质磷矿石中微粒、团粒状胶磷矿，（－）×10）

图 5-40　碳酸盐矿物等（样品号：3-1-3）

（磷矿石中碳酸盐矿物及菱镁矿（Mgs），（＋）×10）

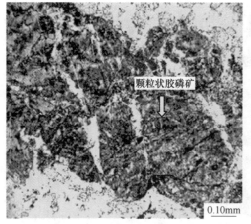

图 5-41　细微粒状胶磷矿（样品号：3-1-3）

（硅钙质磷矿石样品中细微粒状胶磷矿，（－）×10）

图 5-42　细微粒状胶磷矿（样品号：3-1-3）

（钙质磷矿石样品中细微粒状胶磷矿，（＋）×10）

有用矿物成分：磷酸盐类矿物主要见胶磷矿及磷灰石，含量为 30% ～ 50%。主要见胶磷矿，其次为磷灰石。胶磷矿主要以条带状、团粒状、细微粒状等形式产出（图 5-43、图 5-44），构成磷矿石有用矿物主体部分。胶磷矿其粒径分布为 0.03 ～ 0.08mm，多集中于 0.06mm。SEM-EDAX 分析结果证明胶磷矿主要成分为氟磷灰石（图 5-59 测点 2 等）。部分胶磷矿因遭受有机质浑染而呈现黑灰色、黑色。结晶程度较高，多见显现出裂理及裂开。磷灰石晶体形态描述：主要粒径为 1 ～ 2mm，晶体较完整，多见横截面，柱面偶见。晶形主要以六方柱为主。主要颜色为无色、白色，含杂质时呈浅黑色（图 5-51、图 5-52、图 5-58）。其含量明显低于 3-1 号样品。SEM-EDAX 分析结果证明为磷灰石（图 5-61、图 5-62）。

菱锰矿：主要为细微粒状、土状等产出（图 5-54），含量低于样品 3-1。

脉石矿物：主要为石英、碳酸盐矿物（白云石为主）、黄铁矿及黏土矿物等。

石英见粒径为 0.03 ～ 0.074mm 呈脉状、团粒状及条带等状产出。主要以团粒状、条带状为主。正交偏光下为一级灰干涉色。含量为 10% ～ 20%（图 5-46、图 5-50）。

碳酸盐矿物主要分为两部分；一者为微晶 - 细晶白云山含有黏土矿物组成微晶基质基底式胶结类型，构成杂基支撑。部分以微细粒团粒产出构成杂基支撑中较粗粒成分（图 5-50、图 5-56）。

黄铁矿主要以细 - 微粒颗粒、脉状及线状构造产出（图 5-47、图 5-48）。

见极少锐钛矿产出，正交偏光下显示为褐红色（图 5-43、图 5-44）。

黏土矿物主要成分为伊利石，混合锰质、有机质常呈现脉状、透镜状产出（图 5-53、图 5-54）。产出于基底物质中，含量较低，为 1% ～ 2%。

结构构造：条带状、网脉状结构为主，见块状构造。条带状构造。杂基支撑，微晶 - 细晶体碳酸盐矿物为主要杂基成分，正交偏光下呈现高级白（图 5-43、图 5-46）。

图 5-49 ～ 图 5-56 为磷矿石（薄片号：5-2-2）显微镜下特征。

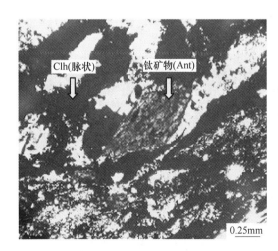 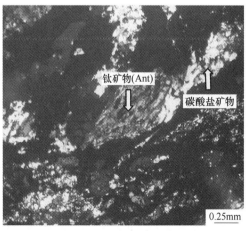

图 5-43　胶磷矿（Clh）中含钛矿物　　　　　图 5-44　胶磷矿中含钛矿物
（锐钛矿：Ant）（样品号：5-2-1）　　　　（脉状含锰、有机质胶磷矿中含钛矿物，（＋）×4）
（脉状含锰、有机质胶磷矿中含钛矿物，（－）×4）

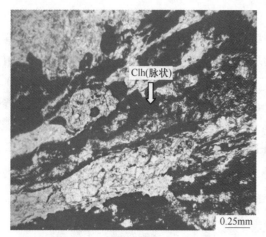

图 5-45 含锰、有机质胶磷矿（样品号：5-2-1）

（脉状含锰、有机质胶磷矿（Clh），（ - ）×4）

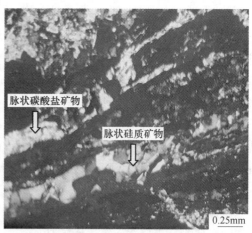

图 5-46 碳酸盐矿物（样品号：5-2-1）

（脉状含锰、有机质胶磷矿中碳酸盐矿物，（ + ）×4）

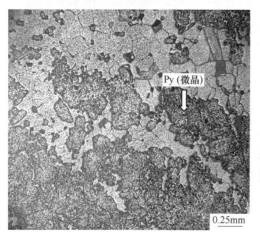

图 5-47 微晶黄铁矿（Py）（样品号：5-2-1）

（钙硅质磷矿石中的微晶黄铁矿，反射光×4）

图 5-48 脉状微晶黄铁矿（样品号：5-2-1）

（磷矿石中的微细粒、脉状微晶黄铁矿，反射光×4）

图 5-49 脉状含锰胶磷矿（样品号：5-2-2）

（钙硅质磷矿石中脉状含锰、有机质胶磷矿，（ - ）×4）

图 5-50 碳酸盐矿物（样品号：5-2-2）

（钙硅质磷矿石中碳酸盐矿物，（ + ）×4）

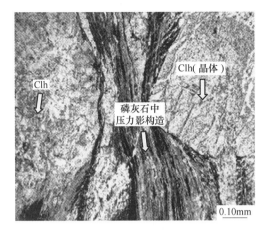

图 5-51　磷灰石中压力影构造（样品号：5-2-2）

（钙硅质磷矿石中磷灰石的压力影构造，（−）×4）

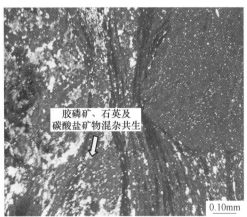

图 5-52　石英等矿物（样品号：5-2-2）

（胶磷矿、石英及碳酸盐矿物混杂共生，（＋）×4）

图 5-53　微粒胶磷矿（Clh）（样品号：5-2-2）

（钙硅质磷矿石中微粒胶磷矿，（−）×10）

图 5-54　磷矿石中夹菱镁矿（样品号：5-2-2）

（钙硅质磷矿石碳酸盐矿物中夹菱镁矿产出，（＋）×10）

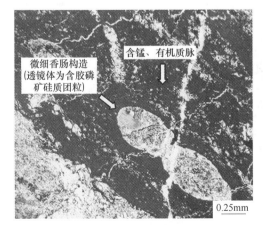

图 5-55　线理构造（样品号：5-2-2）

（钙硅质磷矿石中的脉状含锰、有机质胶磷矿
与含硅质胶磷矿构成线理构造，（−）×4）

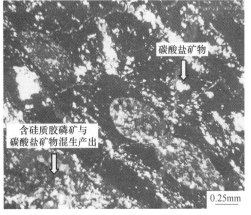

图 5-56　微线理构造（样品号：5-2-2）

（钙硅质磷矿石中微线理构造，由碳酸盐矿物
等构成，（＋）×4）

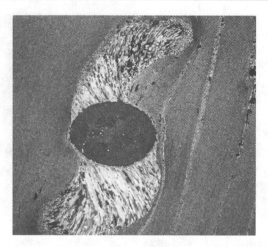

图 5-57　压力影构造
（中国地质大学，徐海军）

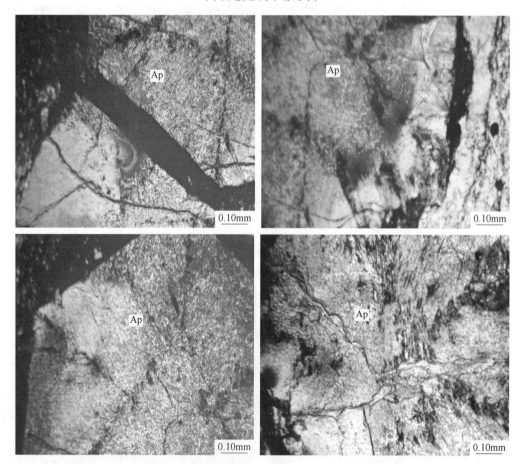

图 5-58　磷灰石（Ap）晶体（样品号：3-1）
（点滴入硝酸、柠檬酸加钼酸铵混合溶液后显黄色，表明为磷灰石晶体，（-）×10）

C　磷矿石中的压力影（pressure shadow）构造

岩石中由刚性物体两侧及其两端发育的纤维状结晶矿物形成。压力影是矿物生长线理的另一种表现形式，矿物纤维平行于拉伸方向（X），故属于 A 型线理，见图 5-51、图 5-57、图 5-58。

5.1.1.2 磷矿石 XRD 分析

针对铝磷酸盐矿石进行了 X 射线衍射仪（XRD）分析，测试主要由贵州省非金属矿产资源综合利用实验室完成，其目的是查明磷矿石矿物组成。XRD 分析测试条件见第 1 章。

XRD 测试分析结果见表 5-1。测试结果表明，3-1 号磷矿石样品中主要有用矿物为羟基磷灰石（41.0%）、氟磷灰石（12.0%），磷灰石含量总体为 53%。脉石矿物主要为石英（38.0%）、黄铁矿（5.0%）。磷矿石应定名为硅质磷矿石。显微镜下明显见碳酸盐矿物分布，占 15%~25%，其原因可能与白云石结晶形态有关。

5-2 号磷矿石样品中主要有用矿物为羟基磷灰石（21.8%），含量明显低于 3-1 号样品。脉石矿物主要见石英（27.7%）、白云石（46.5%）、黄铁矿（4.0%）。矿石应为硅钙质磷矿石。5-2 号样品与显微镜下鉴定结果大致相近，为硅钙质磷矿石。

两个样品中含量较低矿物菱锰矿、菱镁矿等尚未检出，其原因可能与含量较低或结晶形态等有关系。

表 5-1 X 射线衍射（XRD）测试分析结果

样品号	矿物种类和含量/%					
	石 英	羟基磷灰石	氟磷灰石	白云石	黄铁矿	钙铁榴石
3-1	38.0	41.0	12.0	—	5.0	4.0
5-2	27.7	21.8	—	46.5	4.0	—

5.1.1.3 硅钙质磷矿石扫描电镜及能谱分析

对瓮福（集团）有限责任公司提供的磷矿石样品进行了扫描电镜配合能谱分析。测试采用日立公司扫描电镜（Hitachi S-3400N）和能谱仪（EDAX-204B for Hitachi S-3400N）进行，在贵州大学理化测试中心测试。使用扫描电镜（SEM）配合能谱分析，在确定矿物形态特征基础上，通过测定矿物成分特征，确定矿物成分组合及种类，以达到配合鉴定矿物的目的。

采用扫描电镜测试磷矿石样品（3-1 号样，样片号 3-1-6）。

磷灰石样品的扫描电镜（SEM）及能谱成分分析（EDAX）结果（表 5-2）表明，磷矿石主要矿石矿物为胶磷矿，能谱成分分析结果证明测点成分组成为氟磷酸钙，含有少量的 F 元素，磷酸盐矿物成分表明应为氟磷灰石（图 5-59 测点 2，图 5-62 测点 7）。

磷酸盐矿物主要分为以下类型：一为椭圆状、团粒胶磷矿（图 5-61~图 5-63 等），另一为磷灰石（图 5-61）。也见其产出于含锰有机质黏土中（图 5-63）。

脉石矿物主要为石英、白云石等；硅质矿物主要为石英，主要以微晶颗粒状、脉状等产出（图 5-60）。

碳酸盐矿物主要见白云石（图 5-63），EDAX 成分分析证明为含锰白云石。还见榍石类矿物产出于压力作用形成的线状压力影构造中（图 5-62）。

　　磷矿石中见菱锰矿（图 5-63），表明锰主要以菱锰矿及含锰白云石存在于磷矿石中。黄铁矿主要以微细粒状产出（图 5-59）。

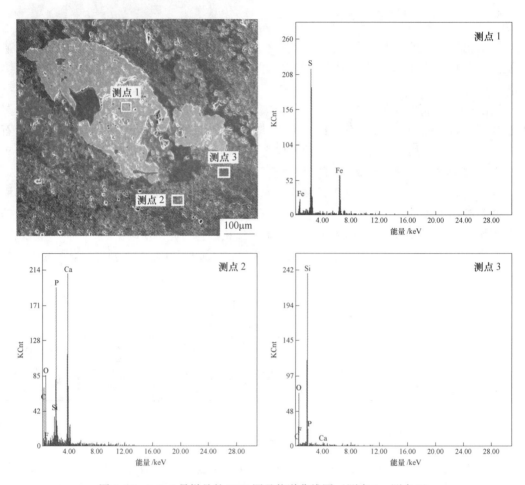

图 5-59　3-1-6 号样品的 SEM 图及能谱曲线图（测点 1～测点 3）

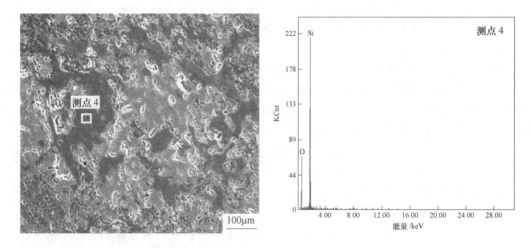

图 5-60　3-1-6 号样品测点 4 的 SEM 图及谱线图

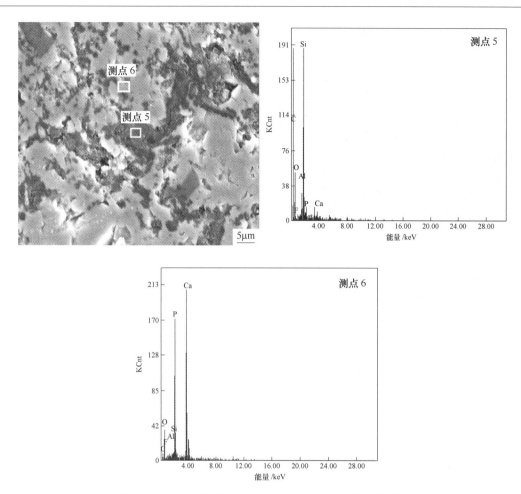

图 5-61　3-1-6 号样品测点 5、测点 6 的 SEM 图及能谱图
（测点 6 为氟磷灰石）

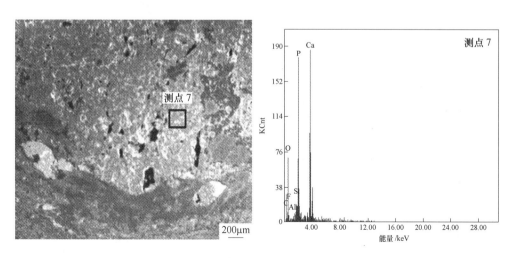

图 5-62　3-1-6 号样品测点 7 的 SEM 图及谱线图
（测点 7 为氟磷灰石）

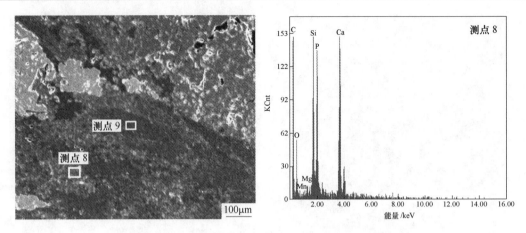

图 5-63 3-1-6 号样品测点 8、测点 9 的 SEM 图及能谱曲线图

（测点 8 为碳磷灰石）

表 5-2 磷矿石（3-1-6 号样品各测点）的能谱成分   （%）

元素\测点	测点 1	测点 2	测点 3	测点 4	测点 5	测点 6	测点 7	测点 8	测点 9
C		32.09			67.97	9.62	16.08	57.29	
O		23.55	44.87	44.57	13.71	27.87	30.99	13.09	44.70
Si		2.30	55.13	55.43	13.78	0.81	1.55	5.31	55.30
P		13.33			0.87	19.66	15.57	7.21	
Ca		27.42			1.07	40.35	33.84	14.88	
Mg								0.32	
F		1.31			0.39	1.18	1.75		
Mn								1.89	
Fe	45.05								
Al					2.21	0.51	0.23		
S	54.95								

5.1.2 磷矿石结构构造特征

矿石构造是指矿石中各种矿物集合体的形状、大小和空间分布关系。矿石的结构是指矿物颗粒的形状、大小和相互关系。本次研究中见磷矿石主要结构特征为：细微晶石英、白云石混合胶磷矿微粒呈现杂基支撑结构、胶状结构及条带状结构等。矿石的结构和构造决定矿石选别的难易程度，其主要构造特征为：线理状构造中压力影构造、网脉状构造、条带状构造等。

5.1.2.1 两类型磷矿石结构

本次研究的含锰含有机质钙硅质磷矿石（3-1 号样）和含有机质含锰硅钙质磷矿石（5-2 号样）主要结构类型分为两类：

（1）含锰含有机质钙硅质磷矿石（3-1号样）结构类型。主要见粒状结构，其中不等粒结构见纤状、针状菱镁矿、菱锰矿石与粒状磷灰石、团粒状微粒状胶磷矿共生。

磷灰石晶体为微-细粒嵌布于基底之中，形成的矿石结构为基底式胶结为主的砂屑结构，以磷灰石颗粒为主，少部分纤状、细粒状菱锰矿、微晶石英构成杂基支撑结构。

（2）含有机质含锰硅钙质低品位磷矿石（5-2号样）结构类型。主要见胶状结构、层纹状结构、条带状结构及微晶结构等。显微镜下常见胶状磷矿石（胶磷矿）、细微晶硅质及石英、碳酸盐微晶及团粒杂混共生，也见碳酸盐脉与石英脉及含锰、碳酸盐有机质黏土矿物脉构成网状、条带状结构，导致矿石硬度增加，将给矿石选别带来一定难度，应引起注意。

5.1.2.2 磷矿石构造

本次研究的两类型磷矿石构造类型主要分为以下类型：

（1）含锰含有机质钙硅质磷矿石（3-1号样）构造。该类型矿石构造主要见条带状构造等（图5-64）；磷矿石条带状构造中见磷灰石晶体成颗粒分布，磷灰石晶体边缘明显见压力影构造（图5-66）；磷矿石条带状构造中见条带状含锰碳酸盐矿物（图5-65）。

（2）含有机质含锰硅钙质低品位磷矿石（5-2号样）构造。见磷矿石呈脉状、网脉状及条带状构造（图5-67）；磷矿石主要为块状构造，并呈现被碳酸盐矿物条带充填（图5-67）；含锰磷矿石呈块状构造为主，见于含锰白云石构成网脉状构造（图5-67）。

样品号：3-1　0 1 2 3cm

图5-64　磷矿石主要为条带状构造、
网脉状构造

样品号：3-1　0 1 2 3cm

图5-65　磷矿石中条带状含
锰碳酸盐矿物

样品号：3-1　0 1 2 3cm

图5-66　磷矿石条带状构造中
见磷灰石晶体

样品号：5-2　0 1 2 3cm

图5-67　见磷矿石呈脉状、网脉状及条带状
构造磷灰石晶体（边缘明显见压力影构造）

5.1.2.3　磷矿石中矿石矿物及脉石矿物组成特征小结

通过显微镜观察结合 XRD 分析及扫描电镜配合能谱分析，本次研究的矿石矿物及脉石矿物主要具有下列主要特征。

A　主要矿石矿物

主要矿石矿物组合由下列矿物构成。

胶磷矿：主要见胶磷矿以团粒状、脉状、胶状及细微粒状形式产出，以团粒状为主。

磷灰石：矿石中呈现六方柱状结晶磷灰石，据扫描电镜配合能谱成分分析，多数磷灰石含 F⁻，以氟磷灰石为主。

磷酸盐矿物主要以羟基磷灰石、氟磷灰石为主。

B　主要脉石矿物

脉石矿物主要以下列矿物为主。

硅质矿物石英：主要以微细粒状、脉状及网脉状产出。

碳酸盐矿物：主要以锰白云石、菱锰矿为主，菱镁矿为主要综合利用矿物。

硫化物矿物：主要见黄铁矿。

还见脉状含锰有机质磷质黏土等。

C　主要矿石类型

（1）含锰、有机质钙硅质磷矿石类型；

（2）含有机质、含锰硅钙质磷矿石类型（含有机质、含锰硅质白云质磷质岩）。

5.1.3　磷矿石化学组成特征

化学成分及微量元素组成分析，是确定样品化学组成特征的主要手段。本次磷矿石化学组成分析在广州澳实分析测试公司完成，主要采用 ME-XRF 分析测试方法完成分析测试。

5.1.3.1　磷矿石化学成分

含锰有机质磷矿石样品经室内取样、制样，送广州澳实分析测试公司分析测试，结果见表 5-3。

表5-3　某磷矿石化学成分含量　　　　　　　　（质量分数,%）

成　分	SiO_2	Al_2O_3	Fe_2O_3	CaO	MgO	Na_2O	K_2O	Cr_2O_3
单　位	%	%	%	%	%	%	%	%
样品号：3-1	36.48	4.88	2.49	24.23	1.68	0.03	0.94	<0.01
样品号：5-2	9.93	0.90	0.49	30.45	12.01	0.03	0.22	<0.01
成　分	TiO_2	MnO	P_2O_5	SrO	BaO	LOI	总计	
单　位	%	%	%	%	%	%	%	
样品号：3-1	0.22	2.37	16.916	0.13	0.18	9.10	99.65	
样品号：5-2	0.07	5.16	6.735	0.06	0.07	32.50	98.63	

注：广州澳实分析测试公司测试。

钙硅质磷矿石 3-1 号样品的化学成分分析结果表明，样品中 P_2O_5 含量为 16.916%，复检 P_2O_5 含量为 18.39%（非金属资源综合利用实验室），表明 P_2O_5 含量不高，属于中低品位磷矿石。

矿石中 Al_2O_3 含量不高，为 4.88%，属于低铝质磷矿石。

磷矿石中 SiO_2 含量为 36.48%，属高硅质磷矿石。

磷矿石中 CaO 含量为 24.23%，属于高钙质磷矿石。

样品中 MgO 含量较低，为 1.68%，表明磷矿石中碳酸盐矿物方解石含量应高于白云石。

磷矿石的 Fe_2O_3 含量不高，为 2.49%，属于低铁质磷矿石。显微镜观察见黄铁矿产出，化学成分中应分配部分铁元素参加黄铁矿组合，表明矿石主要产出于还原条件下，其氧化程度较低，与镜下观察少见赤铁矿相符合。

样品的化学组成特征表明，磷矿石应属低铁铝、低镁质高钙高硅质磷矿石，与沉积型磷块岩物质组成相类同。

磷矿石中 MnO 含量为 2.37%，低于碳酸锰矿石中含锰矿石边界品位 10%。

铝磷酸盐矿石样 TiO_2 含量为 0.22%，含量较低。

矿石中 Na_2O、K_2O 含量不高，为 0.03%、0.94%，表明矿石含 Na_2O、K_2O 较低。

磷矿石硫含量及有机碳含量见表 5-4。磷矿石样品（样品号：3-1）中硫含量偏低，为 1.7935%，澳实分析测试公司测定数据为 1.87%（表 5-3），表明矿石属低硫磷矿石；有机碳含量为 5.823%，属有机碳含量偏高的磷矿石。

表 5-4　某磷矿石有机碳及全硫含量 （%）

编　号	有机碳	全硫
3-1	5.823	1.7935
5-2	2.137	0.0895

综合上述，磷矿石（样品号：3-1）属含锰含有机质钙硅质磷矿石类型。

磷矿石 5-2 号样品的化学成分结果表明，样品中 P_2O_5 含量为 6.735%，P_2O_5 含量不高。第一次专项分析 P_2O_5 含量 12.70%，复检样品分析 P_2O_5 含量 6.53%（非金属资源综合利用实验室），筛分分析 5 个粒级 P_2O_5 含量为 13.87% ~ 15.64%，平均为 14.86%（金波科技发展公司中心实验室），矿石暂定为低品位磷矿石，也可定名为：含有机质含锰、硅质白云质磷质岩（含有机质含锰、磷硅质白云岩）。以下暂定名为：低品位磷矿石。矿石中 Al_2O_3 含量不高，为 0.90%，属于低铝质磷矿石。磷矿石中 SiO_2 含量为 9.93%，属低硅质磷矿石。磷矿石中 CaO 含量为 30.45%，属于高钙质磷矿石。样品中 MgO 含量较高，为 12.01%，属于高镁质矿石，表明磷矿石中碳酸盐矿物主要以白云石为主。磷矿石的 Fe_2O_3 含量不高，为 0.49%，属于低铁质磷矿石。与显微镜观察见少量黄铁矿相符合。

样品的化学组成特征表明，磷矿石应属低铁铝、低硅高镁高钙磷矿石，与沉积型磷块岩物质组成相类同。

磷矿石中 MnO 含量为 5.16%，较接近碳酸锰矿石中含锰矿石边界品位 10%。

铝磷酸盐矿石样 TiO_2 含量为 0.07%，含量较低，与镜下观察见少量榍石产出相一致。

矿石中 Na_2O、K_2O 含量不高，为 0.03%、0.22%，表明其含量较低。

磷矿石 5-2 号样品中硫含量偏低，为 0.0895%，澳实分析测试公司测定数据为 0.34%（表 5-5），表明矿石含硫极低；有机碳含量为 2.137%，也属有机碳含量偏高的磷矿石。

表 5-5　某磷矿石微量元素含量表

元素	Al	Ca	Na	K	Ti	S	Fe	Mg	Ba	Be	Bi	Cd	Ce	Co	W	Y
单位	%	%	%	%	%	%	%	%	μg/g	μg/g	μg/g	μg/g	μg/g	μg/g	μg/g	μg/g
样品号：3-1	2.52	15.65	0.03	0.76	0.059	1.87	1.65	0.92	260	1.11	0.20	0.57	37.7	50.1	287	38.0
样品号：5-2	0.48	20.5	0.01	0.19	0.026	0.34	0.35	7.13	540	0.32	0.07	0.16	15.35	22.5	180.0	15.2
元素	Cs	Cu	Ga	Ge	Hf	In	Li	Ag	As	Mn	Mo	Nb	V	Cr	Zn	Zr
单位	μg/g	μg/g	μg/g	μg/g	μg/g	μg/g	μg/g	μg/g	μg/g	μg/g	μg/g	μg/g	μg/g	μg/g	μg/g	μg/g
样品号：3-1	0.53	146.5	5.22	0.14	0.1	0.032	7.5	0.16	72.3	17300	6.17	1.6	52	69	80	5.0
样品号：5-2	0.20	53.0	1.69	<0.05	<0.1	0.016	3.8	0.32	8.4	42400	1.59	0.5	12	7	53	1.6
元素	Ni	P	Pb	Rb	Re	Sb	Sc	Se	Sn	Sr	Ta	Te	Th	Tl	U	La
单位	μg/g	μg/g	μg/g	μg/g	μg/g	μg/g	μg/g	μg/g	μg/g	μg/g	μg/g	μg/g	μg/g	μg/g	μg/g	μg/g
样品号：3-1	96.6	>10000	17.6	19.2	0.024	12.95	4.9	13	1.1	1105	0.12	0.10	3.5	0.24	4.4	23.9
样品号：5-2	23.6	>10000	7.6	4.5	0.005	4.91	1.3	2	5.1	553	<0.05	<0.05	0.9	0.10	1.5	8.0

注：广州澳实分析测试公司测试。

综合矿石化学成分分析资料表明，磷矿石 5-2 号样品属含有机质含锰硅钙质磷质岩类型。

5.1.3.2　磷矿石微量元素组成

本次研究磷矿石样品的微量元素测试主要采用 ICP-MS（ME-MS61）方法测定，由广州澳实分析测试公司完成。结果见表 5-5。

测试方法为 ICP-MS（ME-MS61），用四酸消解，等离子光谱分析，除 Ti、Ba、Cr、W 四个元素可能部分消解定量准确性稍差外，其余全部达到定量分析，属微量多元素分析类型。

磷矿石样的主要元素 Al、Ca、Fe 含量特征与矿石化学分析类同，显现磷矿石具有低铝、高钙及低铁的特征，进一步验证了矿石化学成分分析的正确性。

磷矿石的微量元素主要以 Ba、Sr、Ti 等元素富集为特征。

Ba：3-1 号样品 Ba 含量为 260μg/g，5-2 号样品的 Ba 含量为 540μg/g，表明 Ba 元素在磷矿石中明显富集。

Sr：3-1 号样品 Sr 含量为 1105μg/g，5-2 号样品 Sr 含量为 553μg/g，Sr 元素在磷矿石中明显发生富集，与沉积条件下形成磷矿石相似，大部分发生 Sr 元素富集。

Ti：3-1 号样品 Ti 含量为 0.059%，5-2 号样品的 Ti 含量为 0.026%，表明 Ti 元素在磷矿石中明显富集，与化学分析资料相一致。

U、Th 元素含量：3-1 号样品中 U 元素含量为 4.4μg/g，5-2 号样品中 U 含量为 1.5μg/g；3-1 号样品中 Th 元素含量为 3.5μg/g，5-2 号样品 Th 含量为 0.9μg/g。两类型磷矿石中 U 含量特征表明，U 元素含量变化低于海相沉积磷块岩的 U 元素分布范围（50 ~

$300\mu g/g$），Th 元素在两类磷矿石类型中含量也较低。

Cr：3-1 号样品 Cr 含量为 $69\mu g/g$，5-2 号样品的 Cr 含量为 $7.0\mu g/g$，含量较海相磷块岩明显偏低，可能与 Cr 元素在还原环境中其含量显现分散降低特征有关。

5.2 矿石工艺性质分析

矿石工艺性质分析一般指研究有用矿物相关粒度与含量变化、矿物之间相互嵌布特征，了解矿物组合之间的关系，为后续矿物加工工艺提供可靠基础研究资料。

5.2.1 磷矿石粒度分布及嵌布特征

含锰含有机质钙硅质磷矿石（3-1 号样品）和含有机质含锰硅钙质磷矿石（5-2 号样品）主要矿物粒度及嵌布特征分析，采用岩矿鉴定片通过奥林巴斯 CX21P 显微镜完成鉴定后，经统计分析完成。

5.2.1.1 两个磷矿石样品胶磷矿（氟磷灰石）的有用粒度分布及嵌布特征

有用粒度分布及嵌布特征统计分析样品分别为：含锰含有机质钙硅质磷矿石，样品号 3-1-2；含有机质含锰硅钙质低品位磷矿石，磷矿石样品号 5-2-2。

胶磷矿（氟磷灰石）为中 - 细粒嵌布于基底之中，形成的矿石为基底式胶结为主的砂屑结构，主要以磷灰石颗粒为主，胶磷矿以椭圆颗粒、鲕粒等构成颗粒支撑结构。

其次见微 - 细晶磷灰石（胶磷矿）以细微颗粒状存在于颗粒间形成填隙物，以胶结物形式出现，构成杂基支撑结构。还见形成集合体形态构成颗粒支撑产出。

显微镜下对样品 3-1-2、样品 5-2-2 的粒度统计分析，结果表明磷灰石颗粒主要粒径分布如下。

样品 3-1-2：磷灰石（胶磷矿）在 $<0.04mm$ 粒级相对集中，为 34.72%；在 $+0.04\sim-0.08mm$ 粒级分布较为集中，粒级含量为 39.58%；$+0.08\sim-0.12mm$ 粒级集中度为 18.06%。

样品 5-2-2：磷灰石（胶磷矿）在 <0.04 粒级相对集中分布，粒级含量为 17.36%；在 $+0.04\sim-0.08mm$ 粒级较为集中，为 59.62%；$+0.08\sim-0.12mm$ 粒级集中度为 20.76%。

5.2.1.2 主要脉石矿物粒度分布及嵌布特征

硫铁矿矿物的粒度分布特征（样品 3-1-3）：硫铁矿在 $<0.04mm$ 粒级相对集中，为 62.58%；$+0.04\sim-0.08mm$，集中率为 30.97%。

硫铁矿的粒度分布特征（样品 5-2-2）：硫铁矿在 $<0.04mm$ 粒级较为集中分布，粒级含量为 73.70%；在 $+0.04\sim-0.08mm$ 粒级集中度为 21.80%，两者占 95.50%。

脉石矿物石英的粒度分布特征如下。

样品 3-1-2：石英在 $+0.04\sim-0.08mm$ 粒级相对集中，为 43.59%；$+0.08\sim0.12mm$ 集中率为 31.62%，两者占 75.21%。

样品 5-2-1：石英在 $-0.04mm$ 粒级较为集中分布，粒级含量为 29.58%；在 $+0.08\sim-0.12mm$ 粒级集中度为 28.87%；在 $+0.12\sim-0.16mm$ 粒级集中度为 25.35%，三者占 83.80%。

5.2.2　磷矿石（氟磷灰石、硫铁矿）及脉石矿物的解离度统计分析

磷矿石及脉石矿物的解离度计算分析，主要采用将矿石碎磨分级后，经显微镜下统计分析完成。

5.2.2.1　解离度统计分析依据

解离度统计分析依据具体如下：

（1）绘制测量结果表。

磷矿石 5-2 号样品按粒级分为 $-0.085 \sim +0.09\text{mm}$、$-0.09 \sim +0.075\text{mm}$、$-0.075 \sim +0.062\text{mm}$ 三个粒级。

磷矿石 3-1 号样品按粒级分为 $-0.09 \sim +0.075\text{mm}$、$-0.075 \sim +0.062\text{mm}$、$-0.062 \sim +0.053\text{mm}$。

（2）测试矿物名称：胶磷矿矿物（氟磷灰石）、硫铁矿及石英；矿样编号：5-2 号样品；薄片编号：1、2、3；1125 号样薄片编号：4、5、6。

（3）显微镜条件：各个粒级放大倍数：10×10，目镜测微尺：0.01mm/格。

（4）用测线统计法测量磷矿石、硫铁矿及脉石矿物石英的解离度（每个矿样观察 10 个视域）。

5.2.2.2　矿石解离度分析

经统计分析，5-2 号样胶磷矿（氟磷灰石），解离度在 $-0.085 \sim +0.09\text{mm}$ 粒级为 76.02%、$-0.09 \sim +0.075\text{mm}$ 粒级为 68.85%、$-0.075 \sim +0.062\text{mm}$ 粒级达到 59.03%。表明胶磷矿的解离度并不是磨得越细越好，在 $-0.085 \sim +0.09\text{mm}$ 粒级范围已经达到较好的解离效果。

3-1 号样胶磷矿（氟磷灰石），解离度在 $-0.09 \sim +0.075\text{mm}$ 粒级为 34.74%、$-0.075 \sim +0.062\text{mm}$ 粒级为 55.41%、$-0.062 \sim +0.053\text{mm}$ 粒级达到 93.81%。表明胶磷矿随着磨矿细度的增加，解离度增加。表明在 $-0.062 \sim +0.053\text{mm}$ 粒级磨矿细度可达到较好解离效果。

硫铁矿（样品号：5-2）：解离度在 $-0.085 \sim +0.09\text{mm}$ 粒级为 77.40%、$-0.09 \sim +0.075\text{mm}$ 粒级为 69.22%、$-0.075 \sim +0.062\text{mm}$ 粒级达到 84.02%。硫铁矿的解离度在 3 个粒级内开始较高，第二个粒级稍有降低，后又增高，表明硫铁矿的解离度在选择合适的磨矿细度后，能够达到较高解离度。

硫铁矿（样品号：3-1）：解离度在 $-0.09 \sim +0.075\text{mm}$ 粒级为 75.20%、$-0.075 \sim +0.062\text{mm}$ 粒级为 76.99%、$-0.062 \sim +0.053\text{mm}$ 粒级达到 79.47%。硫铁矿矿物解离度在 3 个粒级内变化不大，表明硫铁矿各粒级解离较为均匀。

脉石矿物石英（样品号：5-2）：解离度在 $-0.085 \sim +0.09\text{mm}$ 粒级为 86.09%、$-0.09 \sim +0.075\text{mm}$ 粒级为 86.23%、$-0.075 \sim +0.062\text{mm}$ 粒级达到 88.24%。

脉石矿物石英（样品号：3-1）：解离度在 $-0.09 \sim +0.075\text{mm}$ 粒级为 87.30%、$-0.075 \sim +0.062\text{mm}$ 粒级为 89.62%、$-0.062 \sim +0.053\text{mm}$ 粒级达到 89.87%。随着磨矿细度的增加，解离度增加不大，磨矿细度选择 $-0.062 \sim +0.053\text{mm}$ 粒级为宜。

6 DG 磷矿矿石工艺性质特征

对 DG（多哥）磷矿矿石开展工艺矿物学特征研究。

研究内容分为两个部分：一是开展磷矿石物质组成分析。主要进行磷矿石制样、制片、显微镜下透射光和反射光矿石矿物组成分析鉴定、X 射线衍射（XRD）分析、矿石结构构造分析、矿石化学分析及微量元素分析，主要查明磷矿石矿物成分、结构构造及化学成分特征。二是磷矿石工艺特征研究，主要有磷矿石粒度分布特征、筛分分析及磷矿石解离度分析。

通过开展以上工作，查明某磷矿石矿物组成、结构构造特征、化学成分及微量元素分布特征；同时开展粒度分析、嵌布特征、筛分分析及解离度分析，查明磷矿矿石工艺性质，为该磷矿矿石加工利用提供有价值的分析资料。

6.1 磷矿石的物质组成特征

对 DG 磷矿石开展的矿石物质组成分析主要分为以下部分：矿石矿物成分及化学组成分析，主要目的是查明磷矿石主要有用矿物、脉石矿物种类、有用矿物化学组成及微量元素分布特征及矿石类型划分等，为该磷矿石选矿加工工艺提供物质组成资料。

6.1.1 磷矿石矿物组成特征

采用奥林巴斯光学显微镜观测、X 射线衍射分析（XRD）及 SEM（扫描电镜）配合能谱分析（EDAX），进行磷矿石有用矿物种类、脉石矿物类型及含量分析，查明磷矿石矿物组成及含量特征。

6.1.1.1 磷矿矿石矿物组成特征

本次研究样品主要为颗粒状磷矿石矿样，矿石因风化作用颜色为浅黄色，局部因含有赤铁矿显示出微红－黄色，代表原生磷矿石样品。

磷矿石定名：碳酸盐型磷矿石；样品号：FL；鉴定片号：FL-1～FL-5。

主要矿物成分：胶磷矿、碳酸盐矿物（方解石为主，极少量白云石）、石英、极少量黏土矿物等（图 6-1～图 6-24）。

主要均质磷酸盐类矿物为胶磷矿。主要分为以下类型：一类为团粒状、砂粒屑、椭圆状及圆粒状，主要粒度分布范围为 0.10～0.20mm，多见 0.15mm。含量约为 20%～40%。该类磷矿物主要为均质类型胶磷矿，沉积作用主要特征明显，可能主要为内碎屑类、正化（原地）胶磷矿及胶磷矿化生物屑（图 6-3～图 6-8），少数显示出结晶态磷灰石特征（图 6-7、图 6-8）。

椭圆状、圆粒状胶磷矿边部受次生风化作用影响见褐色边结构（图 6-1～图 6-5）。另一类为细微粒状胶磷矿，为细小圆形、多边形粒状胶磷矿。主要粒径为 0.03～0.08mm，多见 0.05mm 粒径的胶磷矿颗粒（图 6-1～图 6-4）。含量占多数，为 15% 左右。经 XRD、能谱分析胶磷矿主要成分为氟磷灰石、碳氟磷矿石。

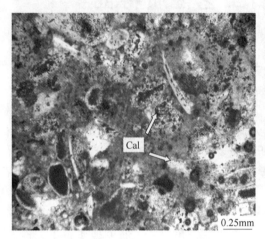

图 6-1　碳酸盐型磷矿石（样品号：FL-1）

（含生物屑碳酸盐型（方解石：Cal）磷矿石，（－）×4）

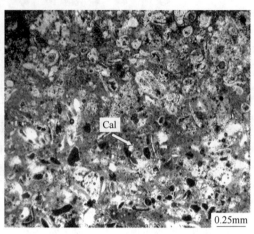

图 6-2　含生物屑磷矿石

（弱风化含生物屑碳酸盐型磷矿石，（＋）×4）

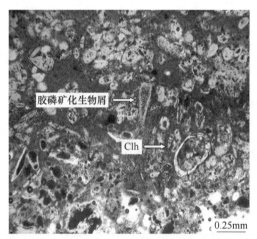

图 6-3　含藻屑磷矿石（样品号：FL-1）

（含藻屑碳酸盐质砂屑胶磷矿（Clh），（－）×4）

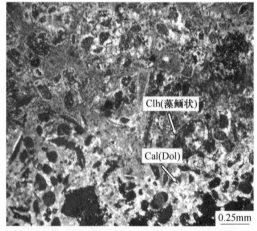

图 6-4　碳酸盐矿物（样品号：FL-1）

（微晶方解石（Cal）（白云石）型磷矿石，（＋）×4）

　　胶状胶磷矿：胶状胶磷矿总体含量为 5%～15%，多见于胶状形式，并多呈胶结物形式胶结椭圆状胶磷矿颗粒及碳酸盐矿物颗粒。能谱分析证明胶磷矿主要成分为氟磷灰石（图 6-1～图 6-14），胶状胶磷矿存在显示磷矿石经风化作用特征，同时构成基底胶结物中存在难以回收磷矿物（图 6-23、图 6-24）。

　　磷矿石中存在极少量粒径大于 0.5mm 胶磷矿团粒，并因次生作用产生褪色边（图 6-13、图 6-14），为沉积盆地内碎屑类颗粒。

　　磷矿石中见胶磷矿化生物化石等，主要有小壳化石、藻类化石等（图 6-1～图 6-4）。

　　磷矿石中胶磷矿含量较低，一般低于 45%，P_2O_5 含量应为 20% 左右。

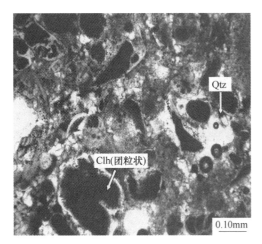

图 6-5　碳酸盐型磷矿石（样品号：FL-1）

（碳酸盐型磷矿石，因风化作用形成褐色边，（−）×10）

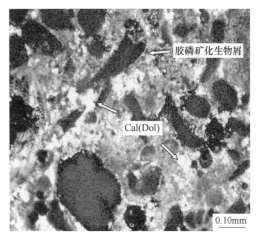

图 6-6　磷矿石中微、细晶方解石

（矿石中见微、细晶方解石（Cal），（＋）×10）

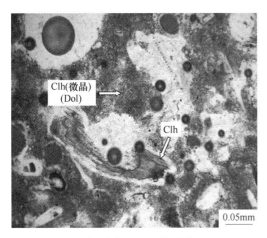

图 6-7　硅钙质磷矿石（样品号：FL-1）

（含硅质碳酸盐型磷矿石，（−）×20）

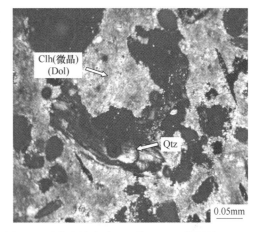

图 6-8　胶状隐晶硅质（石英：Qtz）（样品号：FL-1）

（含硅质碳酸盐型磷矿石，见胶状隐晶硅质，（＋）×20）

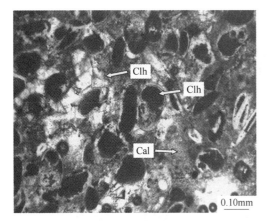

图 6-9　团粒状胶磷矿（样品号：FL-1）

（见团粒状胶磷矿（Clh），（−）×10）

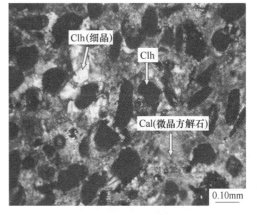

图 6-10　砂屑磷矿石（样品号：FL-1）

（硅质碳酸盐质砂屑磷矿石，见两类型碳酸盐
矿物，（＋）×10）

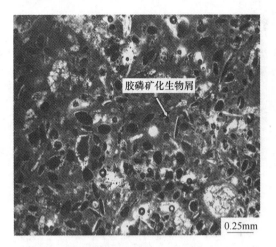

图 6-11　微 – 细晶方解石（样品号：FL-1）

（见微 – 细晶方解石，（ – ）×4）

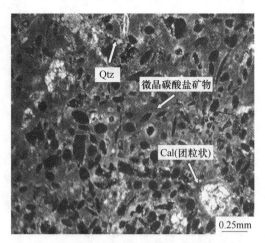

图 6-12　方解石型胶磷矿（Clh）

（矿石为方解石型胶磷矿，见微 –

细晶方解石（Cal），（＋）×4）

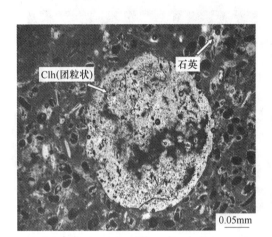

图 6-13　胶磷矿团粒（样品号：FL-1）

（磷矿石中见胶磷矿（Clh）团粒，（ – ）×20）

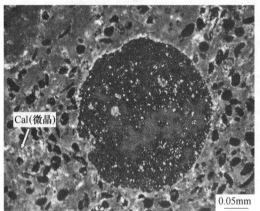

图 6-14　微晶碳酸盐矿物（方解石 Cal）（样品号：FL-1）

（细微粒胶磷矿基底中微晶方解石等矿物，（＋）×20）

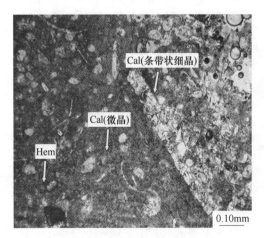

图 6-15　磷矿石中赤铁矿、方解石（Cal）

（硅质碳酸盐质砂屑磷矿石，（ – ）×10）

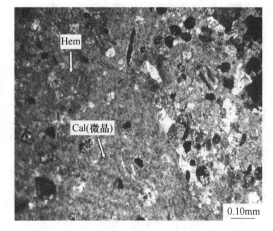

图 6-16　磷矿石中赤铁矿（样品号：FL-1）

（碳酸盐质磷矿石，见赤铁矿（Hem），（＋）×10）

图 6-17 磷矿石中方解石（Cal）（样品号：FL-1）

（磷矿石中细－粗晶方解石，（－）×20）

图 6-18 磷矿石中方解石（Cal）

（磷矿石中细－粗晶方解石，（＋）×20）

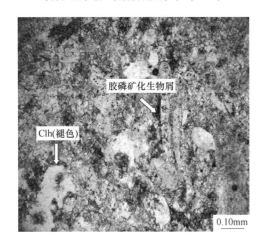

图 6-19 磷矿石中生物屑（样品号：FL-2）

（方解石质磷矿石中生物屑，见褪色，（－）×10）

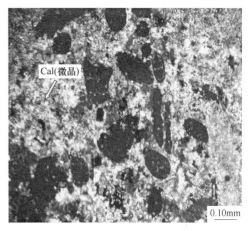

图 6-20 微晶方解石（Cal）（样品号：FL-1）

（碳酸盐质砂屑磷矿石，见微晶方解石，（＋）×10）

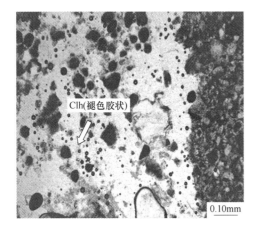

图 6-21 褪色胶磷矿（Clh）（样品号：FL-2）

（褪色胶磷矿及碳酸盐型磷矿石，（－）×10）

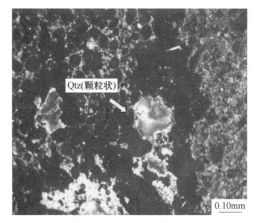

图 6-22 颗粒状石英（Qtz）（样品号：FL-2）

（含硅质碳酸盐型砂屑状胶磷矿，

见颗粒状石英等，（＋）×10）

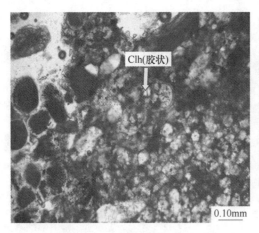

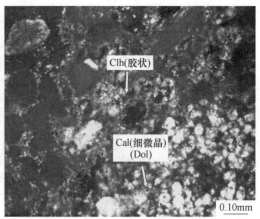

图 6-23　胶磷矿（Clh）颗粒（样品号：FL-2）　　　　图 6-24　胶状胶磷矿（样品号：FL-2）

（磷矿石中胶磷矿颗粒及微晶方解石，（-）×10）　　　　（磷矿石中胶状胶磷矿，（+）×10）

6.1.1.2　磷矿石中脉石矿物组成

脉石矿物鉴定样品号：FL；鉴定片号：FL-1 ~ FL-5。

碳酸盐矿物：碳酸盐矿物主要分为两部分；一者为微-细晶方解石为主，含极少量黏土矿物，组成微晶基质基底式胶结类似类型，构成类似杂基支撑。主要粒径为 0.03 ~ 0.06mm，多见 0.05mm。见分散粒状、团粒状等类似胶结物堆积在胶磷矿、石英颗粒间。碳酸盐矿物多见方解石，菱形晶体及菱形解理明显可见。部分为白云石，偶见白云石鞍状晶体。碳酸盐类矿物解理特征明显（图 6-6）。

另一部分为亮晶方解石团粒与砂粒屑、团粒状、椭圆状及圆状胶磷矿构成类似杂基支撑中较粗粒成分。主要粒径为 0.12 ~ 0.15mm，多见 0.10mm 粒径存在。正交偏光下多见碳酸盐矿物特征高级白光性特征，见图 6-1 ~ 图 6-4。

碳酸盐矿物方解石、白云石含量占脉石矿物大部分，为 40% ~ 50%。

石英：石英呈圆形、椭圆形颗粒产出，见粒径为 0.10 ~ 0.30mm 颗粒。正交偏光下为一级灰干涉色为主，因薄片未磨到规定厚度，因此正交偏光下显现红色干涉色特征。含量小于 1%，见图 6-21、图 6-22 和图 6-25 等。还见胶状硅质产出（图 6-7、图 6-8）。

还见以细微粒状分布的石英微粒，正交偏光下显现一级灰干涉色，以 <0.05mm 分布。见石英细微颗粒状分布于微晶方解石基底中（图 6-1）。

结构特征：砂屑结构为主，类似杂基支撑。石英颗粒、微-细晶体碳酸盐矿物为主要杂基成分。

黄铁矿：极少量黄铁矿，含量小于 0.1%。

赤铁矿：偶见极少量赤铁矿，以胶状、网脉状形式产出于微晶方解石中，含量较低。

6.1.1.3　磷矿石 XRD 分析

对碳酸盐型磷矿石进行了 X 射线衍射仪（XRD）分析测试，目的是查明磷矿石矿物组成。XRD 分析测试条件见第 1 章。

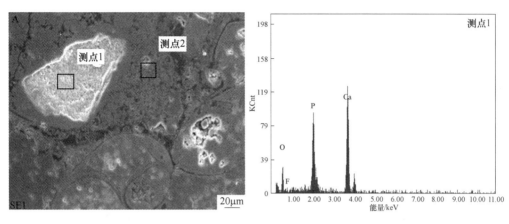

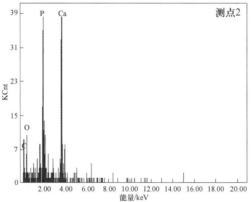

图 6-25　样品 FL-1 测点 1、测点 2 的 SEM 图及能谱曲线图

（能谱成分中显示胶磷矿为氟磷灰石）

XRD 测试分析结果见表 6-1。

表 6-1　硅质碳酸盐磷矿石 XRD 分析结果　　　　　　　（%）

样品号	矿物种类和含量				黏土矿物总量
	石英	方解石	白云石	氟磷灰石	
LW 磷矿石	微量	52.0	微量	48.0	微量

测试结果表明，磷矿石主要有用矿物为氟磷灰石。脉石矿物主要见方解石及微量石英。

XRD 分析结果表明，磷灰石含量为 48.0%，与显微镜下分析结果有一定偏差，与该类型胶磷矿因次生作用产生褐色，与碳酸盐矿物杂混在一起有关，故影响了显微镜下镜检效果。

脉石矿中物碳酸盐矿物方解石，含量共为 52.0%，与显微镜观察结果其含量低于 40% ~50% 较为吻合。

磷矿石的 XRD 分析其石英极少，与显微镜下分析含量小于 1.0% 相一致。

6.1.1.4　磷矿石扫描电镜及能谱分析

对瓮福（集团）有限责任公司提供 DG 磷矿石样品进行了扫描电镜配合能谱分析。测试采用日立公司扫描电镜（Hitachi S-3400N）和能谱仪（EDAX-204B for Hitachi S-3400N）进行，在贵州大学理化测试中心完成测试。扫描电镜技术参数见第 1 章。

磷矿石（FL 号样品）的扫描电镜（SEM）及能谱成分分析结果表明，磷矿石中有用磷矿物主要为胶磷矿（图 6-25 ~ 图 6-28），胶磷矿（磷灰石）含一定量的 F⁻，表明胶磷矿的主要矿物组成为氟磷灰石（表 6-2），也见碳磷灰石（表 6-3、表 6-4），与 XRD 分析结果相一致。胶磷矿主要为团粒状产出，褪色边明显（图 6-25、图 6-30）。

部分胶磷矿主要呈胶状胶磷矿产出，其 SEM 下的形态特征及测点成分组成可以证明（图 6-26、图 6-27），与显微镜观察相同。胶状胶磷矿含少量 Si、Al 元素。

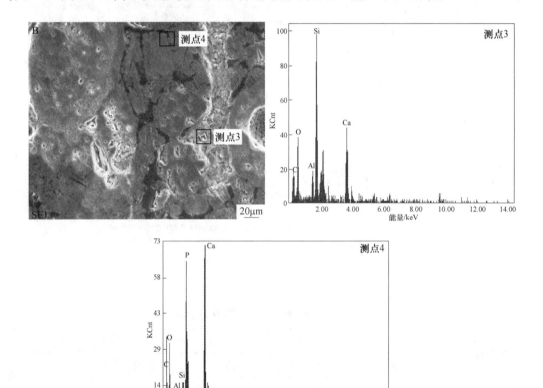

图 6-26　样品 FL-2 测点的 SEM 图及能谱图

（见胶磷矿、碳酸盐矿物。能谱分析表明微晶方解石及硅质矿物混生，并含少量黏土矿物）

部分胶磷矿的能谱分析表明，部分胶磷矿含碳较高，可以定名为碳氟磷灰石。

扫描电镜（SEM）及测试点能谱分析结果显示，脉石矿物主要见碳酸盐矿物方解石，与显微镜观察分析结果相类似。方解石矿物主要分为两种类型：一类主要见微晶－细晶方解石，方解石结晶形态完好，能谱分析成分主要为碳酸钙（$CaCO_3$），成分较为纯净（图

6-28、图6-31、图6-32）；另见微晶方解石呈脉状、微晶基底胶结物状产出（图6-25、图6-27、图6-28），其中含少量 SiO_2 及铁元素，能谱成分分析显示含有少量稀土钇（Y）元素。

SEM 及能谱成分测试分析结果显示，磷矿石样品中见硅、铁元素等成分，主要以分散状、胶状等赋存于微晶方解石基底中（图6-26、图6-28）。

表6-2 磷矿石（FL 号样品）的能谱成分 （%）

元素	测点 1	测点 2	测点 3	测点 4
C	—	29.42	17.58	30.71
O	38.21	25.94	26.62	33.94
F	4.39	2.94	—	—
P	18.04	13.93	17.70	
Ca	39.36	27.76	34.80	13.71
Al			1.42	3.55
Si			1.88	18.09

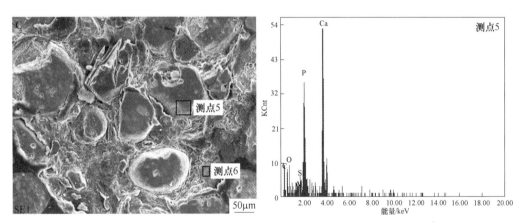

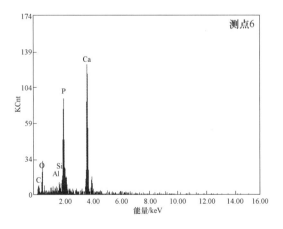

图6-27 样品 FL-3 测点的 SEM 图及能谱图

（见胶磷矿及胶状胶磷矿。胶磷矿主要为团粒状产出，褐色边明显）

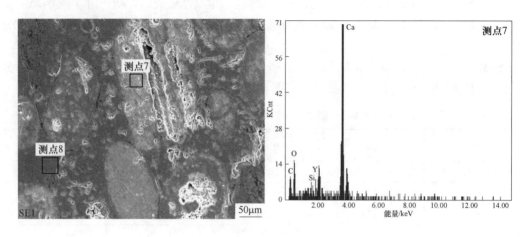

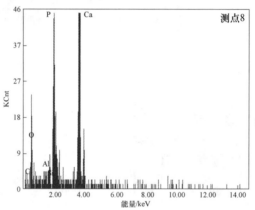

图 6-28　样品 FL-4 测点的 SEM 图及能谱图

（见胶磷矿化生物屑）

表 6-3　磷矿石（FL 号样品）的能谱成分　　　　　　　　（%）

元素 \ 测点	测点 5	测点 6	测点 7	测点 8
C	29.72	16.46	10.92	11.23
O	30.10	26.97	33.11	40.44
F	—	—	—	—
P	11.16	17.02	15.51	—
Ca	26.14	36.84	34.88	45.48
Al	0.99	1.20	1.32	—
Si	1.89	1.52	2.26	1.03
Y	—	—	—	1.81

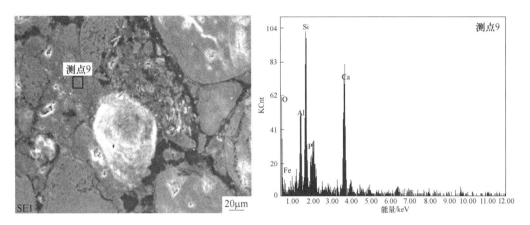

图 6-29 样品 FL-5 测点的 SEM 图及能谱图

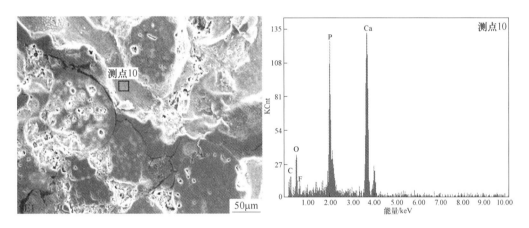

图 6-30 样品 FL-5 测点 10 的 SEM 图

（见胶状胶磷矿。测点成分显示为氟磷灰石，其中含铁、硅、磷、氟）

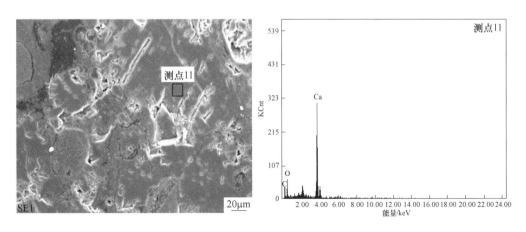

图 6-31 样品 FL-5 测点的 SEM 图

（见结晶方解石）

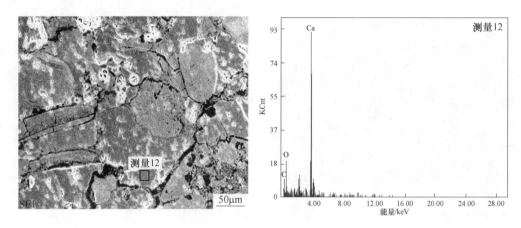

图 6-32　样品 FL-5 测点的 SEM 图

（见结晶方解石）

表 6-4　磷矿石（FL-5 号样品）的能谱成分　　　　　　　（%）

元素 ＼ 测点	测点 9	测点 10	测点 11	测点 12
C	12.13	17.88	14.93	13.65
O	28.86	27.96	37.59	41.79
Ti	24.11	—	—	—
P	2.54	16.40	—	—
Ca	10.29	33.05	47.48	44.57
Al	4.69	—	—	—
F	—	4.71	—	—
Si	9.15	—	—	—
Fe	8.25	—	—	—

6.1.2　磷矿石化学组成特征

矿石化学成分及微量元素组成分析，是了解和确定矿石样品化学组成和微量元素组成特征的主要测试手段。对样品进行相关微量元素系统分析，是了解矿石共、伴生元素组合含量的主要手段。

6.1.2.1　磷矿石化学成分

瓮福（集团）有限责任公司所送磷矿石样品经室内系统取样、制样，送广州澳实分析测试公司进行测试，其分析结果见表 6-5。

表 6-5　碳酸盐型磷矿石（样品号：FL）常量化学组成　　　（质量分数，%）

样品号	SiO$_2$	Al$_2$O$_3$	Fe$_2$O$_3$	CaO	MgO	Na$_2$O	K$_2$O	Cr$_2$O$_3$	TiO$_2$	MnO	P$_2$O$_5$	SrO	BaO	LOI	总计
FL	7.87	3.30	1.50	46.37	0.43	0.31	0.04	0.05	0.16	0.01	20.813	0.09	0.02	18.05	99.01

化学成分分析结果表明，含硅质碳酸盐型磷矿石中 P_2O_5 含量为 20.813%，表明 P_2O_5 含量不高，应属于中－低品位磷矿石。

矿石中 CaO 含量为 46.37%，MgO 含量为 0.43%，显示构成碳酸盐矿物应以方解石为主。扫描电镜（SEM）配合能谱分析未见含 Mg 碳酸盐矿物，白云石含量应较低。

矿石的 SiO_2 含量为 7.87%，应属含硅质磷矿石。硅质主要以含量较低的微细粒石英、胶状硅质矿物及少量黏土矿物等形式存在。

磷矿石的 Na_2O 含量 > K_2O 含量，分别为 0.31% > 0.04%，与织金磷块岩正好相反，织金原生磷块岩为 K_2O 型 > Na_2O 型，表明该磷矿石遭受次生变化作用较强。

磷矿石中 Fe_2O_3 含量较低为 1.50%，与显微镜下极少见独立赤铁矿相符合，赤铁矿（褐铁矿）以胶状形态存在于微晶方解石中，构成基底支撑结构。

含硅质钙质磷矿石中 S 含量极低，镜检结果表明黄铁矿含量远低于 0.1%。

矿石化学成分表明：样品应属低铁质低硫低镁质含硅钙质胶磷矿矿石，或简称含硅质钙质胶磷矿矿石。与沉积型磷块岩物质组成相类同。

6.1.2.2 磷矿石微量元素组成

含硅钙质磷矿石样品的微量元素测定主要采用 ICP-MS 方法测定，由广州澳实分析测试公司完成，结果见表 6-6。

表 6-6 碳酸盐型磷矿石（样品号：FL）微量元素含量 （µg/g）

微量元素	含量	微量元素	含量	微量元素	含量	微量元素	含量	微量元素	含量
Ba	59.3	Eu	3.91	Lu	1.04	Sn	1	U	65.5
Ce	152.0	Ga	5.0	Nb	4.0	Sr	808	V	126
Cr	290	Gd	17.70	Nd	79.2	Ta	0.3	W	17
Cs	0.94	Hf	0.9	Pr	18.65	Tb	2.47	Y	140.0
Dy	14.35	Ho	3.72	Rb	8.1	Th	13.05	Yb	7.36
Er	9.64	La	87.3	Sm	16.70	Tm	1.24	Zr	34

微量元素测试结果表明，磷矿石主要以 Sr、Ba、Cr、U、Th 等元素富集为特征。表现为与多数磷块岩微量元素含量相似。

Sr 含量为 808µg/g，Ba 含量为 59.3µg/g，Cr 含量为 290µg/g。与多数磷块岩相比较，则三元素相对含量较低。

该磷矿石 U 含量为 65.5µg/g，Th 含量平均为 13.05µg/g。磷矿石中的 U、Th 含量特征表明，U 元素含量变化应在海相沉积磷块岩的 U 元素分布范围（50～300µg/g），Th 含量为 13.05%，两元素虽有一定富集，但都属偏低含量范围。

磷矿石的微量元素测试结果显示稀土元素含量较高，Ce 含量为 152.0µg/g，La 含量为 87.3µg/g，Y 含量为 140.0µg/g，表明其稀土元素有一定量的富集。

6.2 磷矿石工艺性质

矿石工艺性质分析一般指研究有用矿物相关粒度与含量变化、矿物之间相互嵌布特征，了解矿物共生组合之间关系，为后续矿物加工工艺提供可靠基础研究资料。

6.2.1　磷矿石粒度分布及嵌布特征

含硅钙质磷矿石主要矿物粒度及嵌布特征分析，采用岩矿鉴定片通过奥林巴斯 CX21P 显微镜完成鉴定后，经统计分析完成。

6.2.1.1　含硅钙质磷矿石中胶磷矿粒度分布特征

磷矿石主要有用矿物为氟磷灰石。其结构主要为中－细微粒颗粒砂屑结构，主要为以磷灰石颗粒、碳酸盐（方解石）颗粒及石英等颗粒组成分布于基底之上，构成类似杂基支撑结构，胶结物主要为同期形成的微晶方解石。其次见微粒胶磷矿以细微颗粒状、胶状存在于颗粒间形成类似填隙物，构成类似杂基支撑结构。

显微镜下对样品 FL 粒度统计分析，结果表明胶磷矿颗粒主要粒径分布：样品 LF-1 平均粒径为 0.1362mm；LF-2 平均粒径为 0.1449mm；LF-3 平均粒径为 0.1538mm；LF-4 平均粒径为 0.1422mm；LF-5 平均粒径为 0.1355mm。

胶磷矿粒度分布特征：以样品 LF-1、LF-4 为代表。

胶磷矿（氟磷灰石）（FL-1）在 +0.08 ~ -0.20mm 粒级集中分布，粒级含量为 87.59%；在 0.08 ~ -0.12mm 粒级相对集中，为 35.91%；+0.12 ~ -0.16mm 为 20.29%；+0.16 ~ -0.20mm 为 31.39%。

胶磷矿（氟磷灰石）（FL-4）在 +0.08 ~ -0.20mm 粒级集中分布，粒级含量为 78.07%；在 0.08 ~ -0.12mm 粒级相对集中，为 28.17%；+0.12 ~ -0.16mm 为 23.74%；+0.16 ~ -0.20mm 为 26.16%。

6.2.1.2　含硅钙质磷矿石中脉石矿物方解石的粒度分布特征

显微镜下对样品 FL 粒度统计分析，结果表明方解石颗粒主要粒径分布：样品 LF-1 平均粒径为 0.0587mm；LF-2 平均粒径为 0.0688mm；LF-3 平均粒径为 0.0699mm；LF-4 平均粒径为 0.0721mm；LF-5 平均粒径为 0.0689mm。

方解石粒度分布特征：以样品 LF-1、LF-4 为代表。

方解石（FL-1）在 <0.04 ~ -0.12mm 粒级集中分布，粒级含量为 86.32%；在 <0.04mm 粒级相对集中，为 34.75%；+0.04 ~ -0.08mm 为 32.06%；+0.08 ~ -0.12mm 为 19.51%。

方解石（FL-4）在 < +0.04 ~ -0.12mm 粒级集中分布，粒级含量为 82.63%；在 <0.04mm 粒级相对集中，为 23.71%；+0.04 ~ -0.08mm 为 30.71%；+0.08 ~ -0.12mm 为 28.89%。

6.2.1.3　含硅钙质磷矿石中胶磷矿嵌布特征

含硅钙质磷矿石中用矿物成分磷酸盐类矿物主要见胶磷矿，胶磷矿成分为磷灰石（氟磷灰石、碳氟磷灰石）。

主要见微－细粒胶磷矿以细微颗粒状存在于颗粒间形成类似填隙物，构成类似杂基支撑结构。

其次为胶磷矿以中－细微粒颗粒砂屑结构，主要为以胶磷矿颗粒、碳酸盐（方解石、极少白云石）颗粒及石英等颗粒组成分布于基底之上，构成类似颗粒支撑结构。胶磷颗粒中见胶磷矿矿化生物碎屑。

见胶磷矿以胶状胶磷矿胶结胶磷矿颗粒，构成胶状胶结物。

见极少量颗粒粒径 >1mm 粒径胶磷矿颗粒，主要为团粒状，椭圆状零星分布于矿石中。

6.2.1.4 含硅钙质磷矿石中脉石矿物主要嵌布特征

经显微镜镜下分析结合扫描电镜分析，碳酸盐矿物（方解石）主要有两种存在形式：

碳酸盐矿物主要以方解石为主，约占 1/3 的碳酸盐颗粒主要粒度分布在 $-0.12 \sim +0.16$mm， $> +0.16$mm 范围，以颗粒状、结集状嵌布特征为主。也见以嵌晶结构存在于胶结物间，少见颗粒状分散存在于胶磷矿中。

其余主要粒度分布于 $<0.04 \sim +0.12$mm，多见细微粒团粒状、类似胶结物的团块状或结集状嵌布特征分布于矿石矿物及脉石矿物颗粒间，构成类似杂基支撑结构。

细微粒状石英，存在于碳酸盐颗粒及细微类似胶结物中，成团粒状、结集状分布。

6.2.2 磷矿石筛分分析

将样品按以下粒级 $+0.25$mm、 $-0.25 \sim +0.18$mm、 $-0.18 \sim +0.125$mm、 $-0.125 \sim +0.090$mm、 $-0.090 \sim +0.075$mm、 $-0.075 \sim +0.045$mm、 -0.045mm 进行分级，并计算筛析实验结果见表 6-7，根据表 6-7 画出粒度累计曲线见图 6-33。测试各粒级 P_2O_5、CaO、MgO、SiO_2、Fe_2O_3、Al_2O_3 含量见表 6-8。根据表 6-7 与表 6-8 计算各粒级 P_2O_5、CaO、MgO、SiO_2、Fe_2O_3、Al_2O_3 分布率，结果见表 6-9。

表 6-7 FL 磷矿筛分分析实验数据

粒 级	质量/g	产率/%		
		个别	筛下累积	筛上累积
$+250\mu m$（+60 目）	201.96	40.07	100.00	40.07
$-250 \sim +180\mu m$（+80 目）	43.5	8.63	59.93	48.70
$-180 \sim +125\mu m$（+120 目）	101.04	20.05	51.30	68.74
$-125 \sim +90\mu m$（+170 目）	40.9	8.11	31.26	76.86
$-90 \sim +75\mu m$（+200 目）	8.83	1.75	23.14	78.61
$-75 \sim +45\mu m$（+325 目）	42.71	8.47	21.39	87.08
$-45\mu m$（-325 目）	65.12	12.92	12.92	100.00
合 计	504.06	100		

表 6-8 各粒级部分常量元素化学测试分析

样品名称	粒 度	含量/%					
		P_2O_5	CaO	MgO	SiO_2	Fe_2O_3	Al_2O_3
FL 磷矿	+60 目	12.49	46.10	0.36	4.70	1.90	2.72
	$-60 \sim +80$ 目	21.60	46.95	0.35	4.26	1.32	2.62
	$-80 \sim +120$ 目	26.28	47.00	0.45	3.77	1.07	2.47
	$-120 \sim +170$ 目	22.88	46.12	0.38	4.81	1.24	3.26
	$-170 \sim +200$ 目	19.72	45.80	0.30	6.75	1.52	3.70

样品名称	粒　度	含量/%					
		P_2O_5	CaO	MgO	SiO_2	Fe_2O_3	Al_2O_3
FL 磷矿	-200 ~ +325 目	14.46	40.48	1.48	28.42	3.15	5.80
	-325 目	21.54	42.50	0.40	15.72	2.93	6.73
	合计	18.35	44.21	0.48	6.08	1.86	3.50

注：贵阳金波科技发展公司测试。

表 6-9　各粒级 P_2O_5、CaO、MgO、SiO_2、Fe_2O_3、Al_2O_3 分布率

样品名称	粒　度	分布率/%					
		P_2O_5	CaO	MgO	SiO_2	Fe_2O_3	Al_2O_3
FL 磷矿	+60 目	27.28	41.78	30.19	30.97	40.88	31.13
	-60 ~ +80 目	10.16	9.16	6.32	6.05	6.12	6.46
	-80 ~ +120 目	28.71	21.32	18.88	12.43	11.52	14.14
	-120 ~ +170 目	10.12	8.46	6.45	6.42	5.40	7.55
	-170 ~ +200 目	1.88	1.81	1.10	1.94	1.43	1.85
	-200 ~ +325 目	6.68	7.76	26.25	39.60	14.33	14.04
	-325 目	15.17	12.42	10.82	33.40	20.33	24.83

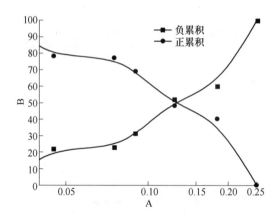

图 6-33　FL 磷矿粒度累计曲线

（1）-80 ~ +120 目粒级 P_2O_5 含量最高达到 26.28%，-80 ~ +200 目粒级范围内 P_2O_5 含量高于其平均含量 18.35%。-80 ~ +120 目、-120 ~ +170 目及 -170 ~ +200 目 三个粒级 CaO 平均含量为 46.31%，高于平均含量 44.21%，表明磷矿石为高钙质磷矿石。同时 MgO、SiO_2、Fe_2O_3、Al_2O_3 含量较低，且未达到最高值。-200 ~ +325 目粒级 P_2O_5 含量较低为 14.46%，而 CaO、MgO、SiO_2、Fe_2O_3、Al_2O_3 含量均较之前粒级增幅明显，在此粒级范围，MgO、SiO_2、Fe_2O_3、Al_2O_3 含量达到最高，分别为 1.48%、28.42%、3.15%、5.80%，说明在此粒级有用矿物与脉石矿物解离明显。-325 目 P_2O_5、CaO、MgO、SiO_2、Fe_2O_3、Al_2O_3 含量均较高。因此，可预先抛尾 -200 ~ +325 目粒级的物料，

−80 ～ +200 目粒级与 −325 目粒级物料需分开处理。

（2）从分布率看，P_2O_5 含量与 CaO、MgO、SiO_2、Fe_2O_3、Al_2O_3 含量波动范围除 −200 ～ +325 目粒级外较一致，说明矿石中有用矿物与脉石矿物嵌布较均匀。−200 ～ +325 目粒级 P_2O_5 分布率较低，为 6.68%，而 MgO、SiO_2、Fe_2O_3、Al_2O_3 分布率很高，分别为 26.25%、39.60%、14.33%、14.04%，需预先抛尾。

（3）此磷矿的粒度累计曲线图中，曲线凸起不明显，同时从筛分实验数据可知 +200 目产率为 78.61%，综上可判断次矿石为较易破碎矿石。

6.2.3 磷矿石中胶磷矿及脉石矿物解离度统计分析

磷矿石及脉石矿物的解离度计算分析，将矿石破碎分级后，经显微镜下统计分析完成。统计分析结果表明：

磷矿石（胶磷矿）在 −0.250 ～ +0.180mm 粒级解离度为 76.19%，在 −0.180 ～ +0.125mm 粒级解离度为 75.42%，磷矿石在 −0.125 ～ +0.090mm 粒级解离度为 75.53%，胶磷矿在 −0.090 ～ +0.075mm 粒级解离度为 75.95%，在 −0.075 ～ +0.045mm 粒级解离度为 78.40%。

方解石各粒级解离度特征：

方解石在 −0.250 ～ +0.180mm 粒级解离度为 64.35%，在 −0.180 ～ +0.125mm 粒级解离度 69.1%，在 −0.125 ～ +0.090mm 粒级解离度为 73.26%，在 −0.090 ～ +0.075mm 粒级解离度为 73.25%，在 −0.075 ～ +0.045mm 粒级解离度为 73.95%。

以上结果显示胶磷矿及方解石在各粒级解离度相对较高。

6.3 结论与建议

6.3.1 主要结论

通过对 DG 磷矿石开展矿物成分、化学成分等物质组成及磷矿石工艺性质测试分析，可以得到以下结论：

（1）磷酸盐矿物（胶磷矿）主要为氟磷灰石、碳氟磷灰石，磷矿石定名为：含硅质碳酸盐型磷矿石。磷矿物中一部分为均质类含胶磷矿化生物碎屑。沉积作用主要特征明显，主要为正化（原地）沉积型胶磷矿、内碎屑胶磷矿等，少数显示出结晶态磷灰石特征。少部分磷酸盐矿物以胶状胶磷矿形式存在，反映矿石遭受一定的次生变化作用，也导致胶磷矿颗粒形成褪色边。

主要脉石矿物为方解石、石英。黄铁矿、赤铁矿含量极低，为低硫低铁含硅高钙质胶磷矿矿石类型。

（2）对含硅质碳酸盐磷矿石进行了 X 射线衍射仪（XRD）分析测试，结果表明磷矿石中矿石矿物组成为胶磷矿（氟磷灰石）、方解石；白云石、黏土矿物含量极低。

（3）扫描电镜（SEM）配合能谱分析结果显示，部分胶磷矿（氟磷灰石）含一定量的 F^-、C，表明部分胶磷矿的主要矿物组成为氟磷灰石，部分为碳氟磷灰石。脉石矿物主要见有碳酸盐矿物方解石等，与显微镜观察分析结果类似。

扫描电镜及能谱分析表明方解石矿物主要分为两种类型：一类主要见微晶－细晶方解

石，方解石结晶形态完好，能谱分析成分主要为碳酸钙（CaCO$_3$），成分较为纯净；另一类见微晶方解石呈脉状、微晶基底胶结物状产出，其中含少量 SiO$_2$，及铁元素。

（4）化学成分分析结果证明，含硅质碳酸盐型磷矿石中 P$_2$O$_5$ 含量为 20.813%，表明 P$_2$O$_5$ 含量不高，应属于中 - 低品位磷矿石。矿石中 CaO 含量为 46.37%，MgO 含量为 0.43%。显示构成碳酸盐矿物应以方解石为主。扫描电镜（SEM）配合能谱分析未见含 Mg 碳酸盐矿物，白云石含量应较低。构成碳酸盐矿物应以方解石为主，白云石次之。

磷矿石的 SiO$_2$ 含量为 7.87%，磷矿石应属含硅质磷矿石。

含硅钙质磷矿石 S 含量极低，镜检结果表明黄铁矿含量远低于 0.1%。同时含铁矿物赤铁矿等含量也极低，并以胶状赤铁矿为主。

矿石化学成分表明：磷矿石样品应属低铁低硫含硅钙质胶磷矿矿石，或简称硅钙质碳酸盐型胶磷矿矿石。与沉积型磷块岩物质组成相类同。

（5）微量元素测试结果表明，磷矿石主要以 Sr、Ba、Cr、U、Th 等元素富集为特征。表现为与多数磷块岩微量元素含量相似。

Sr 含量为 808μg/g，Ba 含量为 59.3μg/g，Cr 含量为 290μg/g。与多数磷块岩相比较，三元素则相对含量较低。

磷矿石中的 U、Th 含量特征表明，U 元素含量变化应在海相沉积磷块岩的 U 元素分布范围（50 ~ 300μg/g），Th 含量为 13.05%，两元素虽有一定富集，但都属偏低含量范围。

磷矿石的微量元素测试结果显示稀土元素含量较高，Ce 含量为 152.0μg/g，La 含量为 87.3μg/g，Y 含量为 140.0μg/g，表明其稀土元素有一定量的富集。

（6）含硅钙质胶磷矿石主要有用矿物为磷灰石（氟磷灰石、碳氟磷灰石）。磷灰石（胶磷矿）为中 - 细微粒颗粒，砂屑结构，主要为以磷灰石颗粒、碳酸盐矿物（方解石）颗粒及石英等颗粒组成分布于基底之上，构成类似基底支撑结构。

（7）显微镜下对磷矿样品 FL-1 ~ FL-5 的粒度统计分析，结果表明磷灰石颗粒主要粒径分布为：样品 LF-1 平均粒径为 0.1362mm，LF-2 平均粒径为 0.1449mm，LF-3 平均粒径为 0.1538mm，LF-4 平均粒径为 0.1422mm，LF-5 平均粒径为 0.1355mm。

胶磷矿粒度分布特征：以样品 LF-1、LF-4 为代表。

胶磷矿（氟磷灰石）（FL-1）在 +0.08 ~ -0.20mm 粒级集中分布，粒级含量为 87.59%；在 0.08 ~ -0.12mm 粒级相对集中，为 35.91%；+0.12mm ~ -0.16mm 为 20.29%；+0.16 ~ -0.20mm 为 31.39%。

胶磷矿（氟磷灰石）（FL-4）在 +0.08 ~ -0.20mm 粒级集中分布，粒级含量为 78.07%；在 0.08 ~ -0.12mm 粒级相对集中，为 28.17%；+0.12 ~ -0.16mm 为 23.74%；+0.16 ~ -0.20mm 为 26.16%。

（8）通过筛分分析，可以得出：

-80 ~ +120 目粒级 P$_2$O$_5$ 含量最高达到 26.28%，-80 ~ +200 目粒级范围内 P$_2$O$_5$ 含量高于其平均含量 18.35%。同时 CaO、MgO、SiO$_2$、Fe$_2$O$_3$、Al$_2$O$_3$ 含量较低，且未达到最高值。

从分布率看，P$_2$O$_5$ 含量与 CaO、MgO、SiO$_2$、Fe$_2$O$_3$、Al$_2$O$_3$ 含量波动范围除 -200 ~ +325 目粒级外较一致，说明矿石中有用矿物与脉石矿物嵌布较均匀。-200 ~ +325 目粒

级 P_2O_5 分布率较低为 6.68%，而 MgO、SiO_2、Fe_2O_3、Al_2O_3 分布率很高，分别为 26.25%、39.60%、14.33%、14.04%，需预先抛尾。

（9）含硅钙质磷矿石中胶磷矿嵌布特征：主要见微－细粒胶磷矿以细微颗粒状存在于颗粒间形成类似填隙物，构成类似杂基支撑结构。

其次为胶磷矿以中－细微粒颗粒砂屑结构，主要为以胶磷矿颗粒、碳酸盐（方石、极少白云石）颗粒及石英等颗粒组成分布于基底之上，构成类似颗粒支撑结构。胶磷矿颗粒中见胶磷矿化生物碎屑。

见胶磷矿以胶状胶磷矿、胶结胶磷矿颗粒，构成胶状胶结物。

见极少量颗粒粒径 >1mm 粒径胶磷矿颗粒，主要为团粒状，椭圆状零星分布于矿石中。

碳酸盐矿物主要以方解石为主，约占 1/3 的碳酸盐颗粒主要粒度分布在 －0.12 ～ +0.16mm，> +0.16mm 范围，以颗粒状、结集状嵌布特征为主。也见以嵌晶结构存在于胶结物间，少见颗粒状分散存在于胶磷矿中。

其余主要粒度分布于 －0.04mm ～ +0.12mm，多见细微粒团粒状、类似胶结物的团块状或结集状嵌布特征分布于矿石矿物及脉石矿物颗粒间，构成类似杂基支撑结构。

（10）经统计分析，碳酸盐矿物（胶磷矿）各粒级解离度特征可知：

磷矿石（胶磷矿）在 －0.250 ～ +0.180mm 粒级解离度为 76.19%，在 －0.180 ～ +0.125mm 粒级解离度为 75.42%，磷矿石在 －0.125 ～ +0.090mm 粒级解离度为 75.53%，胶磷矿在 －0.090 ～ +0.075mm 粒级解离度为 75.95%，在 －0.075 ～ +0.045mm 粒级解离度为 78.40%。

方解石各粒级解离度特征：方解石在 －0.250 ～ +0.180mm 粒级解离度为 64.35%，在 －0.180 ～ +0.125mm 粒级解离度为 69.1%，在 －0.125 ～ +0.090mm 粒级解离度为 73.26%，在 －0.090 ～ +0.075mm 粒级解离度为 73.25%，在 －0.075 ～ +0.045mm 粒级解离度为 73.95%。以上结果显示胶磷矿及方解石在各粒级解离度相对较高。

6.3.2 建议

（1）为避免过磨影响浮选效果，建议入选粒度以 +0.074mm 和 －0.20mm 为界。

（2）在 －0.074 ～ +0.20mm 粒级范围可以考虑脱钙除硅选矿处理或分段磨矿，可能会对该磷矿石脱钙除硅有效果。

（3）选矿过程中，可预先抛尾 －200 ～ +325 目粒级的物料，－80 ～ +200 目粒级与 －325 目粒级物料需分开处理。

7　沙特磷矿矿石工艺矿物学特征

受某公司委托，对沙特磷矿矿石进行工艺矿物学特征研究。

研究内容分为两个部分：第一部分是开展磷矿石物质组成分析。主要进行磷矿石制样、制片、显微镜下利用透射光和反射光进行矿石矿物组成分析鉴定、X射线衍射（XRD）分析、矿石结构构造分析、矿石化学分析及微量元素分析，主要查明磷矿石结构构造、矿物成分及化学成分特征；第二部分是磷矿石工艺特征研究，主要进行磷矿石粒度分布特征、筛分分析及磷矿石解离度分析。

通过开展以上研究，查明沙特磷矿结构构造特征、矿石矿物组成、化学成分及微量元素分布特征；同时开展粒度分析、嵌布特征、筛分分析及解离度分析，查明磷矿石工艺性质，为该磷矿矿石加工利用提供有价值的分析资料。

7.1　沙特磷矿矿石物质组成

对沙特磷矿矿石开展物质组成分析主要分为两个部分，即矿石矿物成分及化学组成分析。主要目的是查明磷矿石主要有用矿物类型、脉石矿物种类、磷矿石常量化学组成及微量元素分布特征，为该磷矿石选矿加工工艺提供物质组成研究资料。

7.1.1　磷矿石矿物组成特征

采用奥林巴斯光学显微镜配合X射线衍射（XRD）分析，进行磷矿石有用矿物种类，脉石矿物类型及含量分析，查明磷矿石矿物组成及含量特征。

7.1.1.1　沙特磷矿矿石中主要磷矿物的矿物组成

样品说明：本次研究样品主要为碎屑状、块状磷矿石矿样。

主要研究样品薄片号：S-2号样，配合研究S-3及S-5号样。

磷矿石S-2号样的定名：砂屑状钙质磷矿石。

矿石主要矿物成分为胶磷矿、碳酸盐矿物（方解石为主）及少量硅质矿物等，如图7-1~图7-32所示。

主要有用矿物为磷酸盐类矿物，主要为胶状胶磷矿。

胶磷矿主要分为3种类型：

（1）团粒状、椭圆状及鲕状胶磷矿。主要粒度分布范围为0.06~0.14mm，多见0.08~0.10mm。含量为20%~25%。该类磷矿物主要为均质胶状胶磷矿，结构构造特征反映沉积作用明显，主要为内碎屑类正化（原地）胶磷矿。部分胶磷矿因风化作用产生褪色现象，易与方解石混淆，详见图7-1~图7-32。

（2）细微粒状胶磷矿。其为细小圆形、多边形粒状胶磷矿。主要粒径为 0.02 ~ 0.06mm，多见 0.05mm 粒径的胶磷矿颗粒（图 7-3 ~ 图 7-6，图 7-14 ~ 图 7-18）。含量占多数，为 20% ~ 25%。

（3）长条状、长柱胶磷矿。多为长椭圆状胶磷矿，部分为柱状，少量柱状矿物为胶磷矿矿化角石类化石，反映其成因上与沉积作用有关。该部分颗粒粒径较大。含量在 10% 左右，见图 7-9、图 7-10、图 7-13 ~ 图 7-22。

胶磷矿总体含量为 35% ~ 45%，主要粒径分布范围为 0.06 ~ 0.14mm，多见于 0.08 ~ 0.10mm 为主。能谱分析及 XRD 分析证明胶磷矿主要成分为氟磷灰石。

7.1.1.2　磷矿石中脉石矿物组成

磷矿石薄片鉴定样品号：S2-1、S2-2。

（1）碳酸盐矿物：以显晶、微晶方解石为主，组成微晶基质基底式胶结类似类型，构成类似杂基支撑。主要粒径为小于 0.02mm 或大于 0.10mm 的块状团粒，也见分散粒状、团粒状等类似胶结物填隙于胶磷矿颗粒间。正交偏光下多见碳酸盐矿物特征高级白光性特征（图 7-1 ~ 图 7-36）。碳酸盐矿物方解石的含量为 40% ~ 50%。

（2）微晶石英：石英呈圆形、多它形颗粒状产出，主要粒径为 0.02 ~ 0.05mm。正交偏光下为一级灰干涉色为主，含量小于 1%（图 7-9、图 7-24）。

（3）S5 号样见石英团块产出。正交偏光下显现一级灰干涉色，显微镜下常见颗粒状石英组成团块，见自形、半自形晶石英与胶磷矿、与方解石共生。分布类似于基底胶结类型（图 7-33 ~ 图 7-36）。下一步工作应加以重视研究。

结构特征：砂屑结构为主，类似杂基支撑。方解石颗粒、微晶 - 细晶体碳酸盐矿物为主要杂基成分。少量石英分布于它形粒状胶磷矿矿石中。

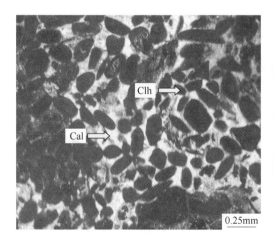

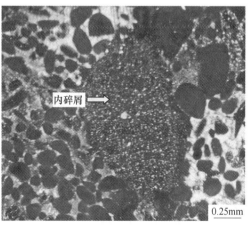

图 7-1　砂屑钙质磷块岩（样品号：S2-1）

（砂屑钙质磷块岩矿石中胶磷矿（Clh）

及方解石（Cal），（ - ）×4）

图 7-2　磷矿石中内碎屑颗粒

（砂屑钙质磷块岩矿石，见内碎屑颗粒产出，

内碎屑主要为碳酸盐团粒，（ + ）×4）

　　（4）赤铁矿：主要见细微粒状、网脉状产出。含量低于1%（图7-18、图7-20）。赤铁矿常呈微晶－土状被包裹于胶磷矿颗粒或鲕状胶磷矿中。

　　（5）见极少量的类似长石矿物产出，见图7-26。

　　钙质磷矿石中胶磷矿含量为30%～50%，以氟磷灰石为主，P_2O_5含量应低于25%。

　　胶磷矿颗粒粗－微细粒，磷矿物与脉石矿物紧密共生，呈颗粒支撑结构产出。胶磷矿镜下为褐色、棕色或无色，主要呈椭圆状长椭圆状颗粒、砂屑状、柱状等。矿物集合体为砂屑粒状、块状产出，主要脉石矿物为碳酸盐矿物方解石，与胶磷矿构成砂屑状等构造。

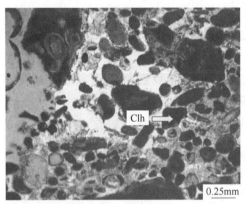 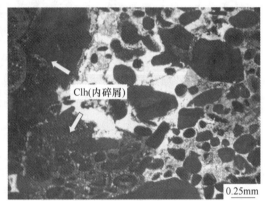

图7-3　两类型胶磷矿（Clh）（样品号：S2-1)　　　　图7-4　内碎屑胶磷矿（样品号：S2-1）

（砂屑钙质磷块岩矿石，胶磷矿为两类型，（－）×4)　　（见内碎屑胶磷矿颗粒产出，（＋）×4）

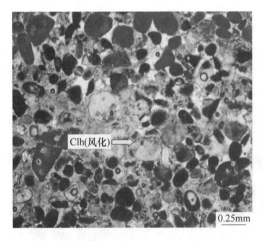 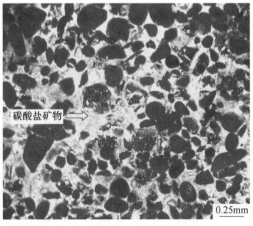

　　图7-5　风化胶磷矿（Clh）（样品号：S2-1)　　　图7-6　碳酸盐基质（样品号：S2-1）

（砂屑钙质磷块岩矿石，胶磷矿经风化　　　　　　　（基质为碳酸盐矿物，（＋）×4）

后呈现白色，（－）×4）

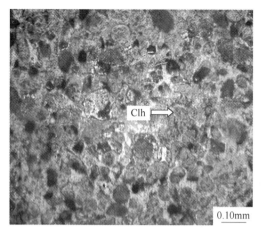

图 7-7 砂屑钙质磷块岩（样品号：S2-1）

（砂屑钙质磷块岩矿石，反射光×10）

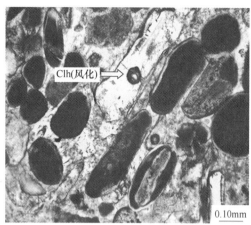

图 7-8 长椭圆状胶磷矿（Clh）（样品号：S2-1）

（砂屑钙质磷块岩矿石，见长椭圆状

胶磷矿产出，（+）×10）

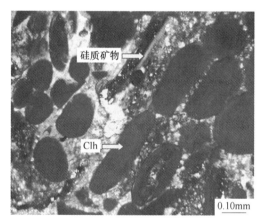

图 7-9 长条状胶磷矿（样品号：S2-1）

（砂屑钙质磷矿石中长条状胶磷矿和硅质，（+）×10）

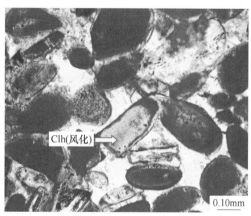

图 7-10 风化胶磷矿（样品号：S2-1）

（磷矿石中见椭圆状风化胶磷矿产出，（+）×10）

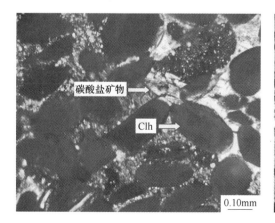

图 7-11 碳酸盐矿物（样品号：S2-1）

（砂屑钙质磷块岩矿石，（+）×10）

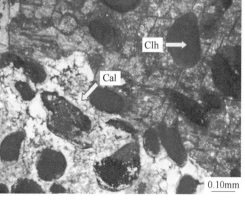

图 7-12 磷块岩中方解石（Cal）（样品号：S2-1）

（磷矿石中见不同消光类型方解石产出，（+）×10）

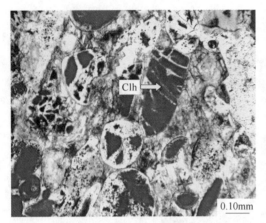

图 7-13　不同形态胶磷矿（Clh）（样品号：S2-2）
（见长椭圆状、浑圆状胶磷矿共生，（-）×10）

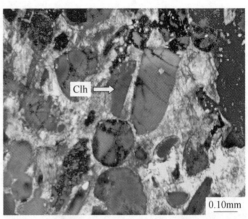

图 7-14　各形态胶磷矿（Clh）（样品号：S2-2）
（细微粒胶磷矿与颗粒较大、各形态
胶磷矿颗粒共生，（+）×10）

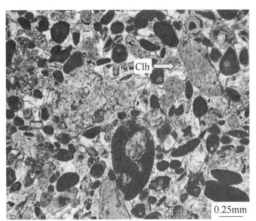

图 7-15　椭圆状胶磷矿（Clh）（样品号：S2-2）
（见长椭圆状胶磷矿及细粒浑圆状胶磷矿共生，（-）×4）

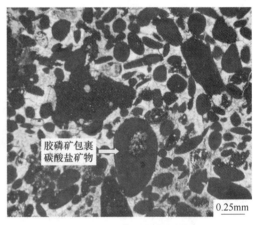

图 7-16　碳酸盐矿物（样品号：S2-2）
（颗粒较大的胶磷矿包裹碳酸盐类矿物，（+）×4）

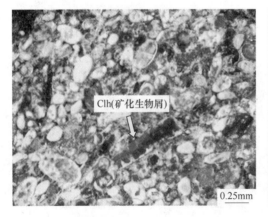

图 7-17　生物屑胶磷矿（样品号：S2-2）
（见角石类胶磷矿化的生物屑，斜射光×4）

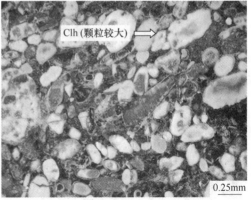

图 7-18　胶磷矿（样品号：S2-2）
（不同粒度的胶磷矿，斜射光×4）

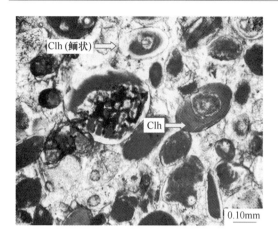

图 7-19　鲕状胶磷矿（Clh）（样品号：S2-2）

（见鲕状胶磷矿颗粒，（－）×10）

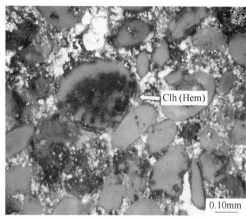

图 7-20　被包裹赤铁矿（Hem）（样品号：S2-2）

（颗粒较大的胶磷矿包裹赤铁矿或褐铁矿，斜射光×10）

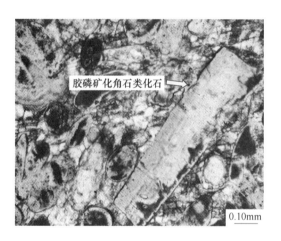

图 7-21　角石类化石（样品号：S2-2）

（见胶磷矿矿化的角石类化石颗粒，（－）×10）

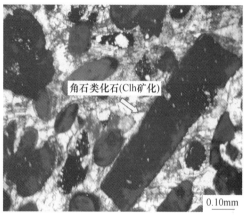

图 7-22　长条状胶磷矿（Clh）（样品号：S2-2）

（长椭圆状胶磷矿和长条状胶磷矿呈定向排列，（＋）×10）

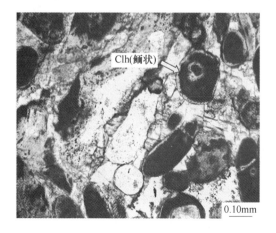

图 7-23　鲕状胶磷矿（Clh）（样品号：S2-2）

（不同形态胶磷矿共生，见鲕状胶磷矿，（－）×10）

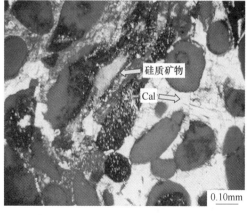

图 7-24　脉石矿物（样品号：S2-2）

（见硅质矿物充填微裂隙与方解石构成基底，（＋）×10）

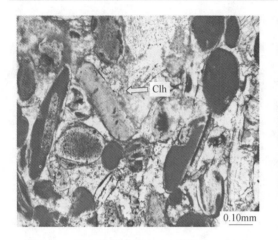

图 7-25　褐色胶磷矿（Clh）（样品号：S2-2）

（胶磷矿因风化作用产生的褐色，（－）×10）

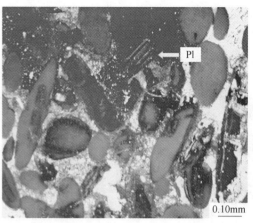

图 7-26　长石类矿物（斜长石：Pl）（样品号：S2-2）

（胶磷矿的定向排列，偶尔见长石类矿物，（＋）×10）

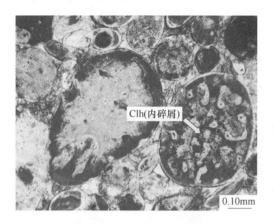

图 7-27　内碎屑胶磷矿（Clh）（样品号：S2-2）

（内碎屑胶磷矿颗粒，为前期混杂胶磷矿，（－）×10）

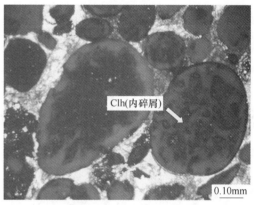

图 7-28　内碎屑胶磷矿（样品号：S2-2）

（正交偏光下的内碎屑胶磷矿颗粒，（＋）×10）

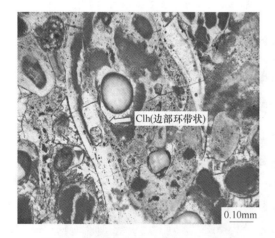

图 7-29　鲕状胶磷矿（样品号：S2-2）

（鲕状胶磷矿颗粒边部胶磷矿环带

产生褐色，（－）×10）

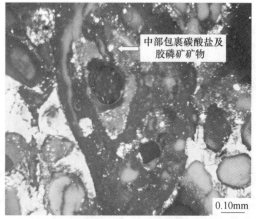

图 7-30　被包裹碳酸盐矿物（样品号：S2-2）

（鲕状胶磷矿颗粒，中部包裹有碳酸盐、

胶磷矿等矿物，（＋）×10）

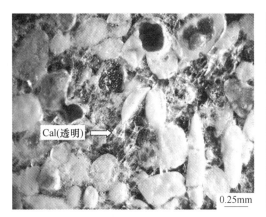

图 7-31 透明方解石（样品号：S3）

（斜射光下见透明方解石，斜射光×4）

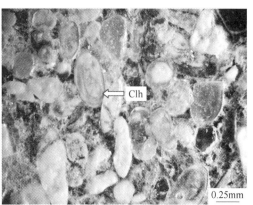

图 7-32 椭圆状胶磷矿（Clh）（样品号：S3）

（斜射光下胶磷矿为乳白色椭圆状等颗粒，斜射光×4）

图 7-33 石英（Qtz）团块（样品号：S5）

（5 号样中石英团块，（−）×4）

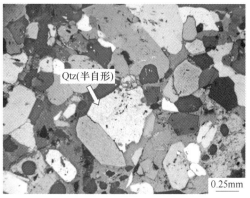

图 7-34 磷矿石中石英（Qtz）（样品号：S5）

（石英为自形半自形颗粒，分布不均匀，（+）×4）

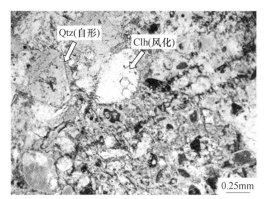

图 7-35 混生石英（Qtz）矿物（样品号：S5）

（硅质石英和风化胶磷矿混生（共生），（−）×4）

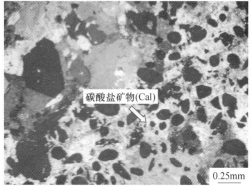

图 7-36 碳酸盐矿物（方解石：（Cal）
基底（样品号：S5）

（胶磷矿呈现均质性，碳酸盐矿物为基底，（+）×4）

7.1.1.3　矿石的结构构造

A　矿石结构

（1）砂屑结构：由砂屑和胶结物两部分构成，砂屑为胶磷矿或微晶磷灰石组成，粒径集中于 0.02~0.08mm。胶结物主要为钙质胶结物，主要为方解石矿物。

（2）团粒结构：由团粒和胶结物两部分组成，主要粒径为 0.06~0.10mm，团粒主要由胶状磷灰石组成，见鲕状胶磷矿颗粒产出。

（3）类似生物碎屑结构：以鲕状胶磷矿、胶磷矿化角石类化石及藻鲕类胶磷矿为主要成分，其中含微晶方解石和铁质等，构成此类结构。

B　矿石构造

（1）鲕粒状、块状构造：胶磷矿、方解石组成颗粒支撑及基底式胶结形式，构成该类型构造，见图 7-37、图 7-38。

图 7-37　砂屑状胶磷矿矿石（2 号样）　　　图 7-38　砂屑状胶磷矿矿石（3 号样）
（见砂屑状构造及蜂窝状、空洞状构造）　　　（矿石以砂屑状、团块状构造为主）

（2）似层纹状构造：矿石中磷质团粒、含少量褐铁矿的胶磷矿与碳酸盐矿物方解石、微晶石英、隐晶硅质等构成相似层纹状构造，见图 7-37。

（3）蜂窝状构造：浅褐色砂屑胶磷矿矿石中见少量空洞，构成蜂窝状构造，见图 7-37。

（4）块状构造：矿石由浅褐色砂屑胶磷矿构成且结构均一，构成块状构造，见图 7-39。

7.1.2　磷矿石 XRD 分析

对沙特钙质磷块岩矿石进行了 X 射线衍射仪（XRD）分析测试，其目的是查明磷矿石矿物组成。X 射线分析（XRD）测试条件见第 1 章。XRD 测试分析结果见表 7-1。

图 7-39　砂屑状胶磷矿矿石（5 号样）
（矿石以砂屑状、团块状构造，蜂窝状、空洞状构造为主，矿石含有硅质团块）

表 7-1 沙特钙质磷矿石的 XRD 分析结果 (％)

样 号	矿物种类和含量					黏土矿物总量
	石 英	赤铁矿	方解石	白云石	氟磷灰石	
磷矿石 S2	—	—	49.9	0.3	49.8	—

测试结果表明，磷矿石主要有用矿物为氟磷灰石。脉石矿物主要为方解石，含少量白云石。测试结果显示，磷灰石含量为 49.8％，与显微镜下分析结果有一定偏差，与该类型胶磷中部分胶磷矿因风化次生作用产生褪色，与方解石矿物杂混在一起有关，故影响了显微镜镜下检查效果。

脉石矿物中主要为方解石，含量为 49.9％，与显微镜观察结果其含量为 40％～50％较为接近。

XRD 分析结果表明未检出赤铁矿，与矿石总体呈现浅褐色相一致。显微镜下观察到少量内碎屑胶磷矿包裹有褐铁矿，但总体含量不高。

硅质矿物主要见 5 号样，呈团块状产出，但主要工作以 2 号样为主，5 号样未做分析检测，在进一步工作需要加以关注。

7.1.3 磷矿石扫描电镜及能谱分析

对瓮福（集团）有限责任公司提供钙质胶磷矿矿石样品进行了扫描电镜配合能谱分析。测试采用日立公司扫描电镜（Hitachi S-3400N）和能谱仪（EDAX-204B for Hitachi S-3400N）进行，贵州大学理化测试中心测试。使用扫描电镜（SEM）配合能谱分析，在确定矿物形态特征基础上，通过测定矿物成分特征，确定矿物成分组合及种类，以达到配合鉴定矿物的目的。扫描电镜技术参数见第 1 章。

磷矿石（S2 薄片）的扫描电镜（SEM）及能谱成分分析结果表明，钙质磷块岩矿石中主要为两种：一为胶态均质磷灰石（图 7-40、图 7-42），能谱成分分析结果证明胶磷矿化学成分为含氟磷酸钙。其形态主要为椭圆颗粒状（图 7-40、图 7-42）、微细颗粒状（图 7-42）等。二为风化胶磷矿。经扫描电镜证实，风化胶磷矿多为细微多孔状（图 7-44）。见风化胶磷矿颗粒中包裹有胶磷矿风化产物–磷铝石（图 7-44），表明胶磷矿中的内碎屑胶磷矿为前期风化胶磷矿经原地或不远距离迁移，后期经沉积作用形成，也是显微镜下见部分胶磷矿颗粒有褪色现象的原因。

能谱分析结果证明，大部分胶磷矿（磷灰石）含一定量的 F^-，表明胶磷矿主要矿物成分为氟磷灰石（图 7-40、图 7-45）。

扫描电镜（SEM）及能谱分析测试结果表明，脉石矿物主要见碳酸盐矿物方解石（碳酸钙），主要为填隙物及团块状产出（图 7-41、图 7-45），与显微镜观察分析结果相一致。脉石矿物中见包裹于胶磷矿中的褐铁矿，其含量不高（图 7-42）。扫描电镜（SEM）及能谱分析图（图 7-40～图 7-45）表明胶磷矿结构构造特征主要为颗粒支撑为主的砂屑状、颗粒状结构，碳酸盐矿物方解石为填隙物。风化胶磷矿普遍见多孔状结构，S5 号样中见有特殊的胶磷矿风化后形成的窗棂状结构（图 7-45 测点 10～测点 14），其中胶磷矿呈絮状物产出。

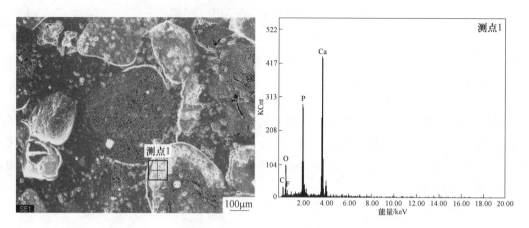

图 7-40　样品 S2 测点的 SEM 图及谱线图
（测点为胶磷矿（氟磷灰石））

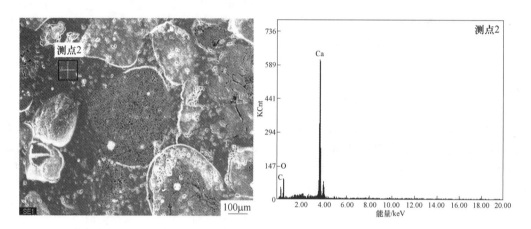

图 7-41　样品 S2 测点的 SEM 图及能谱线图
（测点为方解石）

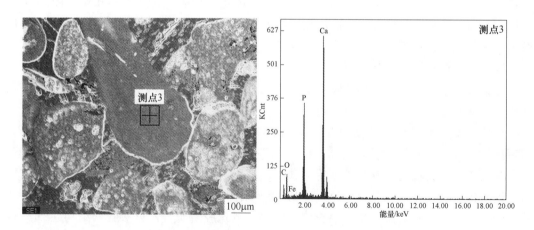

图 7-42　样品 S2 测点 3 的 SEM 图及能谱图
（测点为风化胶磷矿，成分特征表明含有褐铁矿）

　　能谱分析结果显示，胶磷矿中存在一定量的有机碳质，不排除可能有碳磷灰石存在的可能性（表 7-3）。图 7-43 等 SEM 及能谱成分测试分析结果表明（图 7-43、图 7-44、表 7-2），少量胶磷矿颗粒含有微量的 Sr、Nb 元素。

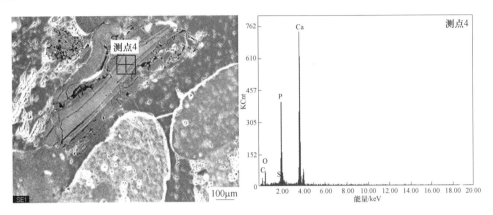

图 7-43　样品 S2 测点 4 的 SEM 图及能谱图
（测点为胶磷矿化生物化石）

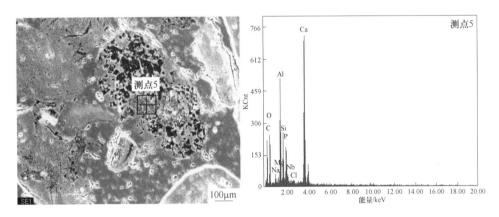

图 7-44　样品 S2 测点 5 的 SEM 图及能谱图
（能谱成分显示测点为风化胶磷矿，其成分特征显示含有磷铝石）

表 7-2　磷矿石（S2 号样品）的能谱成分　　　　　　　　　　（％）

元素 ＼ 测点	测点 1	测点 2	测点 3	测点 4	测点 5
C	16.61	18.28	23.42	18.41	38.30
O	35.20	37.82	22.92	25.46	26.94
Sr	—	—	—	0.90	—
P	13.49	—	14.15	17.07	3.21
Ca	29.57	43.90	30.37	38.15	16.07
Al	—	—	—	—	8.21
F	5.13	—	—	—	—
Si	—	—	—	—	3.73
Fe	—	—	9.14	—	—
Nb	—	—	—	—	1.66

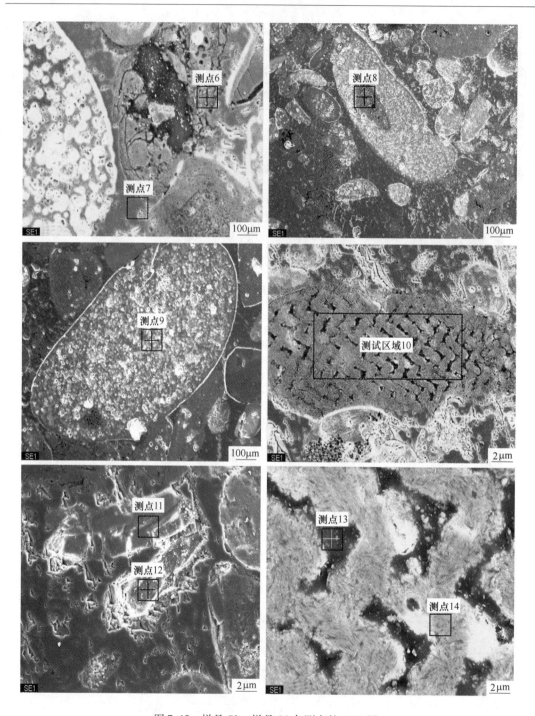

图 7-45　样品 S2、样品 S5 各测点的 SEM 图

（样品 S2 测点 6 为风化鲕状胶磷矿，成分特征表明为含有机碳磷铝石，具多孔状结构；样品 S2 测点 7 为填隙胶
结物，成分为碳酸钙（方解石）样品 S2 测点 8 为被包裹的磷铝石，含一定量有机碳；样品 S2 测点 9 成分特征
表明为胶磷矿成分为氟磷灰石；样品 S5 测试区域 10 测点为风化胶磷矿的窗棂状结构，扫面的成分特征表明
风化胶磷矿成分为氟磷灰石，含一定量有机碳；样品 S5 测点 11 为风化胶磷矿的填隙物，成分为有机碳及少量
胶磷矿；样品 S5 测点 12 为絮状胶磷矿集合体；样品 S5 测点 13 的成分特征为含褐铁矿的胶磷矿；
样品 S5 测点 14 成分为碳酸盐矿物方解石、白云石）

表7-3 磷矿石（S2、S5 号样品）的 EDAX 能谱成分 （%）

元素＼测点	测点6（S2）	测点7（S2）	测点8（S2）	测点9（S2）	测点10（S5）	测点11（S5）	测点12（S5）	测点13（S5）	测点14（S5）
C	39.33	18.06	49.08	9.58	38.66	78.35	21.55	10.20	30.44
O	27.22	38.50	19.97	41.04	21.48	11.16	24.94	30.98	46.61
Na						0.26			
P	4.17		3.71	12.71	10.83	2.77	15.79	14.44	
Ca	16.17	43.44	10.28	28.64	25.90	7.45	37.72	36.25	20.98
Al	11.79		13.74		0.61				
F			4.01	1.77				Fe	Mg
Si	1.32		2.07		0.43			8.12	1.97

7.2 磷矿石化学组成特征

矿石化学成分及微量元素组成分析，是了解和确定矿石样品化学成分特征和微量元素组成特征的主要测试手段。尤其对样品进行相关微量元素系统分析，是了解矿石共、伴生元素组合含量的主要手段。

7.2.1 磷矿石常量化学成分

瓮福（集团）有限责任公司所送磷矿石样品经室内系统取样、制样，送广州澳实分析测试公司检测，其化学成分分析结果见表7-4。

表7-4 沙特钙质磷矿石常量化学组成（样品号：S2） （质量分数,%）

样品	SiO_2	Al_2O_3	Fe_2O_3	FeO	P_2O_5	CaO	Na_2O	K_2O	TiO_2	MnO_2	MgO	SO_3	TiO_2	LOI	总计
S2 磷矿石	0.25	0.13	0.09	—	22.0	55.3	0.23	0.01	0.01	<0.01	0.25	0.17	0.01	19.78	98.70

注：广州澳实分析测试公司测试。

化学成分分析结果表明，钙质磷矿石中 P_2O_5 含量为 22.0%，表明 P_2O_5 含量不高，属中－低品位磷矿石。

矿石中 CaO 含量为 55.30%，MgO 含量为 0.25%。矿石中 CaO 含量较高主要取决于磷矿物（氟磷灰石）含量及一定量的碳酸盐矿物方解石。

矿石的 SiO_2 含量为 0.25%，该矿石应属钙质磷矿石。

磷矿石中 Al_2O_3 含量为 0.13%，扫描电镜分析结果表明 Al_2O_3 集中表现存在于风化胶磷矿所包裹的磷铝石中。

磷矿石的 Fe_2O_3 含量为 0.09%，主要以褐铁矿形式存在，但含量不高，与在显微镜下观察少量胶磷矿包裹褐铁矿相一致。

磷矿石的 Na_2O 含量 > K_2O 含量，分别为 0.23% > 0.01%，与织金磷块岩正好相反，织金原生磷块岩为 K_2O 型 > Na_2O 型，表明沙特磷矿石遭受次生变化作用明显。

沙特钙质磷块岩矿石 SO_3 含量较低，为 0.17%，与镜检结果未见到黄铁矿相一致。

矿石化学成分表明：样品应属低硫钙质磷块岩矿石，或简称钙质磷块岩矿石。其化学组成与沉积型磷块岩物质组成相类同。

7.2.2　磷矿石微量元素特征

钙质胶磷矿矿石样品的微量元素测定主要采用电感耦合等离子体质谱仪（ICP-MS），由广州澳实分析测试公司测试完成，具体采用 MS-81 测试方法进行，测试结果见表7-5。

表 7-5　沙特钙质磷矿石微量元素含量（样品号：S2）　　　　　　（μg/g）

微量元素	含量	微量元素	含量	微量元素	含量	微量元素	含量	微量元素	含量	微量元素	含量
Ba	19.4	Lu	0.28	Nd	8.5	Tb	0.35	Sn	<1	Zr	<20
Ce	7.7	Ga	0.5	Nb	0.2	Sr	319	U	21.9	Dy	2.23
Cr	60	Gd	2.29	Pr	2.2	Ta	<1	V	42	Er	2.03
Cs	<0.01	La	15.3	Sm	1.62	Yb	1.63	W	5	Eu	0.45
Tm	0.28	Hf	<0.2	Rb	<0.2	Th	0.32	Y	39.7	Tl	<0.5
Ho	0.63										

注：广州澳实分析测试公司测试。

微量元素测试结果表明，磷矿石主要以 Sr、Cr、Y 等元素富集为特征。表现为与多数磷块岩微量元素含量相似。

Sr 元素含量为 319μg/g、Cr 为 60μg/g、Y 为 39.7μg/g 及 U 为 21.9μg/g，与多数磷块岩相比较为一致。Cr、U 元素含量相对较高，应在进行环保处理时加以注意。

沙特磷矿石的微量元素特征总体表现出可供综合利用的元素含量较低，稀土元素总体含量不高。

7.3　磷矿石的工艺性质特征

矿石工艺性质分析一般指研究有用矿物相关粒度与含量变化、矿物之间相互嵌布特征、目标矿物解离特征及矿物共生组合之间关系，为后续矿物加工工艺提供可靠基础研究资料。

7.3.1　磷矿石粒度分布及嵌布特征

沙特钙质磷矿石主要矿物粒度及嵌布特征分析，采用岩矿鉴定片通过奥林巴斯 CX21P 显微镜完成鉴定后，经统计分析完成。

7.3.1.1　钙质磷矿石中有用矿物粒度分布特征

钙质磷矿石主要有用矿物为胶磷矿（氟磷灰石）。

胶磷矿（氟磷灰石）为部分较粗粒胶磷矿及微细粒胶磷矿颗粒构成砂屑结构等为主。主要以胶磷矿（磷灰石）颗粒、风化胶磷矿颗粒及细微粒隐晶硅质颗粒组成颗粒成分分布于基底之上，构成类似颗粒支撑结构。偶见类似长石类颗粒出现于颗粒之中。

其次见细-微晶磷灰石（胶磷矿）以细微颗粒状存在于颗粒间形成类似填隙物，构成类似杂基支撑结构。

显微镜下对样品薄片 S2 进行粒度统计分析，结果表明磷灰石颗粒主要粒径分布为：

胶磷矿（氟磷灰石）（样品薄片号：S2-1）<0.06mm 粒级分布为 10.77%，在 +0.06 ~ -0.08mm 粒级含量为 12.42%，+0.08 ~ -0.10mm 为 22.55%。+0.10 ~ -0.12mm 为 8.50%，+0.12 ~ -0.14mm 为 21.24%，集中分布于 +0.06 ~ -0.14mm，集中度为 64.71%。

胶磷矿平均粒度为 0.0937 ~ 0.0985mm，平均工艺粒度为 0.0755 ~ 0.0794mm。

粒度统计分析过程与统计结果（略）。

依据胶磷矿各粒级含量统计绘制各粒级累计含量图（略）。

7.3.1.2 钙质磷矿石中胶磷矿嵌布特征

钙质磷矿石中主要有用磷酸盐类矿物为胶磷矿，胶磷矿成分为氟磷灰石。胶磷矿（氟磷灰石）呈椭圆状长椭圆状（少量柱状）较粗颗粒、主要为微-细粒椭圆状颗粒（少部分为鲕粒）构成砂屑结构等，为以胶磷矿（氟磷灰石）颗粒、少量隐晶硅质团粒组成颗粒成分分布于基底之上，构成类似颗粒支撑结构。

其次见细-微晶磷灰石（胶磷矿）以细微颗粒状存在于颗粒间形成类似填隙物，构成类似杂基支撑结构。

其主要嵌布特征为：粗-细微粒砂屑结构、结集状结构所构成均匀-不均匀嵌布特征。

7.3.1.3 钙质磷矿石中脉石矿物主要嵌布特征

经显微镜镜下分析结合扫描电镜分析，主要脉石矿物为碳酸盐矿物，并以方解石为主。主要见有两种存在形式；粗粒-团块状方解石和细微晶粒颗粒状-隐晶质团粒状方解石。

粗粒-团块状碳酸盐矿物以方解石为主（矿石含 MgO 较低，为 0.25%，故推断主要为方解石矿物存在，镜下见其高级白干涉色等为其证据，图 7-27），其余主要粒度分布于大于 0.1mm，主要见类似胶结物的团块状等结集状嵌布特征分布于矿石矿物及脉石矿物颗粒间，组成基底中颗粒矿物，构成颗粒支撑。

细微品粒颗粒状-品质团粒状方解石，主要为填隙胶结物，多集中于小于 0.02mm 或不规则状，构成基底胶结物。

少量隐晶硅质团粒存在于胶磷矿颗粒及细微类似胶结物中，成团粒状、结集状分布。其团粒粒度分布为 0.02 ~ 0.08mm 不等。其中偶尔见有类似长石颗粒共生产出。

7.3.2 钙质磷矿石的单体解离度统计

磷酸盐矿物（胶磷矿）各粒级解离度特征可知磷酸盐矿物（氟磷灰石）样（S2-1）的解离度主要为：

在 +0.106 ~ -1mm 粒级解离度为 85.67%，+0.074 ~ -0.106mm 粒级解离度为 82.18%，-0.074 ~ +0.043mm 粒级解离度为 93.37%。< -0.043mm 粒级解离度为 94.89%。

分析样品解离度特征，可以得出：

（1）各粒级解离度特征表明，随着磨矿细度增加，解离度也加大，< -0.043mm 粒

级解离度达最大值94.89%。

（2）解离度变化特征显示，−0.106～+0.074mm粒级解离度为82.18%，−0.074～+0.043mm粒级解离度93.37%，表明磨矿过程中胶磷矿进入微细粒级可能会导致胶磷矿损失率增大。

（3）结合粒度分析及显微镜观测资料，脉石矿物主要以碳酸盐矿物方解石及少量隐晶硅质团粒为主，选矿过程中脱钙是提高矿石有用组分的主要手段。

7.3.3　钙质磷矿石筛分分析

将样品按1～0.147mm、0.147～0.106mm、0.106～0.074mm、0.074mm～−0.045mm、<0.045mm进行分级，测试各粒级P_2O_5、CaO含量，并计算筛析实验结果，见表7-6。

表7-6　钙质磷矿石筛析结果

编号	粒度级别/mm	质量/g	产率/%	P_2O_5 品位/%	P_2O_5 分布率/%	CaO 品位/%	CaO 分布率/%
A	0.106～1.000	74.58	61.42	23.51	67.75	53.59	67.86
B	0.074～0.106	10.95	9.02	18.95	8.02	53.23	7.98
C	0.045～0.074	12.93	10.65	9.10	4.55	53.65	4.56
D	−0.045	22.96	18.91	22.19	19.69	53.26	19.60
合计		121.42	100.00	21.31	100.00	53.50	100.00

7.3.3.1　套筛筛分流程

原矿经颚式破碎机破碎到1mm以下，把破碎后的产物放入套筛，在振动筛机器上振动30min，然后对各个级别进行称重、分析。具体流程如图7-46所示。

7.3.3.2　筛析结果

表7-6为筛分分析的结果，反映了磷矿经过破碎后（−1mm）的一些基本情况。从表7-6分析得出：

（1）从品位看，磷在0.045～0.074mm的级别上较低，其他级别的品位则相差不大；而钙在每个级别的品位基本一致。这说明磷矿的主要脉石为方解石、白云石等，0.045～0.074mm级别的矿可预先抛掉，另做处理。

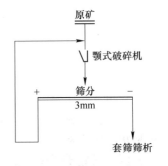

图7-46　套筛筛分流程图

（2）从分布率看，磷、钙主要分布在0.106～1mm和−0.045mm的级别上，分别为87.44%、87.46%。

7.4　结论与建议

7.4.1　主要结论

通过对沙特钙质磷矿石开展矿物成分、化学成分等物质组成及磷矿石工艺性质测试分析，可以得到以下结论：

（1）磷酸盐矿物（胶磷矿）主要为氟磷灰石，磷矿石定名为：钙质磷矿石。该类磷矿物主要为均质类胶磷矿，具明显沉积作用主要特征，主要为内碎屑类及正化（原地）胶磷矿，少数显示结晶态的磷灰石特征。

主要脉石矿物为方解石、隐晶硅质团粒，含少量赤铁矿，为低硫低铁质钙质胶磷矿矿石类型。

（2）对钙质胶磷矿矿石进行了 X 射线衍射仪（XRD）分析测试，结果表明钙质磷矿石矿物组成为胶磷矿（氟磷灰石），脉石矿物为方解石及少量白云石。矿石中极少见黏土矿物，主要以被胶磷矿包裹状态出现。

（3）扫描电镜（SEM）及能谱分析测试结果表明，磷矿石遭受一定的次生变化作用，导致磷矿石中普遍含有因风化而褪色胶磷矿，扫描电镜分析结果证明其具有微孔结构特征。胶磷矿包裹体中见有磷铝石及有机碳等。

（4）化学成分分析结果表明，钙质胶磷矿矿石中 P_2O_5 含量为 22.0%，表明 P_2O_5 含量不高，应属于中–低品位磷矿石。矿石的 CaO 含量为 55.3%，应属钙质胶磷矿矿石。

钙质磷矿石的 S 含量极低，镜检结果表明黄铁矿含量远低于 1%，化学分析结果表明 SO_3 含量为 0.17%。

矿石化学成分表明：样品应属低硫、低铁、低硅的钙质胶磷矿矿石，其物质组成与沉积型磷块岩物质组成相类同，但受一定的次生风化作用影响，胶磷矿的性质会有所改变，如具有微孔状及包裹较少量的磷等。

（5）微量元素测试结果表明，磷矿石主要以 Sr、Cr、Y 等元素富集为特征。表现为与多数磷块岩微量元素含量相似。

Sr 元素含量为 319μg/g，Cr 含量为 60μg/g，Y 含量为 39.7μg/g，与多数磷块岩相比较为一致。Cr、U 元素含量相对较高，应在进行环保处理时加以注意。

（6）钙质胶磷矿矿石主要化学组成表明磷酸盐矿物为磷灰石（氟磷灰石为主）。胶磷矿颗粒以微细为主，含少量较粗粒颗粒，磷矿物与脉石矿物紧密共生，镜下胶磷矿为褐色、棕色或无色，主要呈砂屑状结构。矿物集合体为砂屑粒状、块状构造为主。

（7）经显微镜下对钙质磷矿石样品（薄片号 S2-1、S2-2）的粒度统计分析，结果表明胶磷矿颗粒主要粒径分布为：胶磷矿（氟磷灰石）（样品薄片号：S2-1）<0.06mm 粒级分布为 10.77%，在 +0.06～-0.08mm 粒级含量为 12.42%，+0.08～-0.10mm 为 22.55%，+0.10～-0.12mm 为 8.50%，+0.12～-0.14mm 为 21.24%，集中分布于 +0.06～-0.14mm，集中度为 64.71%。

胶磷矿平均粒度为 0.0937～0.0985mm，平均工艺粒度为 0.0755～0.0794mm。

（8）钙质胶磷矿矿石中有用矿物成分磷酸盐类矿物的主要嵌布特征为：粗粒–细微粒砂屑结集状结构均匀–不均匀嵌布特征。

（9）磷酸盐矿物（胶磷矿）各粒级解离度特征可知磷酸盐矿物（氟磷灰石）样（S2-1）的解离度主要为：在 +0.106～-1mm 粒级解离度为 85.67%，+0.074～-0.106mm 粒级解离度为 82.18%，-0.074～+0.043mm 粒级解离度为 93.37%，<-0.043mm 粒级解离度为 94.89%。

分析样品解离度特征，可以得出：

（1）各粒级解离度特征表明，随着磨矿细度增加，解离度也加大，＜－0.043mm粒级解离度达最大值94.89%。

（2）解离度变化特征显示，－0.106～＋0.074mm粒级解离度为82.18%，－0.074～＋0.043mm粒级解离度为93.37%，表明磨矿过程中胶磷矿进入微细粒级可能会导致胶磷矿损失率增大。

（3）结合粒度分析及显微镜观测资料，脉石矿物主要以碳酸盐矿物方解石及少量隐晶硅质团粒为主，选矿过程中脱钙是提高矿石有用组分的主要手段。

7.4.2　建议

（1）为避免过磨影响浮选效果，建议入选粒度以－0.14～＋0.074mm为界。

（2）在＋0.074～－0.106mm粒级范围，经进一步脱钙处理，可能会对该磷矿石脱钙有效果并提高磷精矿回收率。

（3）由于细微粒状胶磷矿主要粒径为0.02～0.06mm，多见0.05mm粒径，＜0.06mm粒级分布为10.77%。该部分磷矿物与脉石矿物呈微细粒嵌布，给回收带来一定难度。从选矿工艺分析，需要将矿石磨至－200目以下或更细，才可能使胶磷矿矿物单体解离度提高。

8 MLG 某磷矿矿石工艺矿物学特征

受某公司委托，对 MLG（摩洛哥）某磷矿矿石开展工艺矿物学特征研究。

研究内容分为两个部分：第一部分是开展磷矿石物质组成分析。主要进行磷矿石制样、制片、显微镜下透射光和反射光矿石矿物组成分析鉴定、X 射线衍射（XRD）分析、矿石结构构造分析、矿石化学分析及微量元素分析，主要查明磷矿石矿物成分、结构构造及化学成分特征。第二部分是磷矿石工艺特征研究，主要有磷矿石粒度分布特征、筛分分析及磷矿石解离度分析。

通过开展以上工作，查明某磷矿石矿物组成、结构构造特征、化学成分及微量元素分布特征；同时开展粒度分析、嵌布特征、筛分分析及解离度分析，查明磷矿石工艺性质，为该磷矿矿石加工利用提供有价值分析资料。

8.1 磷矿矿石物质组成

对某磷矿矿石开展物质组成分析主要分为两个部分：矿石矿物成分及化学组成分析。主要目的是查明磷矿石主要有用矿物类型、脉石矿物种类、化学有用矿物化学组成及微量元素分布特征，为该磷矿石选矿加工工艺提供物质组成资料。

8.1.1 磷矿石矿物组成特征

采用奥林巴斯光学显微镜配合 X 射线衍射（XRD）分析，进行磷矿石有用矿物种类，脉石矿物类型及含量分析，查明磷矿石矿物组成及含量特征。

8.1.1.1 磷矿矿石矿物组成

研究样品说明：本次研究样品主要为经选矿后粉状矿样，将其视为原矿矿样进行分析研究，故并不代表原矿矿样。磷矿石薄片鉴定样品号：Lw-1、Lw-3、Lw-5 等。

磷矿石定名：硅质碳酸盐型磷矿石（硅钙质磷矿石）。

主要矿物成分：胶磷矿、碳酸盐矿物（方解石为主，少量白云石）、石英、黏土矿物等，见图 8-1 和图 8-2。

主要均质磷酸盐类矿物为胶磷矿。主要分为两种类型：一类为团粒状、砂粒屑、椭圆状及圆粒状，主要粒度分布范围为 0.15～0.20mm，多见 0.18mm，含量为 10%～15%。该类磷矿物主要为均质类胶磷矿，沉积作用主要特征不明显，可能主要为内碎屑类及正化（原地）胶磷矿，少数显示出结晶态磷灰石特征，如图 8-3 和图 8-4 所示。椭圆状、圆粒状胶磷矿内部普遍见有压碎裂纹结构，见图 8-3～图 8-6。另一类为细微粒状胶磷矿，为细小圆形、多边形粒状胶磷矿。主要粒径为 0.0304～0.08mm，多见 0.05mm 粒径的胶磷矿颗粒（图 8-1～图 8-4）。含量占多数，为 20%～25%。

胶磷矿总体含量为 20%～30%，主要粒径分布范围为 0.03～0.08mm，多见于

0.05mm 左右为主。能谱分析证明胶磷矿主要成分为碳磷灰石（图 8-1～图 8-14）。

8.1.1.2　磷矿石中脉石矿物组成

磷矿石薄片鉴定样品号：Lw-2、Lw-3、Lw-4。

碳酸盐矿物主要分为两部分：第一部分为微 – 细晶方解石为主，含极少量黏土矿物，组成微晶基质基底式胶结类似类型，构成类似杂基支撑。主要粒径为 0.03～0.06mm，多见 0.05mm。见分散粒状、团粒状等类似胶结物堆积在胶磷矿、石英颗粒间。碳酸盐矿物多见方解石，菱形晶体及菱形解理明显可见。部分为白云石，偶见白云石鞍状晶体。碳酸盐类矿物解理特征明显（图 8-6）。见椭圆状胶磷矿因次生作用产生的褪色边，见图 8-5。

第二部分为亮晶方解石团粒与砂粒屑、团粒状、椭圆状及圆状胶磷矿构成类似杂基支撑中较粗粒成分。主要粒径为 0.12～0.15mm，多见 0.10mm 粒径存在。正交偏光下多见碳酸盐矿物特征高级白光性特征，见图 8-1～图 8-4。

碳酸盐矿物方解石、白云石含量占脉石矿物大部分，为 40%～50%。

石英：石英呈圆形、椭圆形颗粒产出，见粒径为 0.12mm～0.18mm 颗粒。正交偏光下为一级灰干涉色为主，薄片为磨到规定厚度，因此正交偏光下显现黄色等干涉色。含量为 15%～20%（图 8-7～图 8-10）。

还见以细微粒状分布的石英微粒，正交偏光下显现一级灰干涉色，多以 0.06mm 分布。显微镜下常见细微颗粒组成团粒状，类似于基地胶结类型，如图 8-12～图 8-14 所示。

类似结构特征：砂屑结构为主，类似杂基支撑。石英颗粒、微晶 – 细晶体碳酸盐矿物为主要杂基成分。

矿石含胶磷矿含量较低，一般胶磷矿含量低于 30%，P_2O_5 含量应低于 20%。

黄铁矿：极少量黄铁矿，含量小于 1%，参见图 8-11 和图 8-12。

赤铁矿：偶见极少量赤铁矿见图 8-11 和图 8-7。

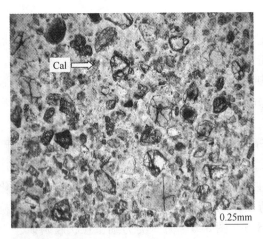

图 8-1　硅钙质磷矿石（样品号：Lw-1）

（硅质碳酸盐（方解石 Cal）质砂屑磷矿石，（ - ）×4）

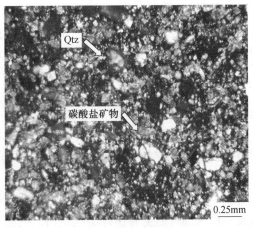

图 8-2　硅钙质磷矿石

（硅钙质砂屑磷矿石，见灰色

石英（Qtz），（ + ）×4）

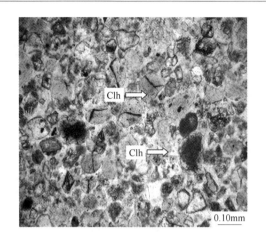

图 8-3　硅钙质磷矿石（样品号：Lw-2）
（硅钙质砂屑磷矿石中胶磷矿见开裂纹，（−）×10）

图 8-4　磷矿石中石英（Qtz）（样品号：C−1）
（硅钙质砂屑磷矿石，（+）×10）

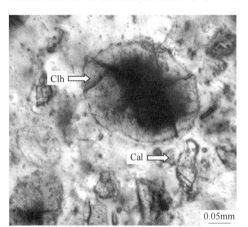

图 8-5　磷矿石中裂纹（样品号：Lw-2）
（硅钙质砂屑磷矿石中胶磷矿（Clh）、
方解石（Cal），（−）×20）

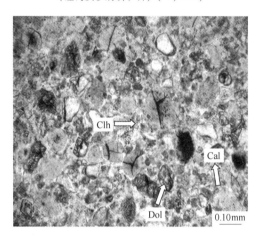

图 8-6　矿石中方解石（样品号：Lw-2）
（硅钙质砂屑磷矿石见方解石（Cal）、
白云石（Dol），（+）×10）

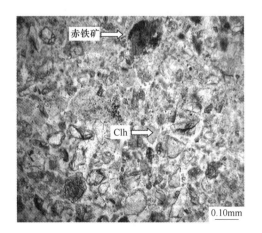

图 8-7　砂屑状磷矿石（样品号：Lw-3）
（硅钙质砂屑磷矿石中胶磷矿（Clh），（−）×10）

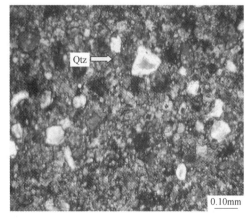

图 8-8　砂屑磷矿石（样品号：Lw-3）
（硅钙质磷矿石中见石英（Qtz），（+）×10）

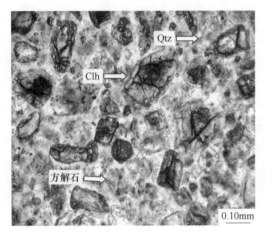

图8-9　砂屑状磷矿矿石（样品号：Lw-3）

（硅钙质砂屑磷矿石的胶磷矿（Clh），（-）×10）

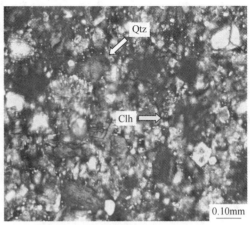

图8-10　磷矿石中石英（样品号：Lw-3）

（硅钙质砂屑磷矿石，见石英（Qtz）等，（+）×10）

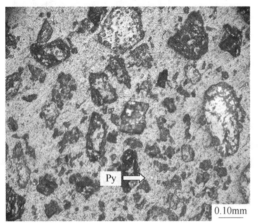

图8-11　微晶状黄铁矿（样品号：Lw-4）

（见微晶状黄铁矿（Py），反射光×10）

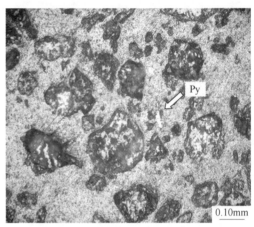

图8-12　微晶黄铁矿（样品号：Lw-4）

（见极少量微晶黄铁矿（Py），反射光×10）

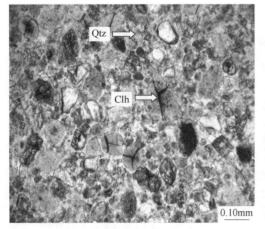

图8-13　砂屑磷矿矿石（样品号：Lw-5）

（硅钙质砂屑磷矿石中胶磷矿（Clh），（-）×10）

图8-14　砂屑状磷矿矿石（样品号：Lw-5）

（硅钙质砂屑磷矿石中见石英（Qtz），（+）×10）

8.1.1.3 磷矿石 XRD 分析

对硅质碳酸盐磷矿石进行了 X 射线衍射仪（XRD）分析测试，其目的是查明磷矿石矿物组成。X 射线分析（XRD）测试条件见第 1 章。

XRD 测试分析结果见表 8-1。

表 8-1 硅质碳酸盐磷矿石 XRD 分析结果 （%）

样 号	矿 物 种 类 和 含 量					黏土矿物总量
	石 英	钾长石	方解石	白云石	磷灰石	
Lw（磷矿石）	20.6	0.8	17.1	17.5	44.0	微量

测试结果表明，磷矿石主要有用矿物为磷灰石。脉石矿物主要见方解石、白云石、石英及少量钾长石。

测试结果表明，磷灰石含量为 44.0%，与显微镜下分析结果有一定偏差，与该类型胶磷矿因次生作用产生褐色，与碳酸盐矿物杂混在一起有关，故影响了纤维镜下镜检效果。

脉石矿中物碳酸盐矿物方解石、白云石含量共为 34.6%，与显微镜观察结果其含量为 40% ~50% 较为吻合。

石英含量为 20.6%，与显微镜下分析含量为 15% ~20% 相一致。

XRD 的衍射图谱见图 8-15。

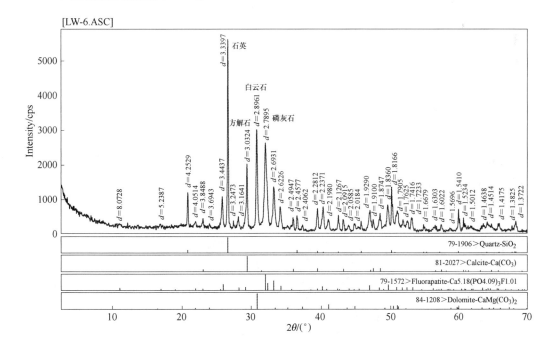

图 8-15 含硅质碳酸盐型磷矿石 XRD 图谱

8.1.1.4　磷矿石扫描电镜及能谱分析

对翁福（集团）有限责任公司提供磷矿石样品进行了扫描电镜配合能谱分析。测试采用日立公司扫描电镜（Hitachi S-3400N）和能谱仪（EDAX-204B for Hitachi S-3400N）进行，在贵州大学理化测试中心测试。使用扫描电镜（SEM）配合能谱分析，在确定矿物形态特征基础上，通过测定矿物成分特征，确定矿物成分组合及种类，以达到配合鉴定矿物的目的。

扫描电镜技术参数见第 1 章。

磷矿石（样品号 Lw）的扫描电镜（SEM）及能谱成分分析结果表明，高硅钙质磷矿石中主要为胶态磷灰石（图 8-16），能谱成分分析结果证明测点成分组成为磷酸钙。

能谱分析结果表明，部分胶磷矿（磷灰石）含一定量的 F⁻，表明部分胶磷矿的主要矿物组成为氟磷灰石（图 8-16），也存在碳磷灰石（表 8-2）。

能谱分析测试结果表明，脉石矿物主要见有碳酸盐矿物方解石、白云石等，与显微镜观察分析结果类似（图 8-16）。扫描电镜及能谱分析表明石英较为纯净。

SEM 及能谱成分测试分析结果表明（图 8-16），样品中见硅、钙质等物质成分，其组成表明应为钾长石类矿物。

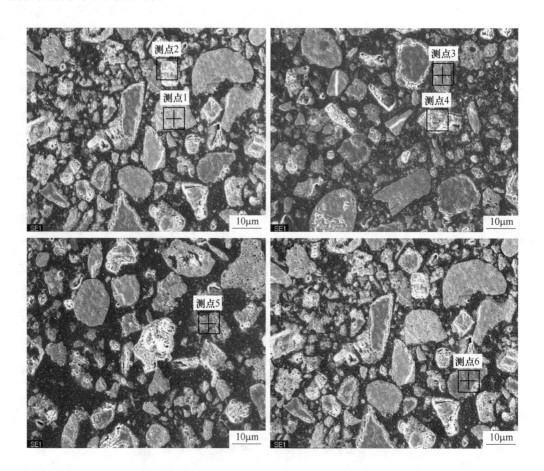

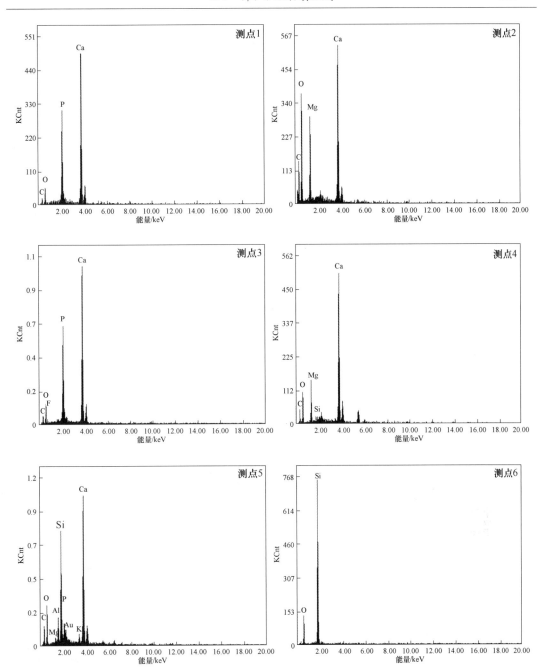

图 8-16 样品 Lw 的测点 1~6 的 SEM 图及谱线图

(测点 1 为胶磷矿，测点 2 为碳酸盐矿物白云石，测点 3 能谱成分中显示胶磷矿为磷灰石，

测点 4 为白云石，测点 5 能谱成分显示为钾长石，测点 6 能谱成分显示为石英)

表 8-2 磷矿石（Lw 号样品）的 EDAX 能谱成分 （%）

元素 \ 测点	测点 1	测点 2	测点 3	测点 4	测点 5	测点 6
C	15.61	24.21	16.54	16.48	25.55	

测点 元素	测点 1	测点 2	测点 3	测点 4	测点 5	测点 6
O	27.55	46.71	26.80	38.25	28.70	40.88
Mg		12.30		10.30	0.67	
P	16.07		15.82		2.43	
Ca	40.78	16.78	36.79	33.89	23.25	
Al					2.81	
F			4.06			
Si				1.08	12.32	59.12
K					1.18	

8.1.2 磷矿石化学组成特征

矿石化学成分及微量元素组成分析，是了解和确定样品化学组成和微量元素组成特征的主要测试手段。对样品进行相关微量元素系统分析，是了解矿石共、伴生元素组合含量的主要手段。

8.1.2.1 磷矿石常量化学成分

磷矿石化学成分分析结果表明（广州澳实分析测试公司进行测试，分析结果见表8-3），硅质碳酸盐型磷矿石中 P_2O_5 含量为 16.004%，表明 P_2O_5 含量不高，应属于中 - 低品位磷矿石。矿石中 CaO 含量为 35.68%，MgO 含量为 3.57%，构成碳酸盐矿物应以方解石为主，白云石次之。矿石的 SiO_2 含量为 22.87%，应属高硅质磷矿石。

表 8-3   硅质碳酸盐型磷矿石常量化学组成　　　　　　　　（质量分数,%）

样品	SiO_2	Al_2O_3	Fe_2O_3	CaO	MgO	Na_2O	K_2O	Cr_2O_3	TiO_2	MnO	P_2O_5	SrO	BaO	LOI	总计
Lw	22.87	1.83	0.67	35.68	3.57	0.51	0.35	0.03	0.11	<0.01	16.004	0.08	<0.01	16.65	98.36

磷矿石的 Na_2O 含量 > K_2O 含量，分别为 0.51% > 0.35%，与织金磷块岩正好相反，织金原生磷块岩为 K_2O 型 > Na_2O 型，表明该矿石遭受过次生变化作用。

高硅钙质磷矿石 S 含量极低，镜检结果表明黄铁矿含量远低于 1%。

矿石化学成分表明：样品应属低铁质低硫高硅钙低镁质胶磷矿矿石，或简称硅钙质胶磷矿矿石。与沉积型磷块岩物质组成相类同。

8.1.2.2 磷矿石微量元素组成

高硅钙质磷矿石样品的微量元素主要采用 ICP-MS 方法测定，由广州澳实分析测试公司完成。结果见表8-4。微量元素测试结果表明，磷矿石主要以 Sr、Ba、Cr、U、Th 等元素富集为特征。表现为与多数磷块岩微量元素含量相似。

Sr 含量为平均 $833\mu g/g$，Ba 元素含量为 $116.5\mu g/g$，Cr 元素含量为 $330\mu g/g$。与多数磷块岩相比较，三元素则相对含量较低。

表 8-4　硅质碳酸盐型磷矿石（样品号：Lw）微量元素含量 （μg/g）

微量元素	含量	微量元素	含量	微量元素	含量	微量元素	含量	微量元素	含量	微量元素	含量
Ba	116.5	Eu	1.94	Lu	1.15	Sn	<1	Tm	1.06	Zr	125
Ce	40	Ga	3.2	Nb	2.7	Sr	833	U	80.8		
Cr	330	Gd	9.15	Nd	38.4	Ta	0.2	V	181		
Cs	0.73	Hf	3	Pr	9.14	Tb	1.41	W	<1		
Dy	9.17	Ho	2.29	Rb	13.3	Th	4.54	Y	120.5		
Er	7.24	La	52.3	Sm	8.06	Tl	<0.5	Yb	7.47		

该磷矿石 U 元素含量为 80.8μg/g，Th 含量平均 4.54μg/g。磷矿石中的 U、Th 含量特征表明，U 元素含量变化应在海相沉积磷块岩的 U 元素分布范围（50~300μg/g），但都属偏低含量范围。

8.2　磷矿石的工艺性质特征

矿石工艺性质分析一般指研究有用矿物相关粒度与含量变化、矿物之间相互嵌布特征，了解矿物共生组合之间关系，为后续矿物加工工艺提供可靠基础研究资料。

8.2.1　磷矿石粒度分布及嵌布特征

高硅钙质胶磷矿矿石主要矿物粒度及嵌布特征分析，采用岩矿鉴定片通过奥林巴斯 CX21P 显微镜完成鉴定后，经统计分析完成。

8.2.1.1　高硅钙质磷矿石中有用矿物粒度分布特征

高硅钙质胶磷矿石主要有用矿物为磷灰石（磷灰石、氟磷灰石）。磷灰石（胶磷矿）为中－细微粒颗粒，砂屑结构，主要为以磷灰石颗粒、碳酸盐（方解石、白云石）颗粒及石英等颗粒组成分布于基底之上，构成类似颗粒支撑结构。

其次见细－微晶磷灰石（胶磷矿）以细微颗粒状存在于颗粒间形成类似填隙物，构成类似杂基支撑结构。

显微镜下对样品 Lw 粒度统计分析，结果表明磷灰石颗粒主要粒径分布为：胶磷矿（磷灰石：Lw-4）在 +0.04~-0.12mm 粒级集中分布，粒级含量为 61.87%，在 0.04~-0.08mm 粒级相对集中，为 42.81%，+0.08~-0.16mm 为 25.87%。

平均粒度及工艺粒度分析（略）。

胶磷矿（磷灰石）（Lw-4、Lw-5）统计粒度分析结果表明，在 +0.04~-0.12mm 粒级集中分布，集中分布比例分别为 61.87%~69.93%，在 0.04~-0.08mm 粒级相对集中，为 42.81%~40.00%，+0.08~-0.16mm 为 25.87%~30.23%。

磷矿颗粒平均直径：0.064~0.082mm；

磷矿平均工艺粒度：0.052~0.066mm。

8.2.1.2　高硅钙质磷矿石中脉石矿物石英的粒度分布特征

高硅钙质磷矿石中脉石矿物石英的粒度统计过程（略）及结果如下：

经统计其石英的粒度分布为 +0.04 ~ -0.12mm，集中分布率为 75.81%。石英的颗粒平均直径为 0.079mm，石英的平均工艺粒度为 0.064mm。

8.2.1.3　高硅钙质磷矿石中胶磷矿嵌布特征

高硅钙质磷矿石中用矿物成分磷酸盐类矿物主要见胶磷矿，胶磷矿成分为磷灰石（磷灰石、氟磷灰石）。磷灰石（胶磷矿）为中 - 细微粒颗粒，砂屑结构，主要为以磷灰石颗粒、碳酸盐（方解石、白云石）颗粒及石英等颗粒组成分布于基底之上，构成类似颗粒支撑结构。

其次见细 - 微晶磷灰石（胶磷矿）以细微颗粒状存在于颗粒间形成类似填隙物，构成类似杂基支撑结构。

其主要嵌布特征为中粒 - 细微粒结集状均匀 - 不均匀嵌布特征。

8.2.1.4　高硅钙质磷矿石中脉石矿物主要嵌布特征

经显微镜镜下分析结合扫描电镜分析，硅质矿物（石英）主要有两种存在形式：中 - 细粒颗粒状石英、细微粒颗粒状石英。

中 - 细粒颗粒状石英：主要以颗粒状与磷灰石（胶磷矿）共存，组成基底中颗粒矿物，多见类似颗粒支撑结构。具均匀颗粒结集状嵌布特征。其粒度分布为 0.07 ~ 0.12mm。

细微粒状石英：存在于碳酸盐颗粒及细微类似胶结物中，成团粒状、结集状分布。其粒度分布为 0.04 ~ 0.08mm。

碳酸盐矿物主要以方解石、白云石为主，约占 1/3 的碳酸盐颗粒主要粒度分布在 0.12 ~ 0.15mm 范围，以颗粒状结集状嵌布特征为主。其余主要粒度分布于 0.03 ~ 0.06mm，多见细微粒团粒状、类似胶结物的团块状等结集状嵌布特征分布于矿石矿物及脉石矿物颗粒间，构成类似杂基支撑结构。

8.2.2　磷矿石筛分分析

按 0.147mm、0.147 ~ 0.106mm、0.106 ~ 0.074mm、0.074 ~ 0.043mm 粒径范围将各样品进行分级，测试各粒级 P_2O_5、Al_2O_3、Fe_2O_3、SiO_2 含量，并计算筛析，实验结果见表 8-5 和表 8-6。通过筛分分析，可以得出以下几点：

（1）磷品位在 +0.106mm 的粒级上比较高，氟品位在 +0.043mm 粒级上比较高，钙品位在每个粒度级别上相差不大，硅品位在 0.043 ~ 0.106mm 粒级中比较高。

（2）磷的含量和氟含量基本成正相关关系。

（3）从分布率看：磷、氟、钙、硅都主要分布在 +0.043mm 粒级上，分布率分别为 87.28%、89.89%、85.09%、89.34%。

表 8-5　高硅钙质胶磷矿各粒级主要化学成分

编　号	粒级/mm	含量（质量分数）/%			
		P_2O_5	SiO_2	CaO	F
Lw-a	+0.147	19.50	17.01	36.90	2.83
Lw-b	0.106 ~ 0.147	17.65	23.58	34.20	2.97

编　号	粒级/mm	含量（质量分数)/%			
		P$_2$O$_5$	SiO$_2$	CaO	F
Lw-c	0.074 ~ 0.106	13.73	26.29	30.07	2.91
Lw-d	0.043 ~ 0.074	13.14	23.45	31.82	1.94
Lw-e	-0.043	14.49	15.92	35.62	1.84

表 8-6　样品各粒级 P$_2$O$_5$ 等成分分布率结果

编号	粒级/mm	质量/g	产率/%	P$_2$O$_5$		F		CaO		SiO$_2$	
				品位/%	分布率/%	品位/%	分布率/%	品位/%	分布率/%	品位/%	分布率/%
Lw-a	+0.147	138.60	27.20	19.50	32.78	2.83	29.76	36.90	29.58	17.01	21.81
Lw-b	0.106 ~ 0.147	113.50	22.27	17.65	24.29	2.97	25.57	34.20	22.45	23.58	24.76
Lw-c	0.074 ~ 0.106	99.50	19.53	13.73	16.57	2.91	21.97	30.07	17.30	26.29	24.20
Lw-d	0.043 ~ 0.074	85.60	16.80	13.14	13.64	1.94	12.60	31.82	15.75	23.45	18.57
Lw-e	-0.043	72.40	14.21	14.49	12.72	1.84	10.11	35.62	14.91	15.92	10.66
合　计		509.60	100.00	16.18	100.00	2.59	100.00	33.93	100.00	21.21	100.00

8.2.3　磷矿矿石中胶磷矿解离度分析

磷矿石中磷酸盐矿物（胶磷矿）的解离度计算分析，主要采用将矿石磨细分级后，经显微镜下统计分析完成。

经统计分析磷酸盐矿物（胶磷矿，样品：Lw-4）-0.147 ~ +0.043mm 的各粒级解离度特征，可知磷酸盐矿物（胶磷石）样（Lw-4）的解离度主要为：在 -0.147 ~ +0.106mm 粒级解离度为 77.92%；-0.106 ~ +0.074mm 粒级解离度为 82.62%；-0.074 ~ +0.043mm 粒级为解离度 88.92%。

分析样品解离度特征，可以得出以下特点：

（1）各粒级解离度特征表明，随着磨矿细度增加，解离度也加大，于 -0.074 ~ +0.043mm 粒级达最大值 88.92%。

（2）解离度变化特征显示，-0.106 ~ +0.074mm 粒级解离度为 82.62%，-0.074 ~ +0.043mm 粒级解离度为 88.92%，表明磨矿过程中部分胶磷矿进入微细粒级导致胶磷矿损失率增大，应在选矿过程中加以注意。

（3）结合粒度分析资料，碳酸盐矿物主要以方解石、白云石为主，约占 1/3 的碳酸盐颗粒主要粒度分布在 0.12 ~ 0.15mm 范围；粒径为 0.12 ~ 0.18mm 的石英颗粒含量为 15% ~ 20%，表明在 -0.147 ~ +0.106mm 粒级范围可以考虑脱硅选矿处理或分段磨矿，可能会对该磷矿石脱硅除钙有效果。

8.3　结论与建议

8.3.1　主要结论

通过对 MLG 磷矿矿石开展矿物成分及化学成分等物质组成及磷矿石工艺性质测试分

析，可以得到以下结论：

（1）磷酸盐矿物（胶磷矿）主要为磷灰石、氟磷灰石，磷矿石定名为：高硅质碳酸盐型磷矿石。该类磷矿物主要为均质类胶磷矿，沉积作用主要特征不明显，可能主要为内碎屑类及正化（原地）胶磷矿，少数显示出结晶态磷灰石特征。

矿石遭受一定的次生变化作用，导致胶磷矿颗粒形成褪色边。

主要脉石矿物为方解石、白云石及石英。黄铁矿、赤铁矿含量极低，为低硫低铁胶磷矿矿石类型。

（2）对硅质碳酸盐磷矿石进行了 X 射线衍射仪（XRD）分析测试，结果表明磷矿矿石中矿石矿物组成为胶磷矿、白云石（方解石）及石英；黏土矿物含量极低。偶见极少量钾长石（被 SEM 及能谱分析所证明）。

（3）能谱分析结果表明，部分胶磷矿（磷灰石）含一定量的 F^-，表明部分胶磷矿的主要矿物组成为氟磷灰石。脉石矿物主要见有碳酸盐矿物方解石、白云石等，与显微镜观察分析结果类似。

扫描电镜及能谱分析表明白云石（方解石）、石英较为纯净，表明所含杂质元素较低，也表明钙磷矿杂质含量较低。

（4）化学成分分析结果表明，硅质碳酸盐型磷矿石中 P_2O_5 含量为 16.004%，表明 P_2O_5 含量不高，应属于中 - 低品位磷矿石。矿石中 CaO 含量为 35.68%，MgO 含量为 3.57%，构成碳酸盐矿物应以方解石为主，白云石次之。

矿石的 SiO_2 含量为 22.87%，应属高硅质磷矿石。

高硅钙质磷矿石 S 含量极低，镜检结果表明黄铁矿含量远低于 1%。同时含铁矿物赤铁矿等含量也极低。

矿石化学成分表明：样品应属低铁质低硫高硅钙低镁质胶磷矿矿石，或简称硅钙质胶磷矿矿石。与沉积型磷块岩物质组成相类同。

（5）微量元素测试结果表明，磷矿石主要以 Sr、Ba、Cr、U、Th 等元素富集为特征。表现为与多数磷块岩微量元素含量相似。

Sr 含量平均为 833μg/g，Ba 元素含量为 116.5μg/g，Cr 元素含量为 330μg/g。与多数磷块岩相比较，三元素则相对含量较低。

U 元素含量为 80.8μg/g，Th 含量平均为 4.54μg/g。磷矿石中的 U、Th 含量特征表明，U 元素含量变化应在海相沉积磷块岩的 U 元素分布范围（50～300μg/g），但都属偏低含量范围。

（6）高硅钙质胶磷矿石主要有用矿物为磷灰石（磷灰石、氟磷灰石）。磷灰石（胶磷矿）为中 - 细微粒颗粒，砂屑结构，主要为以磷灰石颗粒、碳酸盐（方解石、白云石）颗粒及石英等颗粒组成分布于基底之上，构成类似颗粒支撑结构。

其次见细 - 微晶磷灰石（胶磷矿）以细微颗粒状存在于颗粒间形成类似填隙物，构成类似杂基支撑结构。

显微镜下对样品 Lw 粒度统计分析，结果表明磷灰石颗粒主要粒径分布为胶磷矿（磷灰石）（Lw-4）在 +0.04～-0.12mm 粒级集中分布，粒级含量为 61.87%，在 0.04～-0.08mm 粒级相对集中，为 42.81%，+0.08～-0.16mm 为 25.87%。

经统计其脉石矿物石英的粒度分布为 +0.04～-0.12mm，集中分布率为 75.81%。

石英的颗粒平均直径为 0.079mm，石英的平均工艺粒度为 0.064mm。

（7）通过筛分分析，可以得出：

磷品位在 +0.106mm 的粒级上比较高，氟品位在 +0.043mm 粒级上比较高，钙品位在每个粒度级别上相差不大，硅品位在 0.043 ~ 0.106mm 粒级中比较高。

磷含量和氟含量基本成正相关关系。

从分布率看：磷、氟、钙、硅都主要分布在 +0.043mm 粒级上，分布率分别为 87.28%、89.89%、85.09%、89.34%。

（8）高硅钙质磷矿石中用矿物成分磷酸盐类矿物的主要嵌布特征为：中粒 - 细微粒结集状均匀 - 不均匀嵌布特征。

（9）磷酸盐矿物（胶磷矿）各粒级解离度特征可知磷酸盐矿物（胶磷石）样（Lw-4）的解离度主要为：

在 -0.147 ~ +0.106mm 粒级解离度为 77.92%，-0.106 ~ +0.074mm 粒级解离度为 82.62%，-0.074 ~ +0.043mm 粒级为解离度 88.92%。

8.3.2 建议

（1）为避免过磨影响浮选效果，建议入选粒度以 -0.147mm 和 +0.043mm 为界。

（2）在 -0.147 ~ +0.106mm 粒级范围可以考虑脱硅选矿处理或分段磨矿，可能会对该磷矿石脱硅除钙有效果。

9　塞内加尔磷矿石工艺矿物学性质研究

受某某（集团）有限责任公司委托，对塞内加尔磷矿石开展工艺矿物学研究。

研究内容分为两个部分：第一部分是开展磷矿石物质组成分析研究，主要进行磷矿石制样、制片、显微镜透射光和反射光下矿石矿物组成分析鉴定、X 射线衍射分析（XRD）、扫描电镜配合能谱分析、矿石结构构造分析、矿石化学成分及微量元素组成分析等，查明磷矿石矿物成分、化学组分及结构构造特征。

第二部分是磷矿石工艺性质特征研究，主要完成磷矿石粒度分布及嵌布特征分析、筛分分析及磷矿石解离度分析。

通过开展以上工作，查明某磷矿石矿物组成、结构构造特征、化学成分及微量元素组成分布特征。并通过矿物粒度和嵌布特征分析、筛分分析及解离度分析，查明磷矿石加工工艺性质，为该磷矿石加工利用提供有价值基础分析资料。

9.1　塞内加尔磷矿石物质组成

对某有限责任公司提供的某磷矿石开展物质组成测试分析，分为两个部分进行，即矿石矿物成分及化学组成分析。主要目的是查明磷矿石主要有用矿物种类、矿石类型、脉石矿物种类、矿石矿物化学组成及微量元素分布特征等，为磷矿石加工利用提供可靠基础研究资料。

9.1.1　塞内加尔磷矿石矿物组成特征

采用奥林巴斯 CX21P 显微镜配合 X 射线衍射（XRD）分析，进行磷矿石有用矿物、脉石矿物种类、含量及矿石类型分析，查明磷矿石矿物组成及含量特征。

9.1.1.1　磷矿石矿物组成显微镜下特征

A　磷矿石 1 号样品（L-1）的显微镜下特征

磷矿石定名：风化砂屑状含磷铝石磷酸盐矿石。

主要有用矿物成分：磷酸盐类矿物主要为磷灰石（部分为胶磷矿），含量为 50% ~ 60%。其次为磷铝石，磷灰石占多数。

磷灰石（胶磷矿）其粒径分布为 0.03 ~ 0.08mm，主要以 0.06mm 左右为主。少量颗粒大于 0.2mm，0.075mm 以下颗粒占大多数。扫描电镜配合能谱分析结果证明富磷矿物主要成分为碳磷灰石（见图 9-1 和图 9-4）。部分磷灰石因遭受风化作用而呈现黑灰色、黑色。结晶程度较高，多显现出裂理及裂开（图 9-1 ~ 图 9-8）。

见铝磷酸盐矿物呈胶状、针状产出，矿物成分为磷铝碱石，并包裹硅质、碳酸盐岩屑（见图 9-9 ~ 图 9-11、图 9-13、图 9-14）。磷铝石矿物还分布于磷灰石颗粒中并与微晶白云石构成基底矿物，部分针状、纤状矿物应为纤磷钙铝石（图9-4、图9-11）。

脉石矿物主要为石英、碳酸盐矿物（白云石为主）、少量海绿石及黏土矿物等。

石英见粒径为 0.05～0.1mm 呈分散状产出。主要以团粒状、次棱角状为主。正交偏光下为一级灰干涉色。含量约为 2%（图9-2、图9-5）。

碳酸盐矿物主要分为两部分：第一部分为微－细晶方解石含有黏土矿物组成微晶基质基底式胶结类型，构成杂基支撑。第二部分以砂粒屑产出构成杂基支撑中较粗粒成分。碳酸盐矿物在该样品中含量不高，占 2%～5%（图9-10～图9-12）。

脉石矿物还见赤铁矿、钛铁矿。钛铁矿以细－微颗粒产出。扫描电镜及能谱分析结果表明部分铁质矿物为钛铁矿，正交偏光下显示为红黑色。见少量金红石（锐钛矿分布于矿石中，见图9-2）。

少量黏土矿物主要产出于基底物质中，含量较低，为 1%～2%。

结构构造：碎屑结构为主，杂基支撑，微晶－细晶体碳酸盐矿物为主要杂基成分，正交偏光下呈现高级白等，以砂屑状构造为主。

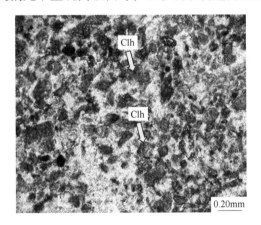

图9-1　含铝磷矿石中胶磷矿（Clh）
（样品号：L-1）
（风化砂屑含铝磷矿石，（－）×5）

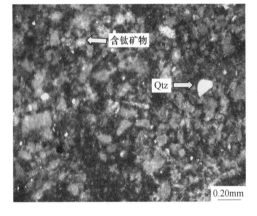

图9-2　含铝磷矿石中石英（样品号：L-1）
（磷矿石见粒状石英（Qtz）及微晶
方解石（Cal），（＋）×5）

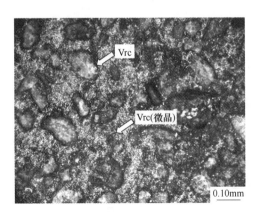

图9-3　含铝磷矿石（磷铝石：Vrc）
（样品号：L-1）
（风化砂屑含铝磷矿石，反射光×10）

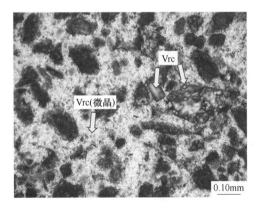

图9-4　纤状针状磷铝石（样品号：L-1）
（含铝磷矿石，见纤状、针状磷铝石（Vrc），（－）×10）

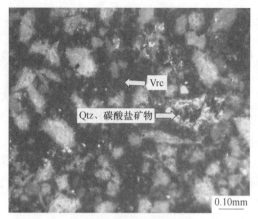

图 9-5　含铝磷矿石（样品号：L-1）

（风化砂屑含铝磷矿石（磷铝石：Vrc），（ + ）×10）

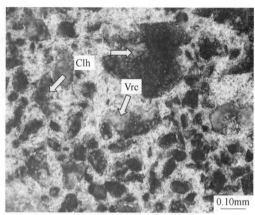

图 9-6　风化砂屑磷灰石（胶磷矿：Clh）

（样品号：L-1）

（风化砂屑磷矿石中磷铝石（Vrc），（ − ）×10）

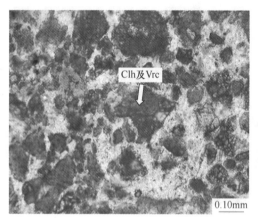

图 9-7　铝磷矿石（胶磷矿：Clh）（样品号：L-1）

（磷灰石及磷铝石（Vrc）构成含铝磷矿石，（ − ）×10）

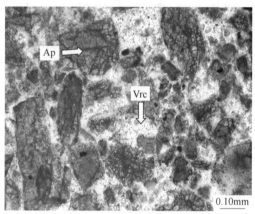

图 9-8　磷灰石（Ap）（样品号：L-1）

（含铝磷矿石中磷铝石（Vrc），（ − ）×10）

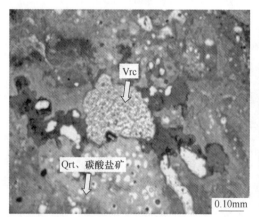

图 9-9　含铝磷矿石（样品号：L-1）

（风化砂屑含铝磷矿石（磷铝石：Vrc），

见胶状、网脉状构造，（ − ）×10）

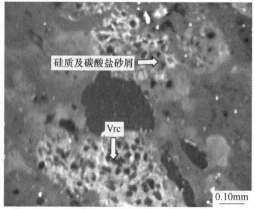

图 9-10　风化含铝磷矿石（样品号：L-1）

（风化砂屑含铝磷矿石（磷铝石：Vrc），

见硅质碳酸盐岩屑产出，（ − ）×10）

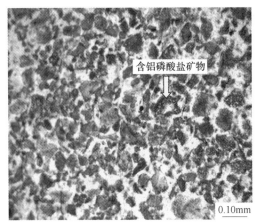

图 9-11 磷铝矿石（样品号：L-1）

（含铝磷酸盐矿物构成磷铝矿石，（-）×10）

图 9-12 含铝磷矿石中硅质石英（样品号：L-1）

（含铝磷矿石中石英及赤铁矿（Hem）

填隙物，（+）×10）

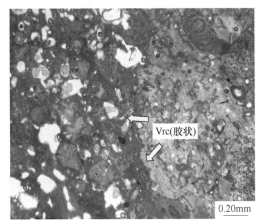

图 9-13 胶状磷铝石（样品号：L-2）

（含铝磷矿石中胶状磷铝石，（-）×5）

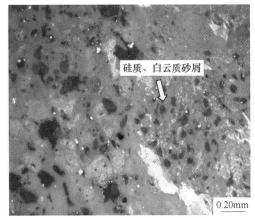

图 9-14 胶状磷铝石（样品号：L-2）

（胶状磷铝石中碳酸盐、硅质岩屑

脉状、胶状结构，（+）×5）

磷铝石（Variscite）：结构式为 $Al_3(PO_4)_2(OH)_3 \cdot 5H_2O$，简写符号为 Vrc。

纤磷钙铝石（Crantlallite）：纤磷钙铝石结构式为 $CaAl_3(PO_4)_3(OH)_8 \cdot H_2O$。

磷铝碱石指磷铝钙钠（钾）石：结构式为 $(NaK)CaAl_3(PO_4)_4(OH)_9 \cdot 3H_2O$。

磷铝石矿物常见晶体形态描述：完整晶形少见，偶见斜方双锥（假八面体）晶形或呈细粒状，多呈胶态出现，如皮壳状、结核状、肾状、豆状、玉髓状、蛋白石状等。主要颜色：纯者无色、白色，含杂质时呈浅红、绿、黄色或天蓝色。

矿石主要形成于沉积型磷矿床经风化淋滤、交代作用。

B 磷铝矿石 3 号样品（L-3）的显微镜下特征

磷矿石定名；风化含胶状铝磷酸盐的磷灰石（胶磷矿）矿石。

有用矿物成分：磷酸盐类矿物主要见磷酸盐矿物及含铝磷酸盐矿物。

　　磷灰石颗粒粒径多为 0.10 ~ 0.05mm，颜色多为浅黄色、黄褐色，约 1/3 遭受风化作用产生褪色或表现出黑灰色。含量占 50% ~ 70%（图 9-15 ~ 图 9-22）。

　　含铝磷酸盐矿物主要为磷铝石（纤磷钙铝石、磷铝碱石），以胶状产出。含量为 20% ~ 30%，其次为磷灰石。磷铝石矿物主要分布于磷灰石颗粒间，与硅质团粒等构成基底矿物（图 9-15 ~ 图 9-18，图 9-21、图 9-22），或以胶状物分布产出。

　　正交偏光下见微粒、细粒状碳酸盐矿物，粒度分布为 0.01 ~ 0.05mm（图 9-19 ~ 图 9-22）。颗粒大者以灰黑色颗粒存在，细微颗粒主要以填隙产出，构成杂基支撑。表面遭受一定的风化作用，正交偏光下显示出高级白光性（图 9-17 ~ 图 9-20）。

　　见少量赤铁矿，粒度分布为 0.02 ~ 0.06mm。扫描电镜配合能谱分析结果表明样品中含铁矿物含有一定量钛（钛铁矿）（图 9-20、图 9-23 测点 1），在单偏光下呈现褐红色。

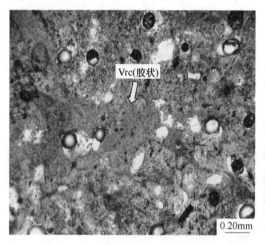

图 9-15　胶状磷铝石（Vrc）（样品号：L-3）
（胶状磷铝石见胶状、脉状结构，（ - ）×5）

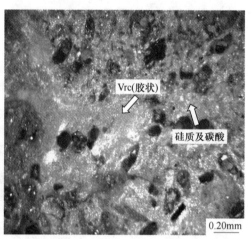

图 9-16　胶状磷铝石（样品号：L-3）
（胶状磷铝石中碳酸盐、硅质岩屑，（ + ）×5）

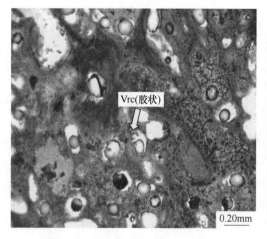

图 9-17　胶状磷铝石（样品号：L-3）
（含铝磷矿石中胶状磷铝石的胶状、网状结构，（ - ）×5）

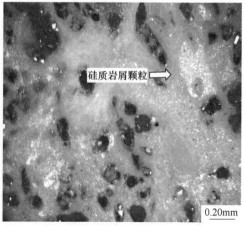

图 9-18　胶状磷铝石（样品号：L-3）
（胶状磷铝石中钙、硅质岩屑，（ + ）×5）

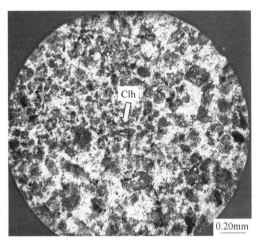

图 9-19　含铝磷矿石（样品号：L-3）

（含铝磷矿石中磷铝石及受风化胶磷矿（Clh），（ - ）×5）

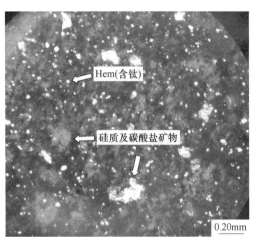

图 9-20　含铝磷矿石（样品号：L-3）

（矿石中铁质、硅质及碳酸盐填隙物，（ + ）×5）

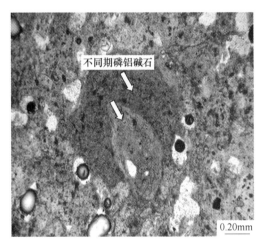

图 9-21　不同期磷铝石（样品号：L-3）

（含铝磷矿石中不同期磷铝碱石，（ - ）×5）

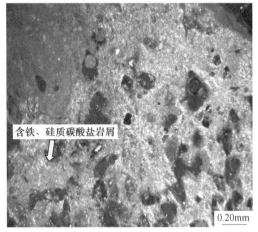

图 9-22　含铝磷铝石中铁质（样品号：L-3）

（含铝磷铝石中铁质及硅质及碳酸盐岩屑，

见网状结构，（ + ）×5）

硅质矿物主要为石英及硅质岩岩屑，镜下见团粒状，椭圆状，正交偏光下表现为微晶态，与部分碳酸盐矿物（白云石）微粒构成岩屑，导致部分矿石硬度较大，构成成团块状、多孔状构造。

结构构造：矿石主要为细微粒砂屑结构，颗粒支撑及胶状多孔状构造等。

C　磷铝矿石 4 号样品（L-4）的显微镜下特征

磷矿石定名：含胶状铝磷酸盐的磷灰石（胶磷矿）矿石。

有用矿物成分：见磷灰石呈大小不等的颗粒状分布，其含量约占 60%，颗粒粒径多集中分布于 0.05 ~ 0.15mm 之间。磷灰石颜色多为浅黄色、黄褐色，部分遭受风化作用产生褪色或显现黑灰色（图 9-23 ~ 图 9-26）。

　　矿石中见部分粒径分布于 0.04～0.06mm 磷酸盐矿物较明显带绿色，呈透明晶体产出，有些较为洁净，可能属银星石（图 9-23）。

　　磷酸盐类矿物主要见磷酸盐矿物及含铝磷酸盐矿物。磷灰石含量为 50%～70% 左右。其次为含铝磷酸盐矿物，主要为磷铝石（纤磷钙铝石、磷铝碱石），含量为 30% 左右，以针状、纤状、结核状产出。磷铝石矿物主要分布于磷灰石颗粒间，与硅质团粒等构成基底矿物（图 9-27～图 9-32），构成杂基支撑结构，或以胶状物分布产出。

　　见碳酸盐矿物（方解石）和硅质物分为两部分产出，较多以微细粒状呈填隙物产出，与黏土矿物共同为胶结物构成典型杂基底式胶结为主的砂屑结构。少部分石英颗粒较大，粒径分布多为 0.10～0.15mm，并分布于基质中（图 9-29～图 9-32）。

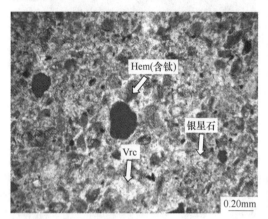

图 9-23　纤状磷铝钙石（样品号：L-4）
（含铝磷矿石中赤铁矿（Hem）及
纤状磷铝钙石，（-）×5）

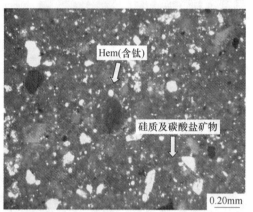

图 9-24　含钛赤铁矿（Hem）（样品号：L-4）
（铝磷矿石中含钛赤铁矿及石英，（+）×5）

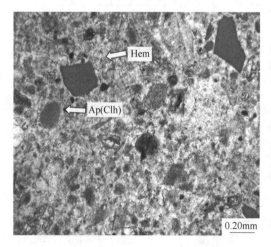

图 9-25　磷灰石（Ap）（样品号：L-4）
（铝磷矿石中磷灰石（胶磷矿：Clh），（-）×5）

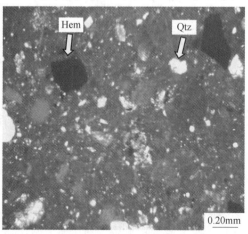

图 9-26　铝磷矿石中石英（样品号：L-4）
（铝磷矿石中石英（Qtz）及赤铁矿（Hem），（+）×5）

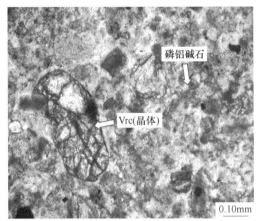

图 9-27　含铝磷矿石（样品号：L-4）
（铝磷矿石中磷铝石（Vrc）晶体，（-）×10）

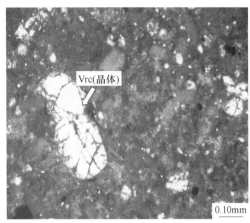

图 9-28　磷铝石晶体（样品号：L-4）
（正交偏光下磷铝石（Vrc）晶体，（+）×10）

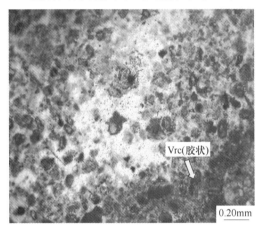

图 9-29　磷铝矿石（样品号：L-4）
（磷铝矿石中的磷铝石（Vrc），（-）×5）

图 9-30　碳酸盐矿物（样品号：L-4）
（硅质及碳酸盐矿物胶结磷铝石，（+）×5）

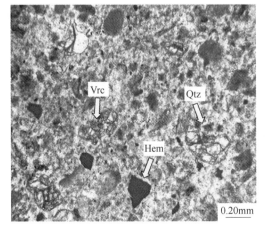

图 9-31　磷铝矿石中赤铁矿（样品号：L-4）
（磷铝矿石中的磷铝石、磷灰石及
赤铁矿（Hem），（-）×5）

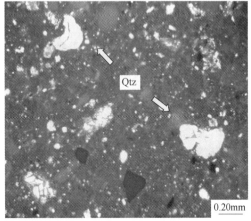

图 9-32　碳酸盐矿物（样品号：L-4）
（磷铝石中石英、硅质及碳酸盐矿物胶结物，（+）×5）

见一定量赤铁矿，粒度分布特征为：细微粒分布于 0.02～0.06mm，颗粒大者达 0.10～0.15mm。扫描电镜（SEM）及能谱分析结果表明（图9-23～图9-26，图9-31、图9-32），样品中含铁矿物含有一定量钛（钛铁矿），在单偏光下呈现深红色，不含钛者显现黑色（图9-24）。

D　磷铝矿石 5 号样品（L-5）的显微镜下特征

磷矿石定名；风化含铝磷酸盐矿石及铝磷酸盐矿石。

有用矿物成分：磷酸盐类矿物主要见磷酸盐矿物及含铝磷酸盐矿物。

含铝磷酸盐矿物主要见磷铝石。粒度较大者颗粒粒径多为 0.06～0.12mm，颜色多为浅黄色、黄褐色，遭受风化作用产生褪色或表现出黑灰色。含量占 30%～40%。个别颗粒显示出胶磷矿特征。粒度较细部分约占颗粒的 40～60%，粒径分布为 0.02～0.06mm 范围，以细粒状充填于较粗粒颗粒中，并与黏土矿物、细微粒碳酸盐矿物及硅质微粒共同构成基底物质（图9-35～图9-38）。

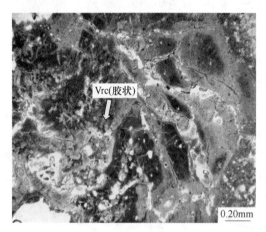

图 9-33　胶状磷铝石（样品号：L-5）

（铝磷酸盐矿石中的胶状磷铝石，（－）×5）

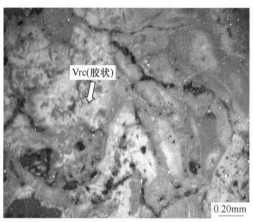

图 9-34　胶状磷铝石（样品号：L-5）

（正交偏光下的胶状磷铝石（Vrc），（＋）×5）

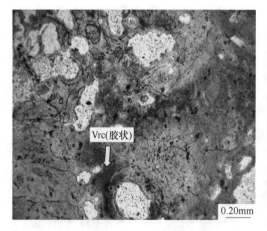

图 9-35　胶状磷铝石（样品号：L-5）

（铝磷酸盐矿石中的胶状磷铝石，

胶状结构，（－）×5）

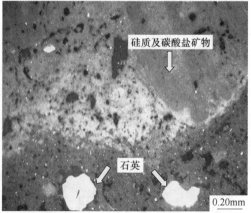

图 9-36　胶状磷铝石及石英

（矿石中的胶状磷铝石（Vrc）及

石英（Qtz），（＋）×5）

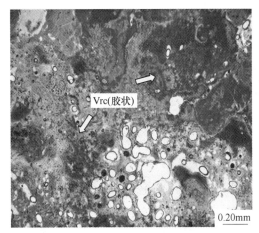

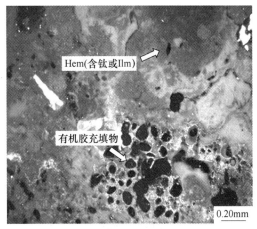

图 9-37 胶状磷铝石（样品号：L-5）
（铝磷酸盐矿石的胶状磷铝石（Vrc），（-）×5）

图 9-38 含钛赤铁矿（Hem）（样品号：L-5）
（胶状磷铝石及含钛赤铁矿、钛铁矿（Ilm），（+）×5）

铝磷酸盐矿物主要见胶状磷铝石。主要成分为磷铝碱石等，见有纤状磷钙铝石产出，表明与磷酸盐矿物具有成因联系。含铝磷酸盐矿物以胶状形态产出，以胶状结构及网孔状结构为主。含量约为整体磷酸盐的 60%。磷铝石矿物或分布于磷灰石颗粒间，与硅质团粒等构成基底矿物（图 9-33 ~ 图 9-38），或以胶状矿物分布产出。

脉石矿物：石英主要以粒径为 0.10 ~ 0.16mm 零星分布于矿石中，或以微粒状硅质矿物和碳酸盐矿物（方解石）、黏土矿物（含量低于 2.0%）等，共同构成基底物质。

见赤铁矿矿物以胶态状产出，正交偏光下显现出红色，表明可能含有钛元素。还见呈现 0.02 ~ 0.08mm 粒度范围的细微粒赤铁矿，产出于基底物质中（图 9-37、图 9-38）。扫描电镜配合能谱分析表明存在钛铁矿（图 9-73 测点 1、表 9-3）。

结构构造特征：典型的胶状结构、蜂窝状结构及多孔状构造。

E 磷铝矿石 6 号样品（L-6）的显微镜鉴定特征

磷矿石定名：风化含铝磷酸盐矿石及铝磷酸盐矿石。

有用矿物成分：磷酸盐类矿物主要见磷酸盐矿物及含铝磷酸盐矿物。

磷酸盐矿物主要为磷灰石。主要分为两部分：第一部分为粒度较大颗粒粒径多为 0.09 ~ 0.16mm，平均为 0.14mm。颜色多为浅黄色、黄褐色，遭受风化作用产生褪色或表现出黑灰色。部分磷灰石颗粒显示出胶磷矿特征（图 9-39、图 9-40）。第二部分粒度较细部分约占 40%，粒径分布为 0.02 ~ 0.05mm 范围，以细粒状充填于较粗粒颗粒中，并与黏土矿物、细微粒碳酸盐矿物及硅质微细可颗粒共同构成基底物质（图 9-41）。较大颗粒磷灰石为基底上分布颗粒，与上述细微粒成分一同构成典型杂基支撑结构。颗粒部分含量占 40%。矿石显现为多孔状、蜂窝胶状构造（图 9-41、图 9-45、图 9-46）。含铝磷酸盐矿物主要见胶状磷铝石。主要成分为磷铝碱石等，含铝磷酸盐矿物以胶状产出，以胶状结构及网孔状结构为主。含量为整体磷酸盐矿石的 60% 左右。磷铝石矿物或分布于磷灰石颗粒间，与硅质团粒等构成基底矿物（图 9-45 ~ 图 9-48），或以胶状矿物分布产出。还见胶状磷铝石包裹磷灰石颗粒，包裹于其中的磷灰石颗粒为 0.05 ~ 0.12mm，多为 0.05 ~ 0.08mm。

　　脉石矿物主要见石英、赤铁矿、含钛赤铁矿、细微粒硅质和碳酸盐岩屑。

　　石英主要由两部分组成：一部分为浑圆状石英颗粒，粒径主要为 0.08 ~ 0.15mm，少部分达到 0.25mm，构成矿石颗粒成分。另一部分为主要粒径小于 0.01mm 微粒组成基底。

　　铁质矿物主要为赤铁矿、含钛赤铁矿（钛铁矿），粒径分布主要为 0.10 ~ 0.15mm，见小颗粒部分粒径分布为 0.01 ~ 0.05mm，两者构成分散状产出于矿石中（图 9-40、图 9-42、图 9-44）。还见极少量金红石产出（图 9-43）。

　　见部分由微细粒硅质及碳酸盐矿物共同组成的岩屑，主要见其被胶状磷铝石包裹，其粒径分布主要见 0.05 ~ 0.20mm，或大于 0.20mm，显示出相关成因关系（图 9-46）。

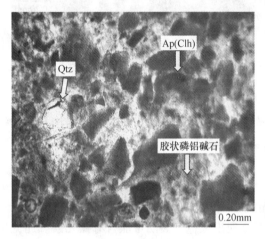

图 9-39　铝磷酸盐矿石（样品号：L-6）

（铝磷酸盐矿石中的胶状磷铝石、磷灰石，（－）×5）

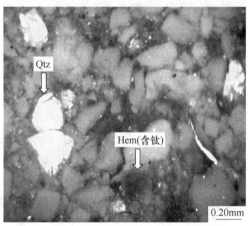

图 9-40　矿石中的石英（样品号：L-6）

（铝磷酸盐矿石中的石英及含钛赤铁矿，（＋）×5）

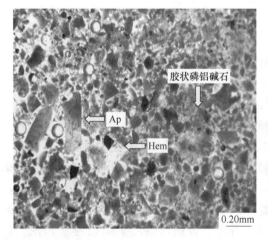

图 9-41　胶状磷铝石中磷灰石（Ap）

（样品号：L-6）

（铝磷酸盐矿石中的胶状磷铝石、磷灰石，（－）×5）

图 9-42　铝磷酸盐矿石（石英：Qtz）

（样品号：L-6）

（铝磷酸盐矿石中的石英及赤铁矿（Hem），（＋）×5）

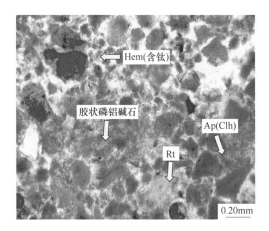

图 9-43 胶状磷铝石（Vrc）（样品号：L-6）

（铝磷酸盐矿石中的磷灰石及金红石（Rt），（－）×5）

图 9-44 含钛赤铁矿及石英（样品号：L-6）

（矿石中的含钛赤铁矿（Hem）及

石英（Qtz），（＋）×5）

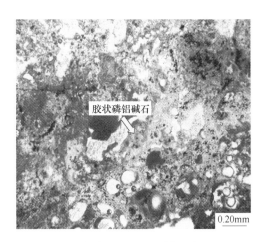

图 9-45 铝磷酸盐矿石（样品号：L-6）

（矿石中的胶状磷铝石，胶状结构，（－）×5）

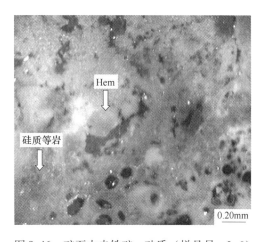

图 9-46 矿石中赤铁矿、硅质（样品号：L-6）

（铝磷酸盐矿石中赤铁矿、硅质和碳酸盐岩屑，（＋）×5）

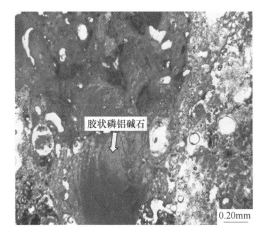

图 9-47 胶状磷铝石（样品号：L-6）

（铝磷酸盐矿石中的胶状磷铝石、胶状结构，（－）×5）

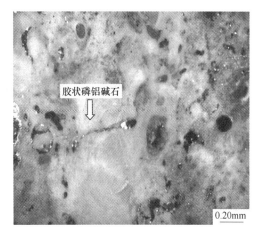

图 9-48 胶状磷铝石（样品号：L-6）

（铝磷酸盐矿石中的胶状磷铝石，（＋）×5）

F　磷铝矿石 7 号样品 (L-7) 的显微镜鉴定特征

磷矿石定名：风化含铝磷酸盐及磷酸盐矿石。

有用矿物成分：磷酸盐类矿物主要见铝磷酸盐矿物构成矿石及含铝磷酸盐矿石。

铝磷酸盐矿石主要矿物成分为纤状磷钙铝石、磷铝碱石及银星石等。纤状磷钙铝石主要以针状，纤维状产出（图 9-49 ~ 图 9-54）。纤状磷钙铝石见结晶完好的针状晶体，单晶长为 0.2 ~ 0.5mm，颜色为浅白色、灰黑色，灰黑色者主要因风化作用而导致颜色变化。单偏光下呈无色、透明光性特征。纤维状、针状矿物还有可能为银星石，又称为放射纤维磷铝石。与纤状磷钙铝石主要区别在于其含钙成分上有所不同。

含铝磷酸盐矿石中还见磷铝石，并以胶状形态产出，胶状结构及网孔状结构为主，约为整体磷酸盐的 70%。磷铝石矿物或分布于磷灰石颗粒间，与硅质团粒等构成基底矿物，或以胶状磷铝石矿物产出（图 9-55 ~ 图 9-62）。

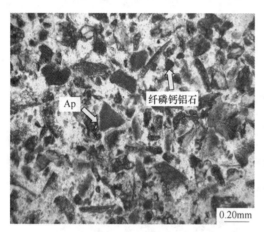

图 9-49　矿石中磷灰石（Ap）（样品号：L-7）
（铝磷酸盐矿石中的纤状磷钙铝石，(－)×5）

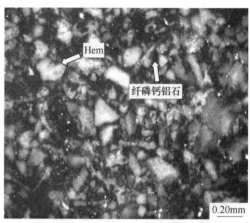

图 9-50　纤状磷钙铝石（样品号：L-7）
（矿石中的纤状磷钙铝石及赤铁矿（Hem），(＋)×5）

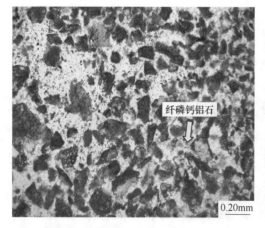

图 9-51　胶状磷铝石（样品号：L-7）
（矿石中的胶状磷铝石，纤状磷钙铝石，(－)×5）

图 9-52　纤状磷钙铝石（样品号：L-7）
（铝磷酸盐矿石中的纤状磷钙铝石，(＋)×5）

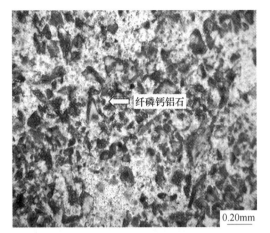

图 9-53　铝磷酸盐矿石（样品号：L-7）

（铝磷酸盐矿石中的纤状磷钙铝石，（﹣）×5）

图 9-54　矿石中含钛赤铁矿（Hem）（样品号：L-7）

（铝磷酸盐矿石中的含钛赤铁矿，（＋）×5）

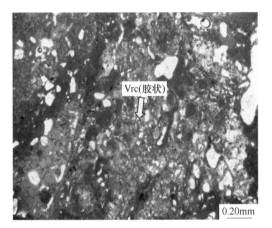

图 9-55　胶状磷铝石（Vrc）（样品号：L-7）

（铝磷酸盐矿石中的胶状磷铝石，（﹣）×5）

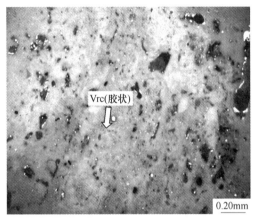

图 9-56　胶状磷铝石（Vrc）（样品号：L-7）

（铝磷酸盐矿石中的胶状磷铝石，（＋）×5）

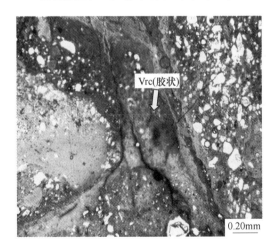

图 9-57　网脉状结构（样品号：L-7）

（胶状磷铝石（Vrc）的胶状及网脉状结构，（﹣）×5）

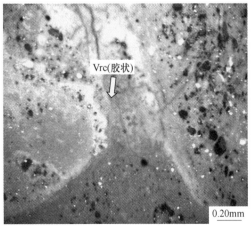

图 9-58　胶状磷铝石（Vrc）（样品号：L-7）

（铝磷酸盐矿石中的胶状磷铝石，（＋）×5）

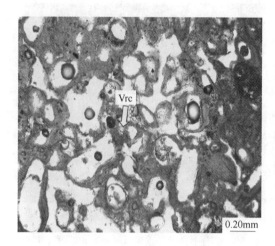

图 9-59 磷铝石中网状结构（样品号：L-7）

（铝磷酸盐矿石中的胶状磷铝石构成网状结构，（-）×5）

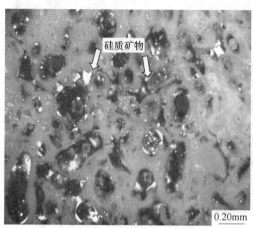

图 9-60 矿石中硅质（样品号：L-7）

（胶状磷铝石包裹的硅质矿物，（-）×5）

图 9-61 胶状磷铝石（样品号：L-7）

（铝磷酸盐矿石中的胶状磷铝石，（-）×5）

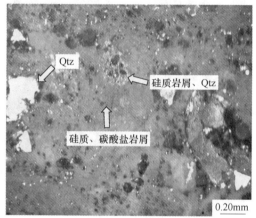

图 9-62 胶状磷铝石中石英（样品号：L-7）

（胶状磷铝石中石英及硅质岩屑，（+）×5）

磷酸盐矿石主要矿物为磷灰石。粒度较多者颗粒粒径分布于 0.09 ~ 0.18mm，多为 0.12mm 左右。颜色多为浅黄色、黄褐色，遭受风化作用产生褪色或表现出黑灰色。部分颗粒显示出胶磷矿特征。粒度较细部分占 30% ~ 40%，组成填隙物构成基底胶结物成分（图 9-49、图 9-53）。

矿石中见粒度为 0.12 ~ 0.25mm 的石英颗粒，以不等粒分散状产出，含量占 5%。见细微晶硅质矿物分布（或充填）于磷铝石当中孔隙中。还见粒径分布为小于 0.02mm 范围的硅质颗粒，以细粒状充填于较粗颗粒中，并与黏土矿物、细微粒碳酸盐矿物及硅质微粒共同构成基底物质（图 9-52、图 9-60、图 9-62）。

铁质矿物主要见赤铁矿，主要粒径为 0.02 ~ 0.12mm，部分可能为含钛赤铁矿。

矿石中还见微晶硅质矿物、碳酸盐矿物及黏土矿物构成的岩屑，被包裹于胶状磷铝石中，构成矿石中多孔状及网状构造，组成矿石中坚硬部分。

G 磷铝矿石8号样品（L-8）的显微镜下特征

矿物定名：含磷硅质砂屑。

有用矿物成分：磷酸盐类矿物主要为磷灰石，含量为10%左右。

其余矿物主要见石英砂屑、硅质岩屑及赤铁矿等（图9-63~图9-66）。

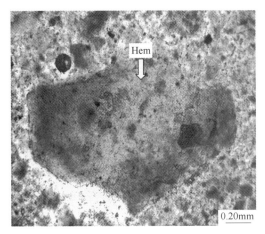

图9-63 磷矿石中赤铁矿（样品号：L-8）

（赤铁矿（Hem）颗粒，（-）×5）

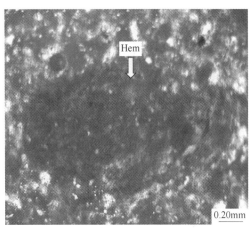

图9-64 矿石中赤铁矿（样品号：L-8）

（赤铁矿（hrc）颗粒，（+）×5）

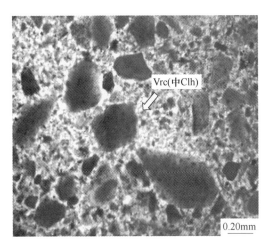

图9-65 矿石中胶磷矿（Clh）（样品号：L-8）

（磷铝石（Vrc）颗粒及硅质碎屑，（-）×5）

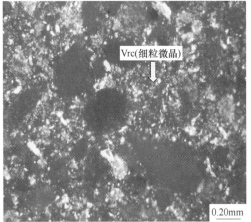

图9-66 硅质碎屑基底（样品号：L-8）

（基底为硅质碎屑，（+）×5）

9.1.1.2 磷矿石 XRD 分析

针对铝磷酸盐矿石进行了 X 射线衍射仪（XRD）分析，其目的是查明铝磷酸盐矿石矿物组成。XRD 分析测试条件见第 1 章。

XRD 测试分析结果见表 9-1。测试结果表明，磷矿石主要有用矿物为磷灰石、铝磷酸盐矿物（纤磷钙铝石、磷铝碱石）。脉石矿物主要见石英、黏土矿物。

表 9-1　磷矿石矿物 X 射线衍射分析报告　　　　　　　（%）

分析号	原编号	矿物种类和含量										黏土矿物总量
		石英	方解石	白云石	菱铁矿	赤铁矿	磷灰石	纤磷钙铝石	磷铝碱石	方石英	非晶质	
L1-6	L1-6	43.4	—	—	—	—	—	23.6	31.1	—	—	1.9
L2-6	L2-6	5.2	—	—	—	—	—	50.6	42.4	—	—	1.8
L3-6	L3-6	28.0	—	—	—	—	58.3	8.0	3.8	—	—	1.9
L4-6	L4-6	22.0	—	—	—	—	65.6	7.0	2.9	—	—	2.5
L5-6	L5-6	21.1	—	—	—	—	—	37.3	40.0	—	—	1.6
AL6-6	AL6-6	30.9	—	—	—	—	—	40.1	26.8	—	—	2.2
AL7-6	AL7-6	27.9	—	—	—	—	—	30.2	39.8	—	—	2.1
AL8-6	AL8-6	4.6	3.8	1.9	1.7	3.2	—	—	—	3.8	76.5	4.5

XRD 测试分析结果显示矿石矿物组合分为两类：一为 3 号样（L-3）、4 号样（L-4），以磷灰石为主，铝磷酸盐矿物（纤磷钙铝石、磷铝碱石）次之。其次包含 5 个样品（1 号样、2 号样、5~7 号样），磷酸盐矿物（纤磷钙铝石、磷铝碱石）为主，未检出磷灰石。

磷矿石中黏土矿物含量不高，为 1.60%~2.50%，其种类为伊利石、高岭石和绿泥石。各样品黏土矿物含量均为伊利石 > 高岭石 > 绿泥石（表 9-2）。

表 9-2　磷矿石黏土矿物分量 X 射线衍射分析报告

分析号	原编号	井段/m	层　位	黏土矿物相对含量/%						混层比/%S	
				S	I/S	I	K	C	C/S	I/S	C/S
L1-6	L1-6	—	—	—	—	59	21	20	—	—	—
L2-6	L2-6	—	—	—	—	55	29	16	—	—	—
L3-6	L3-6	—	—	—	—	43	29	28	—	—	—
L4-6	L4-6	—	—	—	—	41	34	25	—	—	—
L5-6	L5-6	—	—	—	—	56	23	21	—	—	—
AL6-6	AL6-6	—	—	—	—	45	30	25	—	—	—
AL7-6	AL7-6	—	—	—	—	51	28	21	—	—	—
AL8-6	2	—	—	—	—	58	26	16	—	—	—

注：I 为伊利石；K 为高岭石；C 为绿泥石；S 为蒙皂石；I/S 为伊/蒙混层；C/S 为绿/蒙混层。

将 6 号样送至贵州省非金属矿产资源综合利用重点实验室做 XRD 分析，结果也证明磷矿石主要为纤磷钙铝石等矿物组成。

经 XRD 检查出的矿物成分的主要类型及化学式如下。

纤磷钙铝石（Crandallite）化学式：$CaAl_3(PO_4)_2(OH)_5 \cdot H_2O$。

水磷铝碱石（Millisite）化学式：$(Na,K)CaAl_6(PO_4)_4(OH)_9 \cdot 3H_2O$。

石英（Quartz）化学式：SiO_2。

锐钛矿（Anatase）化学式：TiO_2。

其他可能含有的成分为硬石膏、水钒锶钙矿等。

磷矿石 XRD 的图谱见图 9-67 ~ 图 9-70。

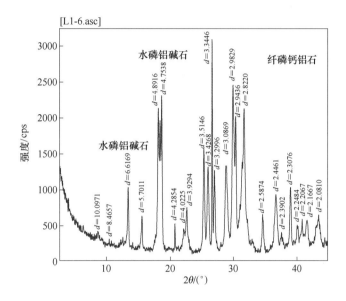

图 9-67　样品 L-1 的 XRD 衍射谱线图

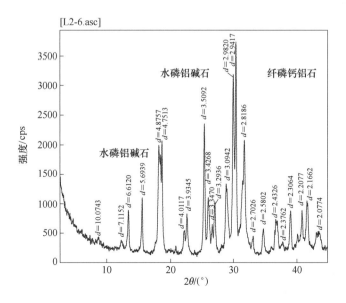

图 9-68　样品 L-2 的 XRD 衍射谱线图

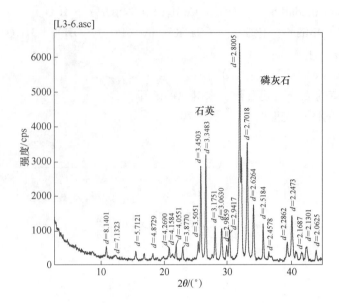

图 9-69 样品 L-3 的 XRD 衍射谱线图

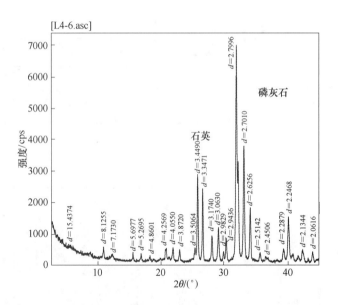

图 9-70 样品 L-4 的 XRD 衍射谱线图

9.1.1.3 铝磷酸盐矿石扫描电镜及能谱分析

对某公司提供的铝磷酸盐岩矿石样品进行了扫描电镜配合能谱分析。测试采用日立公司扫描电镜（Hitachi S-3400N）和能谱仪（EDAX-204B for Hitachi S-3400N）进行，在贵州大学理化测试中心测试。使用扫描电镜（SEM）配合能谱分析，在确定矿物形态特征基础上，通过测定矿物成分特征，确定矿物成分组合及种类，以达到配合鉴定矿物的目的。

扫描电镜技术参数见第 1 章。

A 磷铝矿石 1 号样品（L1）的 SEM 图及能谱成分特征

磷铝矿石 1 号样品的扫描电镜（SEM）及能谱成分分析结果表明，胶状铝磷酸盐矿石中被包裹的矿物为微晶态磷灰石（图 9-71、图 9-72），能谱成分分析结果证明测点成分组成为磷酸钙，并含有少量的 F 元素，磷酸盐矿物成分表明应有氟磷灰石。

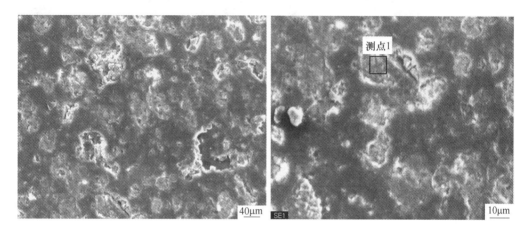

图 9-71 样品 L1 的 SEM 图
（见胶状铝磷酸盐矿物胶结磷灰石）

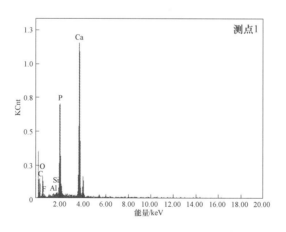

图 9-72 样品 L1 测点的 X 射线衍射图

磷铝矿石 1 号样品（L1）测点 1 的 EDAX 能谱成分如下：C 28.70%，O 23.28%，F 1.82%，Al 0.23%，Si 0.35%，P 14.17%，Ca 31.46%。

B 磷铝矿石 2 号样品（L2）的 SEM 及能谱成分测试分析特征

2 号样品的扫描电镜（SEM）及能谱成分测试分析结果表明，样品主要由胶状铝磷酸矿物组成。胶状胶结物及被包裹微晶态矿物，能谱成分分析表明含铝及磷组分都高，并含一定量钠元素，表明铝磷酸矿物为磷铝碱石 - 磷铝钙钠（钾）石，结构式为 $(NaK)CaAl_3(PO_4)_4(OH)_9 \cdot 3H_2O$，见图 9-73、图 9-74、表 9-3。

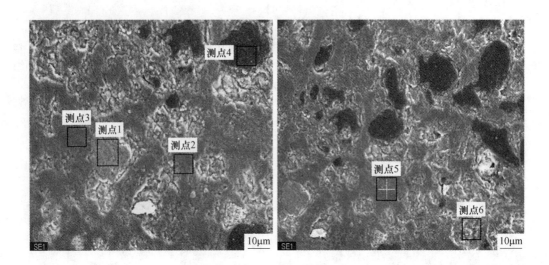

图 9-73　样品 L2 的 SEM 图
（见胶状铝磷酸盐矿物胶结磷灰石）

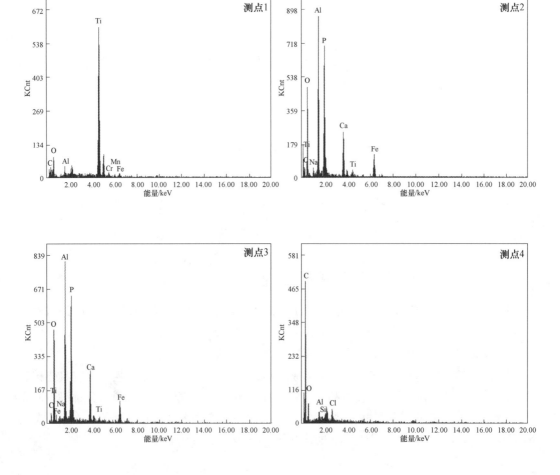

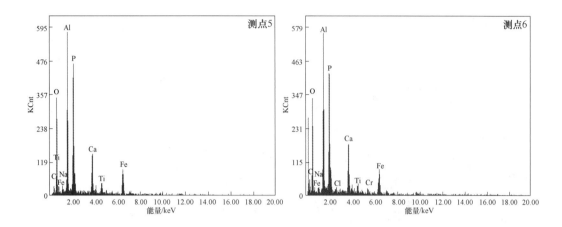

图9-74 样品L2的X射线衍射图谱

表9-3 样品L2各测点的能谱成分 （%）

元素＼测点	测点1	测点2	测点3	测点4	测点5	测点6
C	13.52	17.04	13.88	79.50	15.13	17.89
O	29.10	37.49	39.73	17.87	38.78	36.44
P	—	14.44	15.41	—	14.38	14.17
Ca	—	6.30	6.53	—	5.79	6.26
Al	2.13	15.59	16.03	0.98	15.51	14.67
Cl	—	—	—	1.42	—	0.25
Si	—	—	—	0.23	—	—
Fe	2.18	6.70	6.40	—	7.24	6.69
Ti	50.71	1.08	0.96	—	1.78	1.37
Cr	2.03	—	—	—	—	1.22
Mn	0.33	—	—	—	—	—
Na	—	1.37	1.06	—	1.38	1.04

SEM及EDAX能谱成分测试分析结果表明（图9-73中测点1），样品中见含钛矿物，从成分组成来看应为金红石类矿物（或锐钛矿）。

C 磷矿石3号样品的扫描电镜（SEM）及能谱成分测试分析特征

分析测试结果证明，图9-75、图9-77中见有硅质及碳酸盐成分岩屑。图9-77中见有白云石成分，表明矿石中含有碳酸盐矿物，与显微镜观察结论相一致。

磷酸盐矿物主要测定颗粒组分，结果表明主要为磷灰石组分（图9-75~图9-78），证明矿石矿物成分中磷灰石和铝磷酸盐矿物相互共存，颗粒矿物多为磷灰石（表9-4）。

（见针状、纤维状铝磷酸盐矿物）　　　　　（见胶状铝磷酸盐矿物胶结磷灰石）

图 9-75　样品 L3 的 SEM 图

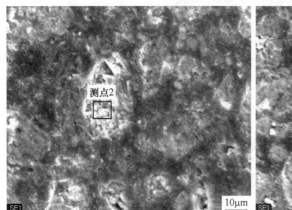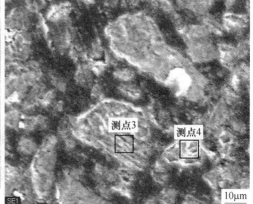

图 9-76　样品 L3-1 测点 SEM 图

（见磷灰石及白云石）

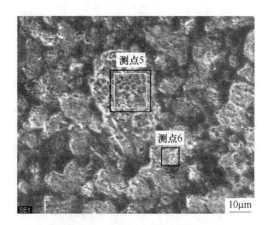

图 9-77　样品 L3-3 测点的 SEM 图

（见磷灰石及硅质碳酸盐岩屑）

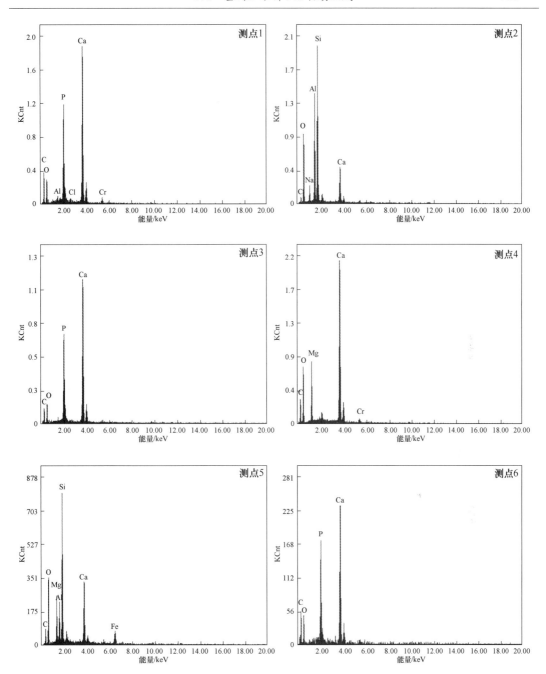

图 9-78 样品 L3 的 X 射线衍射图

表 9-4 样品 L3 的能谱成分 (%)

元素\测点	测点1	测点2	测点3	测点4	测点5	测点6
C	40. 38	12. 94	26. 85	21. 46	35. 23	19. 39
O	21. 42	39. 07	26. 37	41. 94	31. 68	35. 84
P	11. 01	—	14. 31	—	5. 12	—
Ca	24. 81	7. 06	32. 47	24. 47	8. 24	9. 87

元素＼测点	测点1	测点2	测点3	测点4	测点5	测点6
Al	0.33	13.63	—	—	5.53	4.56
Cl	0.50	—	—	—	—	—
Si	—	24.03	—	—	9.35	18.90
Fe	—	—	—	—	2.34	4.45
K	—	—	—	—	0.58	—
Cr	1.55	—	—	1.38	1.47	—
Na	—	3.26	—	—	—	—
Mg	—	—	—	10.76	0.45	6.98

D　磷铝矿石4号样品（L4）的SEM特征

4号样品的扫描电镜（SEM）及能谱成分测试分析资料表明，磷矿石中呈现胶状矿物产出的组分主要为铝磷酸盐矿物（图9-79、图9-80），从成分组成中分析，应该为磷铝碱石，含铝磷酸盐矿物也含有少量碳和氟元素（表9-5）。扫描电镜（SEM）及能谱成分测试结果与XRD分析结果是一致的。

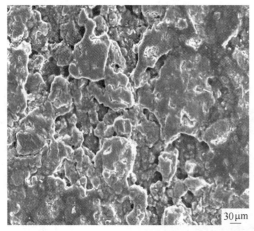
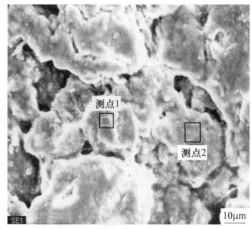
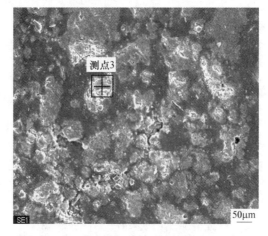

图9-79　样品L4的SEM图

（见胶状铝磷酸盐矿物）

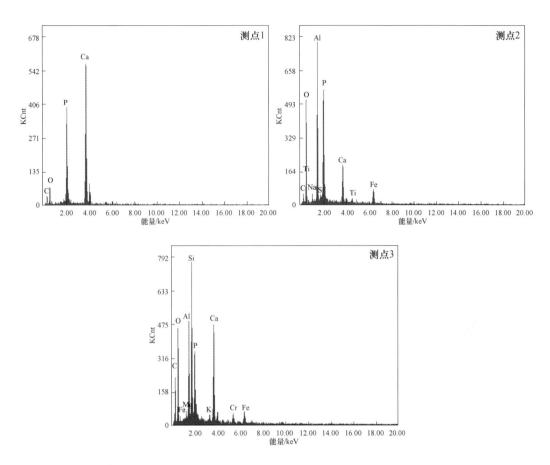

图 9-80 样品 L4 的 X 射线衍射图

表 9-5 样品 L4 的能谱成分 （%）

元素	测点1	测点2	测点3
C	14.39	41.32	18.04
O	40.64	23.19	28.21
P	14.19	10.77	16.32
Ca	6.20	24.72	37.44
Al	16.77	—	—
Si	0.60	—	—
Fe	4.79	—	—
Na	1.44	—	—
Ti	0.98	—	—

图 9-79 测点 3 分析结果中，可见含硅较高，说明其铝磷酸盐矿物形成过程中可能混入 SiO_2 成分，与其后期改造作用密切相关。

图 9-79 分析结果显示颗粒状磷酸盐矿物为磷灰石。显示磷灰石与铝磷酸盐矿物之间的共存关系，磷灰石应占主要。

E　磷铝矿石 5 号样品（L5）的 SEM 特征

5 号样品的扫描电镜（SEM）及能谱成分测试分析资料表明，样品 L5（图 9-81、图 9-82）的 X 射线衍射图及能谱成分结果表明所测矿物为钛铁矿，呈不规则粒状产出，钛和铁的含量均较高。钛铁矿理想的成分组成为：FeO 47. 36%，TiO_2 52. 64%。能谱成分结果表明其组分极有可能达到钛铁矿成分比例，故应为钛铁矿。

胶状磷酸盐矿物一般为铝磷酸盐矿物（图 9-81 和图 9-82）。样品 L5 的 SEM 图显示（图 9-81 和图 9-82）的测点均选在胶体成分中，能谱成分分析结果证明皆为铝磷酸盐成分组合特征（表 9-6）。胶状矿物成分应为磷铝碱石，同时含有少量铁元素。

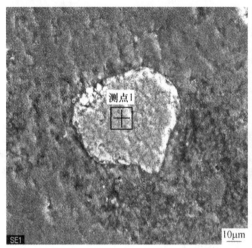
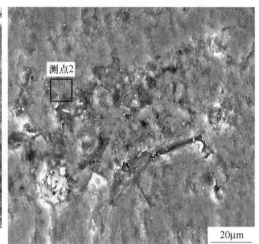

图 9-81　L5 样品的 SEM 图

（测点 1 为钛铁矿，测点 2、3 为胶状磷铝石）

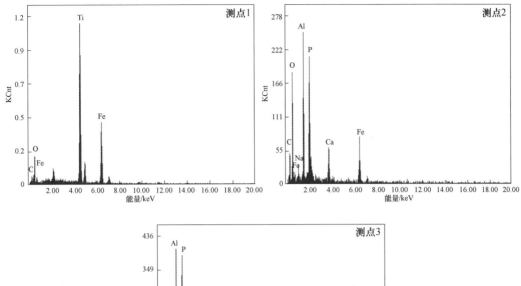

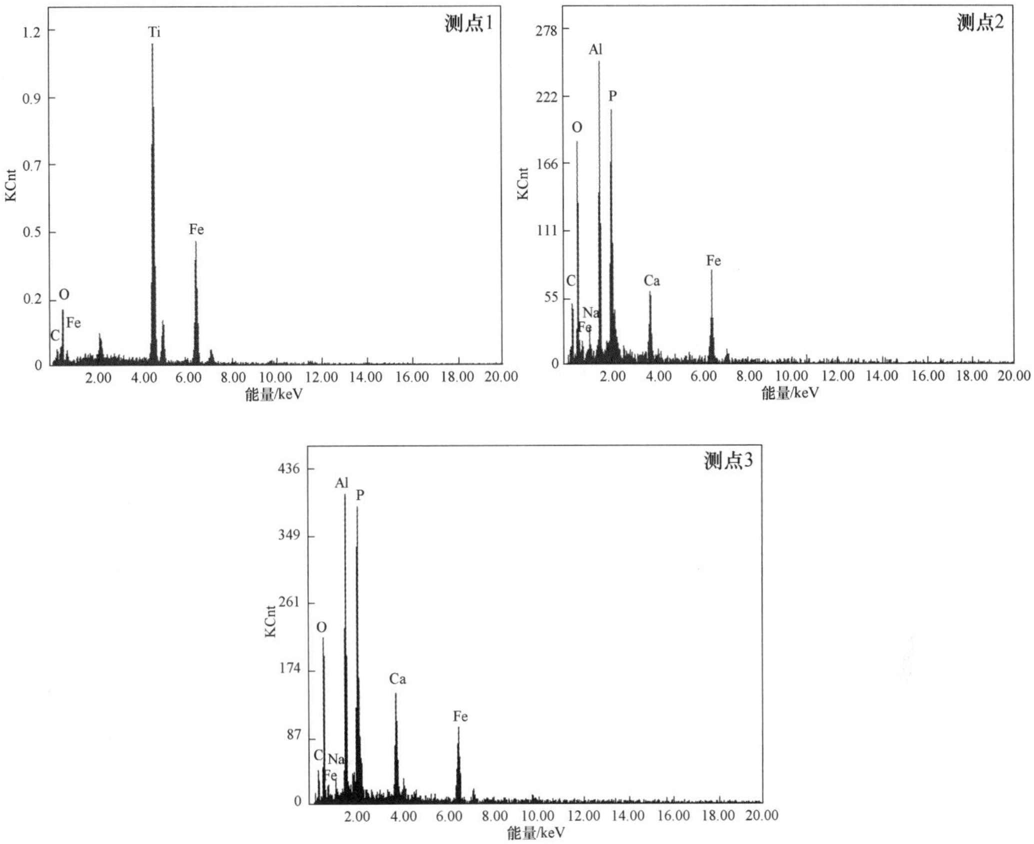

图 9-82　样品 L5 的 X 射线衍射图

表 9-6　样品 L5 的能谱成分　　　　　　　　　　（%）

元素＼测点	测点 1	测点 2	测点 3
C	10.26	30.03	20.16
O	27.55	35.58	34.23
P	—	10.16	14.71
Ca	—	4.25	6.20
Al	—	10.75	14.30
Fe	26.08	7.79	9.52
Na	—	1.44	0.87
Ti	36.12	—	—

F　磷铝矿石 6 号样品（L6）的 SEM 特征

对 6 号样品进行的扫描电镜（SEM）及能谱成分测试分析资料显示，所测试矿物主要为胶状铝磷酸盐矿物、赤铁矿及石英。表明矿物为铝磷酸盐矿物组成。

图 9-83 测点 1（样品 AL6-1）的 SEM 图显示赤铁矿为纤维状、放射状矿物集合体，能谱分析主要成分为赤铁矿（Fe_2O_3），其中含有少量的硅质及 Cr 元素。

测点 2 为包裹赤铁矿的胶体矿物，能谱分析结果表明为铝磷碱石或纤磷钙铝石（图 9-83 测点 2）。

　　图 9-83 测点 4（样品 AL6-3）的 SEM 图表明，所测矿物为石英，硅质成分纯度较高，并与胶状铝磷酸盐矿物界线清晰，可能为后期充填作用形成。

　　样品 AL6-2 测点的 SEM 图及能谱分析结果（图 9-83、图 9-84、表 9-7），为矿石中胶体矿物主要为铝磷酸盐矿物 – 磷铝碱石提供了可靠证据。

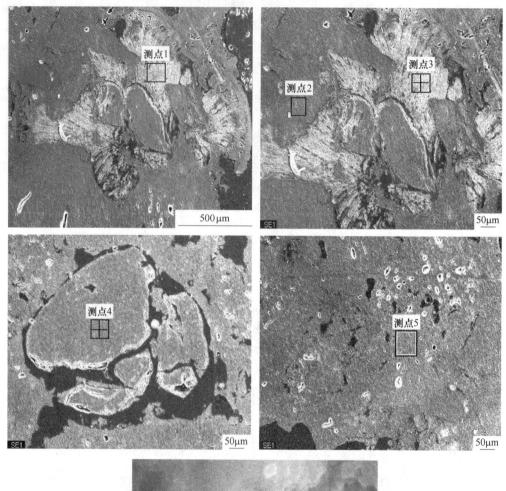

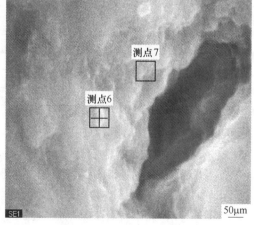

图 9-83　样品 AL6 的 SEM 图

（测点 1 见赤铁矿和胶状磷铝石，测点 4 为石英，测点 6、7 为胶状铝磷酸盐矿物）

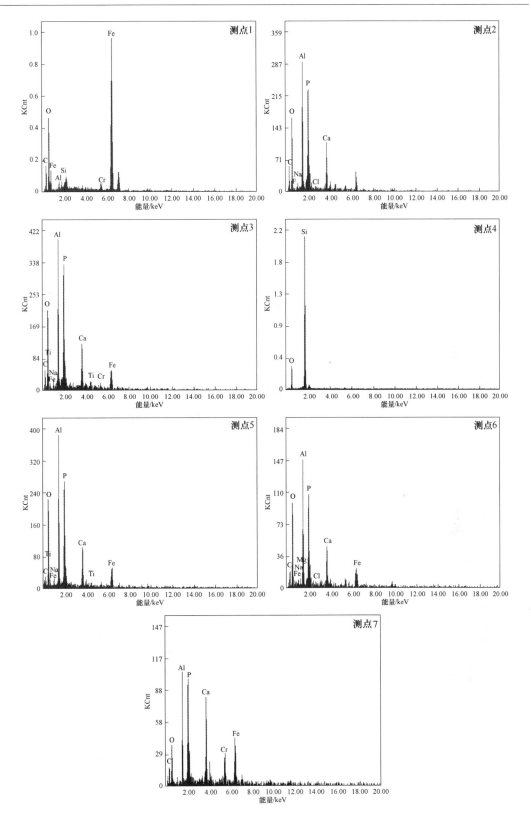

图 9-84 样品 AL6 的 X 射线衍射图

表 9-7　样品 AL6 的能谱成分　　　　　　　　　　　　　　（ % ）

元素＼测点	测点 1	测点 2	测点 3	测点 4	测点 5	测点 6	测点 7
C	24. 34	28. 45	24. 35		16. 06	23. 90	26. 80
O	23. 72	36. 11	33. 07	40. 26	39. 00	37. 97	18. 97
P	—	12. 23	12. 98		13. 99	10. 60	12. 45
Ca	—	5. 91	5. 45		6. 24	6. 22	8. 94
Al	1. 14	13. 71	13. 90		15. 50	13. 02	11. 56
Cl		0. 39					
Si	0. 73	—	—	59. 74	—	—	
Fe	48. 68	—	6. 27		6. 98	6. 14	14. 02
Mg	—	—	—		—	0. 42	
Cr	1. 39	—	1. 58		—	—	7. 26
Na	—	1. 10	1. 03		1. 05	1. 42	
F	—	2. 11	—	—	—		—
Ti	—	—	1. 37	—	1. 18		

G　磷铝矿石 7 号样品（L7）的 SEM 特征

7 号样品 SEM 及能谱成分分析结果表明，所测胶状矿物为铝磷酸盐矿物（图 9-85、图 9-86）。图 9-85 中测点 3 见胶状矿物也由浑圆状团粒组成。能谱成分组成表明矿物主要为磷铝碱石矿物（图 9-86、表 9-8）。

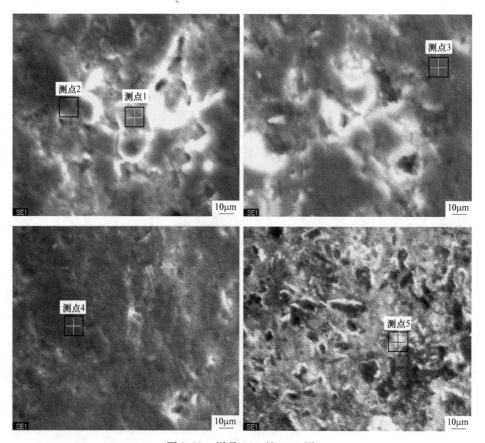

图 9-85　样品 AL7 的 SEM 图

（测点 4 为胶状磷铝石，测点 5 见纤磷钙铝石）

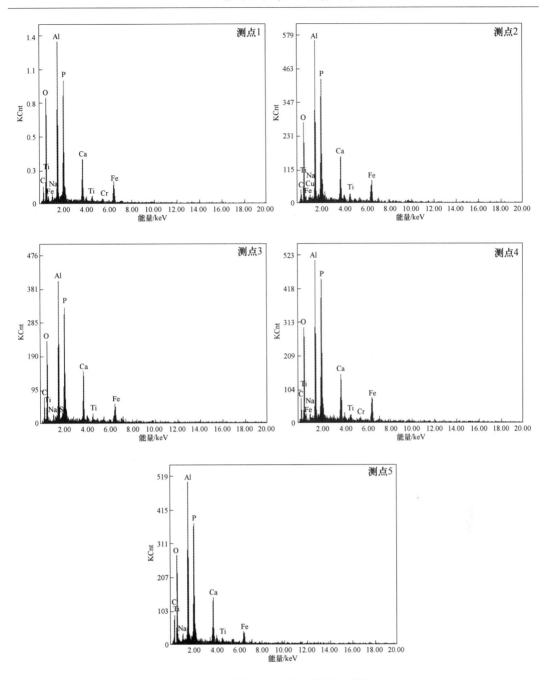

图 9-86 样品 AL7 的 X 射线衍射图

表 9-8 样品 AL7 的能谱成分 （%）

元素 \ 测点	测点 1	测点 2	测点 3	测点 4	测点 5
C	19.48	17.18	28.37	22.19	31.82
O	40.64	35.91	32.30	36.09	34.46
P	12.39	14.09	12.43	13.44	11.01

元素 ＼ 测点	测点 1	测点 2	测点 3	测点 4	测点 5
Ca	5.13	6.27	5.98	5.68	4.75
Al	14.22	15.56	13.23	13.66	12.78
Si	—	—	0.15	—	—
Fe	5.31	6.77	5.64	6.11	3.53
Cr	0.73	—	—	0.80	—
Na	1.05	1.25	0.79	1.07	0.97
Cu	—	1.41	—	—	—
Ti	1.05	1.55	1.12	0.97	0.68

样品 AL7-3 测点 5 的 SEM 图（图 9-85：测点 5）表明矿石主要由胶状、针状及纤状矿物构成。其成分也为铝磷酸盐矿物，针状、纤状矿物成分及晶体特征皆可证明是纤状磷铝钙石。

样品 AL7-5 测点的 SEM 图（图 9-85：测点 5）及能谱分析结果表明铝磷酸盐矿物磷铝碱石中铝极有可能呈极细微粒状晶体存在。能谱成分组成中表明铝含量相对也较高。

H　磷铝矿石 8 号样品（L8）的 SEM 特征

8 号样品主要由细微隐晶质硅质屑、岩屑及极少量磷灰石颗粒组成。其中细微硅质屑占大部分。扫描电镜及能谱分析显示出硅质砂屑及细微粒基底物质均为硅质成分（图 9-87 测点 1）。

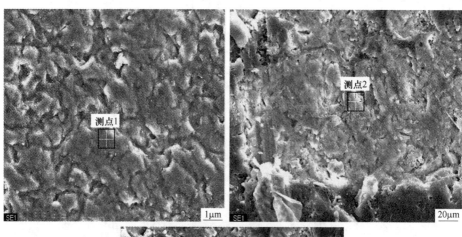

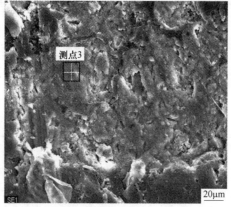

图 9-87　样品 AL8 的 SEM 图

（测点 1、2 见砂屑颗粒；测点 3 见磷灰石颗粒）

包裹于硅质基底矿物中的颗粒经扫描电镜及能谱分析证明是磷灰石（图9-87：测点2、测点3、图9-88及表9-9）。

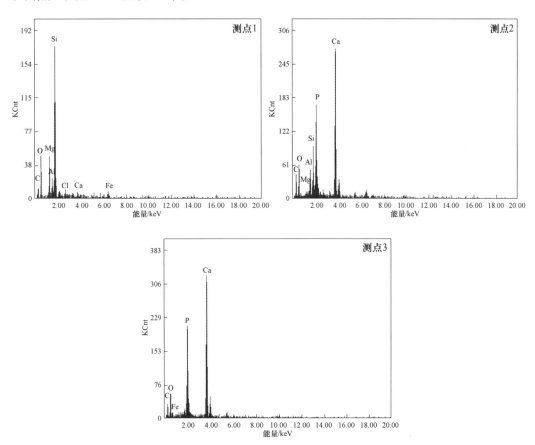

图 9-88　样品 AL8 的 X 射线衍射能谱图

表 9-9　样品 AL8 的能谱成分　　　　　　　　（%）

元素 ＼ 测点	测点 1	测点 2	测点 3
C	29.41	29.94	23.61
O	27.86	28.96	25.24
P	—	11.21	13.38
Ca	0.94	22.48	27.53
Al	3.34	2.46	—
Si	27.12	4.31	—
Fe	2.49	—	10.24
Cl	0.79	—	—
Mg	8.05	0.64	—

9.1.2　磷酸盐矿物（磷灰石）、铝磷盐矿石矿物组成特征小结

通过显微镜观察结合扫描电镜配合能谱分析，本次研究的磷酸盐矿物（磷灰石）和

铝磷酸盐矿物主要具有下列特征。

9.1.2.1　主要矿石矿物

磷酸盐矿物（磷灰石）及铝磷酸盐矿石主要矿物组合由下列矿物构成：

（1）铝磷酸盐矿物。主要见磷铝石、磷铝碱石（磷铝钙石）、纤状磷钙铝石及银星石等，主要矿物形态为针状、纤维状、胶状等出现。

（2）磷灰石（胶磷矿）。矿石中多见结晶磷灰石，胶状磷灰石等。据扫描电镜配合能谱成分分析，多数磷灰石含 F^-、Cl^- 较低，应以碳磷灰石为主。

9.1.2.2　主要脉石矿物

脉石矿物主要以下列矿物为主。
（1）硅质、碳酸盐岩屑；
（2）石英；
（3）铁质矿物：赤铁矿、钛铁矿；
（4）碳酸盐矿物：方解石为主，白云石次之；
（5）含钛矿物：金红石、钛铁矿。

9.1.2.3　主要矿石类型

主要矿石类型如下：
（1）砂屑状含铝磷酸盐磷灰石（胶磷矿）矿石类型；
（2）胶状、多孔状及团块状铝磷酸盐矿石类型。

9.1.3　磷矿石化学组成特征

化学成分及微量元素组成分析，是了解和确定样品化学组成和微量元素组成特征的主要测试手段。微量元素分析则进行了全部样品系统分析。

9.1.3.1　磷矿石化学成分

含铝磷酸盐（磷灰石型）矿石、铝磷酸盐矿石样品经室内取样、制样，送贵州省地矿中心实验室进行化学成分分析，结果见表9-10。

表 9-10　某磷矿石化学成分含量　　　　　　　　　（质量分数，%）

送样编号	SiO_2	Al_2O_3	P_2O_5	MgO	CaO	TFe_2O_3	MnO_2	TiO_2	S	F^-	Na_2O	LOSS（烧失量）	合计
1：L-1	2.52	23.15	30.8	0.042	9.13	9.53	0.039	1.68	0.13	0.94	1.09	15.69	94.741
2：L-2	1.72	25.83	31.45	0.041	9.22	7.33	0.03	1.49	0.17	1.14	1.2	16.5	96.121
3：L-3	13.62	6.82	29.6	0.61	39.12	3.27	0.063	0.37	0.21	2.83	0.16	5.67	102.343
4：L-4	10.16	5.49	32.52	0.18	43.39	2.58	0.064	0.32	0.33	3.21	0.078	4.9	103.222
5：L-5	3.37	25.83	30.42	0.059	12.53	11.82	0.034	1.48	0.16	0.9	1.38	15.73	103.713
6：AL-6	4.67	25.32	29.95	0.062	9.13	7.12	0.025	1.29	0.18	1.09	1.06	16.18	96.077

送样编号	SiO$_2$	Al$_2$O$_3$	P$_2$O$_5$	MgO	CaO	TFe$_2$O$_3$	MnO$_2$	TiO$_2$	S	F$^-$	Na$_2$O	LOSS (烧失量)	合计
7：AL-7	2.17	23.55	31.46	0.041	8.51	8.97	0.035	1.46	0.08	1.18	1.37	16.08	94.906
8：AL-8	61.64	6.26	1.15	12.65	8.04	3.11	0.019	0.28	0.25	0.82	0.66	5.21	100.089

注：贵州省地质矿产中心实验室测试。

化学成分分析结果表明，铝磷酸盐矿石中 P$_2$O$_5$ 含量除 8 号样（AL-8）之外，7 个样 P$_2$O$_5$ 含量为 29.6%～31.46%，平均为 30.89%，表明 P$_2$O$_5$ 含量较高，含量变化较为均匀，应属于高品位磷矿石。

铝磷酸盐矿石中 Al$_2$O$_3$ 含量 3 号样（L-3）、4 号样（L-4）和 8 号样（AL-8）较低外（5.49%～6.26%，平均 6.19%），其余 5 个样含量均较高，为 23.15%～25.83%，平均 24.74%。铝磷酸盐矿石中 Al$_2$O$_3$ 含量变化结合 XRD 测试结果分析，表明磷铝酸盐矿石中 3 号样（L-3）和 4 号样（L-4）应以磷灰石为主，铝磷酸盐矿物含量其次。样品 1、2、5～7 应以铝磷酸盐矿石为主，磷灰石含量其次。8 号样不属于磷矿石。

铝磷酸盐矿石中 SiO$_2$ 含量分为两个层次：3 号样（L-3）、4 号样（L-4）为一个层次，SiO$_2$ 含量较高为 10.16%～13.62%，平均 11.89%；其余 5 个样为另一个层次，含量变化为 1.72%～4.67%，平均 2.89%，属于低硅磷铝矿石。

8 号样 SiO$_2$ 含量最高为 61.64%，结合 XRD 分析，应为隐晶质、极细微硅质屑。镜下见含极少量磷灰石，不属于磷矿石，以下成分讨论中不进行该样品讨论。

矿石中铁质矿物 TFe$_2$O$_3$ 含量以 3 号样（L-3）、4 号样（L-4）含量较低，为 3.27%、2.56%，为低铁质含铝磷矿石。其余 5 个样（1、2、5～7 号样）含 TFe$_2$O$_3$ 为 7.12%～11.82%，平均为 8.95%，表明其含 Fe$_2$O$_3$ 量较高。Fe$_2$O$_3$ 主要以赤铁矿形式存在。需要注意铁质成分在矿石中以钛铁矿（FeTiO$_3$）形式存在，已被扫描电镜及能谱分析证实。

矿石中 CaO 含量 3 号样（L-3）、4 号样（L-4）较高，为 39.12%、43.39%，MgO 含量较低，为 0.61%、0.18%，构成碳酸盐矿物应以方解石为主，白云石次之。表明两个样品应属低铁质含铝高钙低镁质磷灰石矿石，与沉积型磷块岩物质组成相类同。

其余 5 个样（1、2、5～7 号样）CaO 含量为 8.51%～12.53%，平均为 9.70%，MgO 含量不高，为 0.041%～0.062%，平均 0.049%，证明磷铝酸盐矿石中钙镁质含量不高，应属低镁、钙质矿石。

两类型矿石含 S 量都不高，总体分布于 0.08%～0.33% 之间，磷灰石矿石含量稍高，为 0.21%、0.33%，但总体硫含量偏低，为低硫磷矿石及低硫铝磷酸盐矿石。

两类型矿石含 F$^-$ 含量稍有变化，磷灰石为主矿石 3 号样（L-3）、4 号样（L-4），F$^-$ 含量较高为 2.83%～3.21%，平均为 3.02%。氟含量接近我国磷矿中氟磷灰石的平均含量 3.61%～3.80%[1]，在综合利用中应加以注意。其余 5 个铝磷酸盐矿石样 F$^-$ 含量为 0.90%～1.18%，平均为 1.05%，明显低于我国磷矿中氟磷灰石中氟的平均含量。

5 个铝磷酸盐矿石样（1、2、5～7 号样）Na$_2$O、TiO$_2$ 含量明显高于两个磷灰石矿石样的。铝磷酸盐矿石样 Na$_2$O 含量分布于 1.06%～1.38%，平均为 1.22%，与铝磷酸盐矿石中存在磷铝碱石相吻合。

　　铝磷酸盐矿石样 TiO_2 含量为 1.29% ~ 1.68%，平均为 1.48%，均高于磷灰石矿石样。这与显微镜镜下鉴定和扫描电镜分析结果中见到以 TiO_2 为主矿物金红石、钛铁矿相一致。

9.1.3.2　磷矿石微量元素组成

　　含铝磷酸盐（磷灰石型）矿石、铝磷酸盐矿石样品微量元素测定主要采用 ICP-MS 方法测定，由广州澳实分析测试公司完成，结果见表 9-11。

表 9-11　某磷矿石微量元素含量

元素	Ag	Al	As	Ba	Be	Bi	Ca	Cd	Co	Cr	Cu	Fe	Ga	K	La	Ti
单位	μg/g	%	μg/g	μg/g	μg/g	μg/g	%	μg/g	μg/g	μg/g	μg/g	%	μg/g	%	μg/g	%
L1-4	<0.5	11.15	<5	960	4.3	<2	5.69	90.3	<1	1080	21	6.52	50	0.03	80	1.02
L2-4	<0.5	10.9	<5	900	5.8	<2	5.31	62.4	<1	968	16	4.26	30	0.02	190	0.76
L3-4	2.3	3.55	6	250	2.8	<2	25.6	42.4	17	422	85	2.05	10	0.11	150	0.09
L4-4	2.4	2.99	7	230	2.8	<2	27.8	46.6	20	410	79	1.58	10	0.08	150	0.05
L5-4	<0.5	11.6	<5	1130	4.5	<2	5.36	57.4	<1	903	20	7.11	40	0.02	100	0.84
AL6-4	0.5	10.85	8	1560	6.1	<2	5.23	71.1	<1	891	35	4.38	30	0.02	90	0.7
AL7-4	<0.5	11.4	<5	670	4.6	<2	5.53	88.9	<1	975	26	5.39	40	0.01	110	0.83
AL8-4	<0.5	3.26	<5	130	1.6	<2	5.64	2.2	3	296	8	2.03	10	0.26	20	0.16

元素	Mg	Mn	Mo	Na	Ni	P	Pb	S	Sb	Sc	Sr	Th	Ti	Tl	U	V	W
单位	%	μg/g	μg/g	%	μg/g	μg/g	μg/g	%	μg/g	μg/g	μg/g	μg/g	%	μg/g	μg/g	μg/g	μg/g
L1-4	0.01	194	<1	0.96	3	>10000	32	0.04	<5	28	4660	30	1.02	<10	90	465	<10
L2-4	0.01	115	1	0.89	2	>10000	28	0.04	<5	20	5940	40	0.76	<10	190	528	<10
L3-4	0.28	368	8	0.17	100	>10000	15	0.09	8	9	2870	30	0.09	<10	160	232	<10
L4-4	0.08	367	7	0.08	109	>10000	10	0.13	8	8	2470	20	0.05	<10	150	233	<10
L5-4	0.01	117	1	1.08	5	>10000	26	0.05	<5	20	7650	40	0.84	<10	120	472	<10
AL6-4	0.01	105	1	0.83	3	>10000	36	0.05	7	15	>10000	40	0.7	<10	170	345	<10
AL7-4	0.01	153	1	1.04	3	>10000	33	0.05	<5	18	4700	30	0.83	<10	130	404	<10
AL8-4	7.03	89	<1	0.05	42	4480	10	0.08	<5	6	191	<20	0.16	<10	10	204	<10

　　注：广州澳实分析测试公司测试。

　　测试方法为 ME-ICP61，采用四酸消解，等离子光谱分析，除 Ti、Ba、Cr、W 四个元素可能部分消解定量不准外，其余全部达到定量分析，属微量多元素分析类型。

　　含铝磷灰石矿石、铝磷酸盐矿石样的主要元素 Al、Ca、Fe 含量特征与矿石化学分析类同，显现含铝磷灰石矿石具有低铝、高钙及低铁的特征，而铝磷酸盐矿石和化学分析同样具有高铝、低钙及高铁的特征，与矿石化学分析相吻合，进一步验证了矿石化学成分的正确性。同时表明含铝磷灰石矿石中铝含量均高于国内沉积磷块岩，表明其具有部分铝磷酸盐矿物存在。

　　含铝磷灰石（胶磷矿）矿石及铝磷酸盐矿石的微量元素主要以 Ba、Cr、Sr、U、V 等元素富集为特征，其中表现为磷灰石（胶磷矿）矿石和铝磷酸盐矿石在含量上有所不同。

Ba：3 号样（L-3）、4 号样（L-4）Ba 含量为 250~230μg/g，平均为 240μg/g。其余 5 个样（1、2、5~7 号样）Ba 含量为 670~1130μg/g，平均为 1044μg/g。Ba 元素在铝磷酸盐矿石中明显富集。

Sr：3 号样（L-3）、4 号样（L-4）Sr 含量为 2470~2870μg/g，平均为 2670μg/g。其余 5 个样（1、2、5~7 号样）Sr 含量为 4660~10000μg/g，平均含量大于 6590μg/g。Sr 元素在铝磷酸盐矿石中明显发生富集。

Cr：3 号样（L-3）、4 号样（L-4）Cr 含量为 410~422μg/g，平均为 416μg/g。其余 5 个样（1、2、5~7 号样）Cr 含量为 891~1080μg/g，平均为 963.4μg/g。Cr 元素在矿石中的分布特征表明在氧化带淋滤带铝磷酸盐矿石中其富集作用，富集含量达 1 倍以上。

Mg 含量统计表明：3 号样（L-3）、4 号样（L-4）Mg 含量为 0.08%~0.28%，平均为 0.18%。其余 5 个样（1、2、5~7 号样）Mg 的平均含量为 0.01%~0.01%。8 号样为含镁含磷质的高硅质隐晶质微细碎屑。Mg 含量变化特征与化学分析资料相一致。

V 含量特征：3 号样（L-3）、4 号样（L-4）V 含量为 232~233μg/g，平均为 232.5μg/g。其余 5 个样（1、2、5~7 号样）V 含量变化为 345~528μg/g，平均为 442.8μg/g。

U 元素含量：3 号样（L-3）、4 号样（L-4）U 含量为 150~160μg/g，平均为 155μg/g。其余 5 个样（1、2、5~7 号样）U 含量变化为 90~190μg/g，平均为 140μg/g。

该磷矿石中 Th 含量平均为 32.86μg/g。

两类型磷矿石中 U、Th 含量特征表明，U 元素含量变化应在海相沉积磷块岩的 U 元素分布范围（50~300μg/g），但 Th 元素含量偏高[2]，应给予关注。

9.1.4 磷矿石结构构造特征

矿石的构造指矿石中各种矿物集合体的形状、大小和空间分布关系。矿石的结构指矿物颗粒的形状、大小和相互关系。常见的风化作用形成的矿石构造有：蜂窝状构造、皮壳状构造、角砾状构造、变胶状构造等。矿石的结构和构造决定矿石选别的难易程度。

9.1.4.1 含铝磷酸盐矿石和铝磷酸盐磷矿石结构

本次研究的含铝磷酸盐矿石和铝磷酸盐矿石主要结构类型分为两类：

（1）含铝磷酸盐（磷灰石型）矿石类型结构主要见粒状结构、不等粒结构等（3、4 号样）。其中不等粒结构见纤状、针状磷铝石与粒状（砂屑）磷灰石共生。

磷灰石（胶磷矿）为中-细粒颗粒嵌布于基底之中，形成的矿石结构主要为基底式胶结为主的砂屑结构，主要为以磷灰石颗粒为主和少部分纤状、针状磷钙铝石、磷铝碱石颗粒支撑结构。

（2）铝磷酸盐矿石结构主要见胶状结构、层纹状结构、网状结构、砂砾状结构及蜂窝状结构等（1、2、5~7 号样）。显微镜下常见胶状磷铝石等胶结细微晶硅质、碳酸盐岩屑及团粒，导致矿石硬度增加，将给矿石选别带来一定难度，应引起注意。

9.1.4.2 磷矿石构造

本次研究的含铝磷酸盐（磷灰石型）矿石和铝磷酸盐矿石主要矿石构造类型分为

两类：

（1）含铝磷酸盐（磷灰石型）矿石构造。该类型矿石构造主要见团块状、角砾状构造等。

（2）铝磷酸盐矿石构造。该类型矿石构造主要见多孔状构造（蜂窝状构造）、网脉状构造、团块状构造及角砾状构造等（图9-89～图9-96）。

图 9-89　磷矿石

（主要为团粒状、角砾状构造，见砂屑状构造）

图 9-90　砂屑状磷矿石

（颗粒部分含有机质团粒）

图 9-91　灰色的磷铝石矿物成网脉状分布

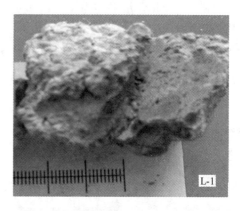

图 9-92　矿石见团块状、球团状分布

图 9-93　矿石见多孔（蜂窝状）构造

图 9-94　矿石见多孔（蜂窝状）构造

 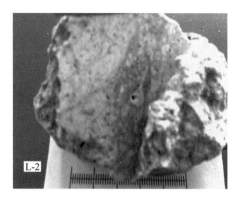

图 9-95 矿石见多孔状构造及角砾状构造　　图 9-96 见胶状磷铝石构成网脉状构造

9.2 矿石工艺性质分析

矿石工艺性质分析一般指研究有用矿物相关粒度与含量变化、矿物之间相互嵌布特征，了解矿物组合之间关系，为后续矿物加工工艺提供可靠基础研究资料。

9.2.1 磷矿石粒度分布及嵌布特征

含铝磷酸盐矿石和铝磷酸盐矿石主要矿物粒度及嵌布特征分析，采用岩矿鉴定片通过奥林巴斯 CX21P 显微镜完成鉴定后，经统计分析完成。

9.2.1.1 含铝磷酸盐矿石（磷灰石型）有用粒度分布及嵌布特征

含铝磷酸盐矿石主要有用矿物为磷灰石（胶磷矿），样品号：L-3、L-4。

磷灰石（胶磷矿）为中 - 细粒颗粒嵌布于基底之中，形成的矿石结构主要为基底式胶结为主的砂屑结构，主要为以磷灰石颗粒为主和少部分纤状、针状磷钙铝石、磷铝碱石颗粒构成分散颗粒或形成颗粒支撑结构。

其次见微晶磷灰石（胶磷矿）以细微颗粒状形式存在丁颗粒间形成填隙物，以胶结物形式出现，构成杂基支撑结构。

显微镜下对样品 L-3、样品 L-4 的粒度统计分析，结果表明磷灰石颗粒主要粒径分布为：

样品 L-3，磷灰石（胶磷矿）在 + 0.04 ~ - 0.12mm 粒级集中分布，粒级含量为 86.30%，在 0.04 ~ 0.08mm 粒级相对集中，为 39.04%。

样品 L-4，磷灰石（胶磷矿）在 + 0.04 ~ - 0.12mm 粒级集中分布，粒级含量为 95.76%，在 0.04 ~ 0.08mm 粒级相对集中，为 51.67%。其中细粒超过 90%，粒度大于 0.74mm（ + 200 目）的颗粒约占 40%。

9.2.1.2 铝磷酸盐矿石（磷铝石型）粒度分布及嵌布特征

铝磷酸盐矿石主要有用矿物为磷铝碱石、纤状磷钙铝石等。样品号：L-1、L-2、L-5、AL-6、AL-7。

有用矿物成分中磷酸盐类矿物主要见含铝磷酸盐矿物及部分磷酸盐矿物。含铝磷酸盐矿物主要为磷铝石（纤磷钙铝石、磷铝碱石），主要见胶状矿物产出，含量为50%～70%，其次为磷灰石。磷铝石矿物主要分布于磷灰石颗粒中，并与微晶白云石构成基底矿物，或以胶状物分布产出。

纤磷钙铝石结构式：$CaAl_3(PO_4)_3(OH)_8 \cdot H_2O$；

磷铝石结构式：$Al_3(PO_4)_2(OH)_3 \cdot 5H_2O$；

磷铝碱石指磷铝钙钠（钾）石，结构式：$(NaK)CaAl_3(PO_4)_4(OH)_9 \cdot 3H_2O$。

磷铝石矿物完整晶形少见，偶见斜方双锥（假八面体）晶形或呈细粒状，多呈胶态出现，如皮壳状、结核状、肾状、豆状、玉髓状等。主要颜色：纯者无色、白色，含杂质时呈浅红、绿、黄色或天蓝色。

矿石常见胶状、蜂窝状、砂状及交代残余等结构，常见几个碎屑颗粒（石英、硅质和碳酸盐岩屑）被包围在一个大的胶结矿物之内，构成连生胶结或嵌晶胶结，形成典型的后生阶段产物，表明矿石主要形成于沉积型磷矿床经风化淋滤、交代作用改造后期。

显微镜下观察见微晶硅质和碳酸盐矿物呈胶状胶结基底颗粒如石英、岩屑及赤铁矿等。有时形成的蜂窝状空洞中被后期硅质充填。

本类型矿石样品中存在两种不同类型样品，即同时也存在磷灰石（胶磷矿）矿石类型，空间赋存关系不详。粒度统计后以矿石类型为主。

显微镜下对样品L-1、L-2、L-5、AL-6、AL-7的粒度统计分析结果如下：

样品L-1：磷铝石及磷灰石（胶磷矿）在+0.04～-0.12mm粒级集中分布，粒级含量为87.11%，在0.04～0.08mm粒级相对集中，为45.15%。

样品L-2：磷铝石及磷灰石（胶磷矿）在+0.04～-0.16mm粒级集中分布，粒级含量为82.65%，在0.08～0.12mm粒级相对集中，为36.73%。

样品L-5：磷铝石及磷灰石（胶磷矿）在+0.04～-0.16mm粒级集中分布，粒级含量为71.61%，在0.08～0.12mm粒级相对集中，为33.62%。

样品AL-6：磷铝石及磷灰石（胶磷矿）在+0.04～-0.16mm粒级集中分布，粒级含量为89.47%，在0.04～0.12mm粒级相对集中，为57.06%。

样品AL-7：磷铝石及磷灰石（胶磷矿）在+0.04～-0.16mm粒级集中分布，粒级含量为92.03%，在0.04～0.08mm粒级相对集中，为38.45%。

粒度统计分析过程（略）。

9.2.1.3　脉石矿物颗粒状石英的粒度分布及嵌布特征

经显微镜下分析结合扫描电镜分析，硅质矿物（石英）主要有3种存在形式：细－微颗粒状石英、微粒状石英及隐晶质硅质团粒（硅质、碳酸盐质岩屑）。

细－微颗粒状石英：主要以颗粒状与磷灰石（胶磷矿）共存，组成基底中颗粒矿物，少见颗粒支撑，多为杂基支撑结构。也见浑圆状被胶状磷铝碱石包裹。具不等粒不均匀嵌布特征。

微粒状石英：存在于碳酸盐、硅质胶结物中，成星散状、星点状分布。

硅质团块及岩屑：主要在磷铝石矿石类型中以岩屑、团粒和胶结物产出。

对颗粒状石英的粒度统计分析结果如下：

1 号样（L1-3）：主要粒径分布于 +0.00 ~ -0.08mm 粒级，含量达 76.09%，相对集中于 0.04 ~ 0.08mm 粒级，含量为 44.93%。

2 号样（L2-3）：主要粒径分布于 +0.04 ~ -0.12mm 粒级，含量达 71.89%，相对集中于 0.04 ~ 0.08mm 粒级，含量为 43.42%。

3 号样（L3-3）：主要粒径分布于 +0.04 ~ -0.12mm 粒级，含量达 80.95%，相对集中于 0.04 ~ 0.08mm 粒级，含量为 42.86%。

4 号样（L4-3）：主要粒径分布于 +0.00 ~ -0.12mm 粒级，含量达 89.58%，相对集中于 0.04 ~ 0.08mm 粒级，含量为 45.83%。

5 号样（L5-3）：主要粒径分布于 +0.04 ~ -0.08mm 粒级，含量达 58.78%，相对集中于 0.04 ~ 0.08mm 粒级，含量为 44.93%。

6 号样（AL6-3）：主要粒径分布于 +0.04 ~ -0.12mm 粒级，含量达 69.49%，相对集中于 0.08 ~ 0.12mm 粒级，含量为 36.56%。

7 号样（AL7-3）：主要粒径分布于 +0.04 ~ -0.12mm 粒级，含量达 72.82%，相对集中于 0.04 ~ 0.08mm 粒级，含量为 40.43%。

9.2.1.4 脉石矿物颗粒状赤铁矿的粒度分布及嵌布特征

通过显微镜下观察结合扫描电镜配合能谱分析，可知赤铁矿主要呈颗粒状、纤维状产出，部分铁质矿物为钛铁矿。部分微粒赤铁矿为填隙物构成基质部分，其余多为颗粒状产出。主要嵌布关系为不规则粒状非均匀分布。

对颗粒状赤铁矿的粒度统计分析结果如下：

1 号样（L1-3）：主要粒径分布于 +0.00 ~ -0.08mm 粒级，含量达 88.17%，相对集中于 0.00 ~ 0.04mm 粒级，含量为 66.60%。

2 号样（L2-3）：主要粒径分布于 +0.00 ~ -0.08mm 粒级，含量达 84.03%，相对集中于 0.04 ~ 0.08mm 粒级，含量为 53.47%。

3 号样（L3-3）：主要粒径分布于 +0.00 ~ -0.08mm 粒级，含量达 82.37%，相对集中于 0.04 ~ 0.08mm 粒级，含量为 45.19%。

4 号样（L4-3）：主要粒径分布于 +0.00 ~ -0.08mm 粒级，含量达 85.35%，相对集中于 +0.00 ~ 0.04mm 粒级，含量为 60.35%。

5 号样（L5-3）：主要粒径分布于 +0.00 ~ -0.08mm 粒级，含量达 86.46%，相对集中于 0.04 ~ 0.08mm 粒级，含量为 45.83%。

6 号样（AL6-3）：主要粒径分布于 +0.00 ~ -0.12mm 粒级，含量达 80.01%，相对集中于 0.00 ~ 0.04mm 粒级，含量为 32.73%。

7 号样（AL7-3）：主要粒径分布于 +0.00 ~ -0.08mm 粒级，含量达 84.61%，相对集中于 0.00 ~ 0.04mm 粒级，含量为 44.44%。

9.2.2 磷矿石筛分分析

将各样品按 0.246 ~ 0.147mm、0.147 ~ 0.106mm、0.106 ~ 0.074mm、0.074 ~ 0.053mm 进行分级，测试各粒级 P_2O_5、Al_2O_3、Fe_2O_3、SiO_2 含量，并计算筛析实验结果，见表 9-12。

表 9-12　磷矿石各粒级 P_2O_5、Al_2O_3、Fe_2O_3 含量及 P_2O_5 筛析实验结果

样品编号		粒级分级 /mm	样品名称	样品性状	检测项目及检测结果（质量分数）/%				P_2O_5 筛析实验结果		
检测编号	样品原号				P_2O_5	Al_2O_3	SiO_2	Fe_2O_3	产率 /%	加权品位/%	分布率 /%
11A1189	L1-7	0.147~0.246	磷矿	褐黄色粉状	30.22	27.20	—	9.80	39.50		40.35
11A1190	L1-8	0.106~0.147	磷矿	褐黄色粉状	28.73	27.42	—	10.22	24.49		23.79
11A1191	L1-9	0.074~0.106	磷矿	褐黄色粉状	30.15	27.76	—	10.05	18.34		18.69
11A1192	L1-10	0.053~0.074	磷矿	褐黄色粉状	28.75	10.72	—	10.05	17.67		17.18
									100.00	29.58	100.00
11A1193	L2-7	0.147~0.246	磷矿	褐黄色粉状	30.05	12.59	—	7.23	23.26		24.28
11A1194	L2-8	0.106~0.147	磷矿	褐黄色粉状	26.02	30.19	—	6.95	19.87		17.96
11A1195	L2-9	0.074~0.106	磷矿	褐黄色粉状	29.16	30.78	—	6.72	37.00		37.47
11A1196	L2-10	0.053~0.074	磷矿	褐黄色粉状	29.39	30.66	—	6.33	19.87		20.28
									100.00	28.79	100.00
11A1197	L3-7	0.147~0.246	磷矿	褐黄色粉状	30.59	4.72	15.20	2.02	11.49		11.37
11A1198	L3-8	0.106~0.147	磷矿	褐黄色粉状	30.15	4.58	15.04	1.98	50.61		49.39
11A1199	L3-9	0.074~0.106	磷矿	褐黄色粉状	31.77	4.70	13.25	2.29	24.63		25.33
11A1200	L3-10	0.053~0.074	磷矿	褐黄色粉状	32.32	2.54	12.04	2.25	13.27		13.89
									100.00	30.89	100.00
11A1201	L4-7	0.147~0.246	磷矿	褐黄色粉状	34.44	3.72	9.53	1.77	36.76		37.40
11A1202	L4-8	0.106~0.147	磷矿	褐黄色粉状	33.89	3.57	10.10	1.54	22.16		22.18
11A1203	L4-9	0.074~0.106	磷矿	褐黄色粉状	33.04	3.90	12.48	1.56	19.63		19.16
11A1204	L4-10	0.053~0.074	磷矿	褐黄色粉状	33.56	4.46	9.87	1.95	21.46		21.27
									100.00	33.85	100.00
11A1205	AL5-7	0.147~0.246	磷矿	褐黄色粉状	28.81	25.93	—	10.10	38.11		37.67
11A1206	AL5-8	0.106~0.147	磷矿	褐黄色粉状	29.25	26.93	—	10.07	23.74		23.83
11A1207	AL5-9	0.074~0.106	磷矿	褐黄色粉状	29.38	26.94	—	9.96	19.45		19.60
11A1208	AL5-10	0.053~0.074	磷矿	褐黄色粉状	29.49	26.82	—	9.95	18.70		18.92
									100.00	29.15	100.00
11A1209	AL6-7	0.147~0.246	磷矿	褐黄色粉状	27.28	27.77	—	6.11	42.29		41.04
11A1210	AL6-8	0.106~0.147	磷矿	褐黄色粉状	29.00	29.84	—	6.49	21.37		22.05
11A1211	AL6-9	0.074~0.106	磷矿	褐黄色粉状	28.72	29.43	—	6.56	21.26		21.73
11A1212	AL6-10	0.053~0.074	磷矿	褐黄色粉状	28.31	29.58	—	6.53	15.07		15.18
									100.00	28.11	100.00
11A1213	AL7-7	0.147~0.246	磷矿	褐黄色粉状	30.95	28.61	—	9.24	42.30		42.26
11A1214	AL7-8	0.106~0.147	磷矿	褐黄色粉状	31.32	28.68	—	9.66	21.32		21.56
11A1215	AL7-9	0.074~0.106	磷矿	褐黄色粉状	30.83	28.90	—	9.30	18.63		18.54
11A1216	AL7-10	0.053~0.074	磷矿	褐黄色粉状	30.81	28.86	—	9.37	17.74		17.65
									100.00	30.98	100.00
11A1217	AL8-9		磷矿	褐黄色粉状	1.50	5.61	63.71	2.88			

（1）所有样品的每个粒度级别中磷的品位相差不大，说明脉石与有用矿物嵌布较均匀（尤其磷铝酸盐矿石）。不利于单体解离，应没有可预先抛尾的部分。在浮选前做磨矿细度试验比较不同细度的浮选效果，对于该类型颗粒较细的磷矿石，应是要关注的。

（2）从分布率看，磷主要分布在0.074mm粒级以上，L1~AL7分别为：82.82%、79.72%、86.11%、78.73%、81.08%、84.82%、82.35%。

（3）硅的含量与铝、铁含量成反比关系。在磷矿选矿过程中需要考虑除铁。

9.2.3 磷酸盐矿物（磷灰石、磷铝石）解离度统计分析

含铝磷酸盐矿石和铝磷酸盐矿石中磷酸盐矿物解离度计算分析，主要采用将矿石磨细分级后，经显微镜下统计分析完成。

9.2.3.1 解离度统计分析依据

（1）绘制测量结果表。每个样按各粒级分为，A：−0.0250~+0.150mm；B：−0.150~+0.106mm；C：−0.106~+0.075mm；D：−0.075~+0.053mm。

（2）测试矿物名称。磷酸盐矿物（磷灰石、磷铝石）矿样编号：L1-1，L2-3，L3-3-2，L4-3，L5-2，L6-3-2，ML7-3。

（3）显微镜观测条件：

$$目镜测微尺刻度值 = \frac{物镜测微尺格数 \times W}{目镜测微尺格数} = \frac{100 \times 0.01mm}{50} = 0.02mm/格$$

式中，W为物镜测微尺格值（= 标准长度/格数），此处$W = 0.01mm$。

物镜：5×；目镜：10×；放大倍数：5×10倍。

（4）用对比法测磷矿的解离度（每个矿样观察5个视域）。

9.2.3.2 解离度结果分析

经统计分析，磷酸盐矿物解离度见表9-13。由表可知，磷酸盐矿物（磷灰石）为主的L3-3-2、L4-3两个样，解离度在−0.106~+0.075mm粒级、−0.075~+0.053mm粒级达到高值，样品L3-3-2解离度分别为61%、75%，样品L4-3解离度分别为76%、83%，两个样都显示随着磨矿细度的增大解离度增大，可能与该类型矿石含有部分胶状磷铝酸盐矿石有关系，需要在下一步选矿试验中加以研究。

表9-13 磷酸盐矿物各粒级解离度统计 （%）

样品号	各粒级解离度			
	−0.0250~+0.150mm	−0.150~+0.106mm	−0.106~+0.075mm	−0.075~+0.053mm
L1-1	8.6	44	37.2	30.8
L2-3	33	22	55	40
L3-3-2	62	44.8	61	75
L4-3	22	21.6	76	83
L5-2	16	42	78	90
AL6-3	14	45	75	70
AL7-3	12	28	69	91

样品 L3-3-2 在 −0.0250 ~ +0.150mm 粒级磷酸盐矿物解离度达到 62%，该粒级段应该引起重视，或考虑阶段磨矿。

样品 L1-1 样品解离度最高值出现在 −0.150 ~ +0.106mm 粒级范围，为 44%，−0.106 ~ +0.075mm 粒级段解离度为 37.2%，−0.075 ~ +0.053mm 解离度下降幅度也不大，表明前两个粒级段在选矿中应是主要考虑的粒级范围。

样品 L2-3 在两个粒级范围 −0.106 ~ +0.075mm、−0.075 ~ +0.053mm 解离度达到最大值，分别为 55%、40%，应是今后选矿工作主要研究粒级范围。

5 号样品（L5-2）解离度在 −0.106 ~ +0.075mm、−0.075 ~ +0.053mm 粒级范围出现高值，分别为 78%、90%。显示矿石本为细微粒磷铝石、磷灰石晶体性质或胶状铝磷酸盐矿物，导致在这两个粒级范围解离度增大。前一粒级范围解离度为 42%，显示了随着粒级范围变细解离度增高的特征。三个粒级段皆是下一步选矿工作的重点。

6 号样（AL6-3）在 −0.106 ~ +0.075mm 和 −0.075 ~ +0.053mm 两个粒级范围出现高值，分别为 75%、70%。前一粒级 −0.150 ~ +0.106mm 解离度为 45%，也显示了随着矿石粒度变细而解离度增大的特征。但在 −0.075 ~ +0.053mm 粒级有所下降，但下降幅度不大，三个粒级段仍是今后工作考察重点。

7 号样（AL7-3）在 −0.106 ~ +0.075mm、−0.075 ~ +0.053mm 达到高值，明显表现出随着矿石粒度变细解离度增高的特征，解离度为 69%、91%。推测与 5 号样、6 号样原因相同，由矿石性质所决定。7 号样在 −0.0250 ~ +0.150mm、−0.150 ~ +0.106mm 两个粒级范围解离度不高，为 12%、28%，表明前两个粒级段是今后选矿工作的考察重点。

磷酸盐矿物解离度统计分析过程略。

9.3　结论与建议

在翁福（集团）有限责任公司支持下，通过开展矿物成分及化学成分等物质组成及磷矿石工艺性质测试分析，完成了对某海外磷矿石的工艺矿物学性质的研究工作。

9.3.1　主要结论

9.3.1.1　磷酸盐矿物（磷灰石）及铝磷酸盐矿石主要矿物组合

A　铝磷酸盐矿物组合

显微镜、XRD 分析表明主要见磷铝石、磷铝碱石（磷铝钙石）、纤状磷钙铝石及银星石等，主要矿物形态为针状、纤维状、胶状等。

B　磷灰石（胶磷矿）矿物组合

矿石中多见结晶磷灰石、胶状磷灰石等。据扫描电镜配合能谱成分分析，多数磷灰石含 F^-、Cl^- 较低，应以碳磷灰石为主。

9.3.1.2　主要脉石矿物

通过显微镜观察结合扫描电镜配合能谱分析，脉石矿物主要以下列矿物为主：

（1）硅质、碳酸盐岩屑；

（2）石英；

（3）铁质矿物：赤铁矿、钛铁矿；

（4）碳酸盐矿物：方解石为主，白云石次之；

（5）含钛矿物：金红石（锐钛矿）、钛铁矿。

9.3.1.3　主要矿石类型

主要矿石类型如下：

（1）砂屑状含铝磷酸盐－磷灰石（胶磷矿）矿石类型；

（2）胶状、多孔状及团块状铝磷酸盐矿石类型。

9.3.1.4　化学成分特征

化学成分分析结果表明，铝磷酸盐矿石中 P_2O_5 含量除 8 号样（AL-8）之外，7 个样为 29.6% ~ 31.46%，平均为 30.89%，表明 P_2O_5 含量较高，含量变化较为均匀，应属于高品位磷矿石。

（1）矿石化学成分特征表明，3 号样、4 号样为钙、硅质含铝磷酸盐矿石，其余为铝质磷酸盐矿石。样品应属低铁质含铝高钙低镁质磷灰石矿石，与沉积型磷块岩物质组成相类同。

（2）矿石化学成分显示，含铝磷矿石铝含量高，同时 TFe_2O_3 含量也高，属高铝高铁磷酸盐矿石类型。

（3）两类型矿石含 S、F^- 相对偏低，有利于矿石加工。

9.3.1.5　微量元素组成特征

含铝磷灰石（胶磷矿）矿石及铝磷酸盐矿石的微量元素主要以 Ba、Cr、Sr、U、V 等元素富集为特征。其表现为磷灰石（胶磷矿）矿石和铝磷酸盐矿石在含量上有所不同。

两类型磷矿石中 U、Th 含量特征表明 U 元素含量变化应在海相沉积磷块岩的 U 元素分布范围（50 ~ 300μg/g），但 Th 元素含量偏高[2]，应给予关注。

9.3.1.6　矿石的结构构造

含铝磷酸盐（磷灰石型）矿石类型结构主要见粒状结构、不等粒结构等（3、4 号样）。其中不等粒结构见纤状、针状磷铝石与粒状（砂屑）磷灰石共生。

磷灰石（胶磷矿）为中－细粒颗粒嵌布于基底之中，形成的矿石结构主要为基底式胶结为主的砂屑结构，主要为以磷灰石颗粒为主和少部分纤状、针状磷钙铝石、磷铝碱石颗粒支撑结构。

铝磷酸盐矿石结构主要见胶状结构、层纹状结构、网状结构及蜂窝状结构等（1、2、5 ~ 7 号样）。显微镜下常见胶状磷铝石等胶结细微晶硅质、碳酸盐岩屑及团粒，导致矿石硬度增加，将给矿石选别带来一定难度，应引起注意。

含铝磷酸盐（磷灰石型）矿石构造主要见团块状、角砾状构造等。

铝磷酸盐矿石构造主要见多孔状构造（蜂窝状构造）、网脉状构造、团块状构造及角砾状构造等。

9.3.1.7 磷矿石粒度分布及嵌布特征

A 磷酸盐矿石（磷灰石型）有用粒度分布及嵌布特征

嵌布特征主要为以磷灰石颗粒为主和少部分纤状、针状磷钙铝石、磷铝碱石颗粒构成分散不均匀分布，构成杂基支撑或颗粒支撑结构。

磷灰石（胶磷矿）主要分布粒度如下：

样品 L-3：磷灰石（胶磷矿）在 +0.04 ～ -0.12mm 粒级集中分布，粒级含量为 86.30%，在 0.04 ～0.08mm 粒级相对集中，含量为 39.04%。

样品 L-4：磷灰石（胶磷矿）在 +0.04 ～ -0.12mm 粒级集中分布，粒级含量为 95.76%，在 0.04 ～0.08mm 粒级相对集中，含量为 51.67%。其中细粒超过 90%，粒度大于 0.74mm（+200 目）的颗粒约占 40%。

B 铝磷酸盐矿石（磷铝石型）粒度分布及嵌布特征

磷酸盐类矿物主要见含铝磷酸盐矿物及部分磷酸盐矿物。含铝磷酸盐矿物主要为磷铝石（纤磷钙铝石、磷铝碱石），主要见胶状、层纹状及蜂窝状产出。

样品 L-1：磷铝石及磷灰石（胶磷矿）在 +0.04 ～ -0.12mm 粒级集中分布，粒级含量为 87.11%，在 0.04 ～0.08mm 粒级相对集中，含量为 45.15%。

样品 L-2：磷铝石及磷灰石（胶磷矿）在 +0.04 ～ -0.16mm 粒级集中分布，粒级含量为 82.65%，在 0.08 ～0.12mm 粒级相对集中，含量为 36.73%。

样品 L-5：磷铝石及磷灰石（胶磷矿）在 +0.04 ～ -0.16mm 粒级集中分布，粒级含量为 71.61%，在 0.08 ～0.12mm 粒级相对集中，含量为 33.62%。

样品 AL-6：磷铝石及磷灰石（胶磷矿）在 +0.04 ～ -0.16mm 粒级集中分布，粒级含量为 89.47%，在 0.04 ～0.12mm 粒级相对集中，含量为 57.06%。

样品 AL-7：磷铝石及磷灰石（胶磷矿）在 +0.04 ～ -0.16mm 粒级集中分布，粒级含量为 92.03%，在 0.04 ～0.08mm 粒级相对集中，含量为 38.45%。

磷铝石及磷灰石（胶磷矿）在 +0.04 ～ -0.16mm 粒级较为集中分布。

9.3.1.8 脉石矿物颗粒状石英的粒度分布及嵌布特征

对颗粒状石英的粒度统计分析结果表明：

1 号样（L1-3）：主要粒径分布于 +0.00 ～ -0.08mm 粒级，含量达 76.09%，相对集中于 0.04 ～0.08mm 粒级，含量为 44.93%。

2 号样（L2-3）：主要粒径分布于 +0.04 ～ -0.12mm 粒级，含量达 71.89%，相对集中于 0.04 ～0.08mm 粒级，含量为 43.42%。

3 号样（L3-3）：主要粒径分布于 +0.04 ～ -0.12mm 粒级，含量达 80.95%，相对集中于 0.04 ～0.08mm 粒级，含量为 42.86%。

4 号样（I4-3）：主要粒径分布于 +0.00 ～ -0.12mm 粒级，含量达 89.58%，相对集中于 0.04 ～0.08mm 粒级，含量为 45.83%。

5 号样（L5-3）：主要粒径分布于 +0.04 ～ -0.08mm 粒级，含量达 58.78%，相对集中于 0.04 ～0.08mm 粒级，含量为 44.93%。

6 号样（L6-3）：主要粒径分布于 +0.04 ～ -0.12mm 粒级，含量达 69.49%，相对集

中于 0.08 ~ 0.12mm 粒级，含量为 36.56% 。

7 号样（AL7-3）：主要粒径分布于 +0.04 ~ -0.12mm 粒级，含量达 72.82%，相对集中于 0.04 ~ 0.08mm 粒级，含量为 40.43% 。

两类型矿石中石英粒度在 +0.04 ~ -0.12mm 粒级范围内相对集中。

9.3.1.9 脉石矿物颗粒状赤铁矿（钛铁矿）的粒度分布及嵌布特征

通过显微镜下观察结合扫描电镜配合能谱分析，可知赤铁矿主要呈颗粒状、纤维状产出，部分铁质矿物为钛铁矿。部分微粒赤铁矿为填隙物构成基质部分，其余多为颗粒状产出。主要嵌布关系为不规则粒状非均匀分布。

对颗粒状赤铁矿的粒度统计分析结果如下：

1 号样（L1-3）：主要粒径分布于 +0.00 ~ -0.08mm 粒级，含量达 88.17%，相对集中于 0.00 ~ 0.04mm 粒级，含量为 66.60% 。

2 号样（L2-3）：主要粒径分布于 +0.00 ~ -0.08mm 粒级，含量达 84.03%，相对集中于 0.04 ~ 0.08mm 粒级，含量为 53.47% 。

3 号样（L3-3）：主要粒径分布于 +0.00 ~ -0.08mm 粒级，含量达 82.37%，相对集中于 0.04 ~ 0.08mm 粒级，含量为 45.19% 。

4 号样（L4-3）：主要粒径分布于 +0.00 ~ -0.08mm 粒级，含量达 85.35%，相对集中于 +0.00 ~ 0.04mm 粒级，含量为 60.35% 。

5 号样（L5-3）：主要粒径分布于 +0.00 ~ -0.08mm 粒级，含量达 86.46%，相对集中于 0.04 ~ 0.08mm 粒级，含量为 45.83% 。

6 号样（L6-3）：主要粒径分布于 +0.00 ~ -0.12mm 粒级，含量达 80.01%，相对集中于 0.00 ~ 0.04mm 粒级，含量为 32.73% 。

7 号样（AL7-3）：主要粒径分布于 +0.00 ~ -0.08mm 粒级，含量达 84.61%，相对集中于 0.00 ~ 0.04mm 粒级，含量为 44.44% 。

赤铁矿（钛铁矿）于 +0.00 ~ -0.08mm 粒级范围内相对集中。

9.3.1.10 磷矿石筛分分析

磷矿石筛分分析结果表明，所有样品的每个粒度级别中磷的品位相差不大，说明脉石与有用矿物嵌布较均匀（尤其磷铝酸盐矿石），不利于单体解离，应没有可预先抛尾的部分。在浮选前做磨矿细度试验需要比较不同细度的浮选效果。

从分布率看，磷主要分布在 0.074mm 粒级以上，L1 ~ AL7 分别为：82.82%、79.72%、86.11%、78.73%、81.08%、84.82%、82.35%。硅的含量与铝铁含量成反比关系。

9.3.1.11 磷酸盐矿物（磷灰石、磷铝石）解离度统计分析

含铝磷酸盐矿物（磷灰石）为主的 L3-3-2、L4-3 两个样，解离度在 -0.106 ~ +0.075mm 粒级、-0.075 ~ +0.053mm 粒级达到高值，样品 L3-3-2 解离度分别为 61%、75%，样品 L4-3 解离度分别为 76%、83%，两个样都显示随着磨矿细度的增加解离度增加，可能与该类型矿石含有部分胶状磷铝酸盐矿石有关系，需要在下一步选矿试验中加以研究。

样品 L3-3-2 在 −0.0250 ～ +0.150mm 粒级磷酸盐矿物解离度达到 62%，该粒级段应该引起重视，或考虑阶段磨矿。

样品 L1-1 解离度最高值出现在 −0.150 ～ +0.106mm 粒级范围，解离度为 44%，−0.106 ～ +0.075mm 粒级段解离度为 37.2%，−0.075 ～ +0.053mm 解离度下降幅度也不大，表明前两个粒级段在选矿中应是主要考虑的粒级范围。

样品 L2-3 在两个粒级范围 −0.106 ～ +0.075mm、−0.075 ～ +0.053mm 解离度达到最大值，分别为 55%、40%。应是今后选矿工作主要研究粒级范围。

5 号样品（L5-2）解离度在 −0.106 ～ +0.075mm、−0.075 ～ +0.053mm 粒级范围出现高值，分别为 78%、90%。显示矿石本为细微粒磷铝石、磷灰石晶体性质或胶状铝磷酸盐矿物，导致在这两个粒级范围解离度增大。前一粒级范围解离度为 42%，显示了随着粒级范围变细解离度增高的特征。三个粒级段皆是下一步选矿工作重点。

6 号样（AL6-3）在 −0.106 ～ +0.075mm 和 −0.075 ～ +0.053mm 两个粒级范围出现高值，分别为 75%、70%。前一粒级 0.150 ～ +0.106mm 解离度为 45%，也显示了随着矿石粒度变细而解离度增大的特征。但在 −0.075 ～ +0.053mm 粒级有所下降，但下降幅度不大，三个粒级段仍是今后工作考察重点。

7 号样（AL7-3）在 −0.106 ～ +0.075mm、−0.075 ～ +0.053mm 达到高值，明显表现出随着矿石粒度变细解离度增高的特征，解离度为 69%、91%。推测与 5 号样、6 号样原因相同，由矿石性质所决定。7 号样在 −0.0250 ～ +0.150mm、−0.150 ～ +0.106mm 两个粒级范围解离度不高，为 12%、28%，表明前两个粒级段是今后选矿工作的考察重点。

9.3.2　建议

建议如下：

（1）为避免过磨影响浮选效果，建议入选粒度以 −0.147mm 和 +0.037mm 为界，对 −0.147 ～ +0.037mm 级别的矿石采用重、磁选等方法除铁，对 0.037mm 以下的部分采用浮选。

（2）硅钙质含铝磷酸盐矿物的主要矿物成分是磷酸盐矿物（磷灰石、胶磷矿）、铝硅酸盐矿物、白云石、石英及赤铁矿（钛铁矿）等，均以微细粒嵌布为主。铝磷酸盐矿物（磷铝石）由胶态磷灰石组成，并伴生少量硅、铁等杂质及团粒、团块状及脉状岩屑，在选矿时要注意其粒度细微，过碎细磨可能会导致磷酸盐矿物（磷铝石）趋向贫化。

（3）建议针对磷铝酸盐矿石类型的加工及综合利用开展进一步研究。

参 考 文 献

[1] 朱建国，袁浩. 磷矿伴生氟是我国氟化工的重要原料 [J]. 贵州化工，2008，33（2）：1～2.
[2] 雷鸣，等. 黄磷生产中放射性核素迁移规律及放射性污染防治对策 [J]. 贵州化工，2000，25（4）：40～44.

10 ADLY 磷矿矿石（块矿）工艺矿物学特征

受某公司委托，对 ADLY（澳大利亚）某磷矿矿石开展工艺矿物学特征研究。

研究内容分为两个部分：第一部分为开展磷矿石物质组成分析。主要进行磷矿石制样、制片、显微镜下透射光和反射光矿石矿物组成分析鉴定、X 射线衍射（XRD）分析、矿石结构构造分析、矿石化学分析及微量元素分析，主要查明磷矿石矿物成分、结构构造及化学成分特征；第二部分为磷矿石工艺特征研究，主要有磷矿石粒度分布特征、筛分分析及磷矿石解离度分析。

通过开展以上工作，查明 ADLY 磷矿矿石矿物组成、结构构造特征、化学成分及微量元素分布特征；同时开展粒度分析、嵌布特征、筛分分析及解离度分析，查明磷矿石工艺性质，为该磷矿矿石加工利用提供有价值分析资料。

10.1 ADLY 磷矿石物质组成

对 ADLY 磷矿矿石开展物质组成分析主要分为两个部分：矿石矿物成分及化学组成分析。主要目的是查明磷矿石主要有用矿物类型、脉石矿物种类、磷矿石常量化学组成及微量元素分布特征，为该磷矿石选矿加工工艺提供物质组成资料。

10.1.1 磷矿石矿物组成特征

采用奥林巴斯光学显微镜配合 X 射线衍射（XRD）分析，进行磷矿石有用矿物种类、脉石矿物类型及含量分析，查明磷矿石矿物组成及含量特征。

10.1.1.1 磷矿矿石中磷矿物组成

研究样品说明：本次研究样品主要为块状、条纹状构造磷块岩矿样。

样品薄片号：A-1、A-2、A-3。

矿石定名：砂屑钙硅质磷块岩矿石。

矿石主要矿物成分为胶磷矿、石英、碳酸盐矿物（方解石为主）、黏土矿物等，见图 10-1 ~ 图 10-26。

主要有用矿物为磷酸盐类矿物，均为均质胶磷矿。

胶磷矿主要分为 3 种类型：一为团粒状、椭圆状及圆粒状砂粒屑胶磷矿，主要粒度分布范围为 0.06 ~ 0.10mm，多见 0.08mm，含量为 10% ~ 15%。该类磷矿物主要为均质胶磷矿，沉积作用主要特征不明显，可能主要为内碎屑类及正化（原地）胶磷矿，见图 10-1 ~ 图 10-14。

二为细微粒状胶磷矿，为细小圆形、多边形粒状胶磷矿。主要粒径为 0.02 ~ 0.06mm，多见 0.05mm 粒径的胶磷矿颗粒（图 10-15 ~ 图 10-24）。含量占多数，为

20% ~25%。

三为网脉状、网状及脉状胶磷矿，主要见含赤铁矿胶磷矿矿石呈网状、网脉状及脉状产出，赤铁矿含量较高的胶磷矿与微晶石英、隐晶硅质构成网脉状结构，赤铁矿呈胶状、极细微粒状与胶磷矿共生构成脉状、层纹状构造，见图 10-21 ~ 图 10-25。

胶磷矿总体含量为 30.5% ~35.0%，主要粒径分布范围为 0.06 ~ 0.08mm，多见于 0.05mm 左右为主。能谱分析及 XRD 分析证明胶磷矿主要成分为氟磷灰石。

10.1.1.2　磷矿石中脉石矿物组成

显微镜观测磷矿石样品薄片号：A-1、A-3。

（1）微晶石英：石英呈圆形、多边形自形 - 它形颗粒状产出，主要粒径为 0.02 ~ 0.05mm。正交偏光下为一级灰干涉色为主，因薄片未磨到规定厚度，因此部分微晶石英正交偏光下显现黄色等干涉色。含量为 15% ~ 20%（图 10-2、图 10-8、图 10-10、图 10-12）。

还见以细微粒状分布的石英微粒，正交偏光下显现一级灰干涉色，显微镜下常见细微颗粒组成团粒状，多为 0.02mm，分布类似于基底胶结类型。硅质分为两个部分：微晶粒状与胶磷矿共生，隐晶硅质呈胶结物产出。赤铁矿呈微晶 - 土状与胶磷矿混杂共生，见图 10-12 ~ 图 10-14。

类似结构特征：砂屑结构为主，类似杂基支撑。石英颗粒、微晶 - 细晶体碳酸盐矿物为主要杂基成分。石英分布于胶磷矿矿石中，呈棱角状、它形粒，主要粒度分布于 0.01 ~ 0.04mm 之间，集中分布于 0.02mm。

（2）团粒状等隐晶硅质：见粒度小于 0.01mm 的隐晶质硅质呈团粒状等产出于网状胶磷矿及砂屑状胶磷矿间，主要为填隙物构成胶结物，类似于基底胶结类型，见图 10-18 和图 10-19。

（3）碳酸盐矿物：以微晶方解石为主，组成微晶基质基底式胶结类似类型，构成类似杂基支撑。主要粒径为小于 0.02mm，见分散粒状、团粒状等类似胶结物填隙于胶磷矿颗粒及网状、网脉状间。正交偏光下多见碳酸盐矿物特征高级白光性特征（图 10-27）。碳酸盐矿物方解石含量小于 5%。

（4）赤铁矿：主要见细微粒状、细脉状及网脉状等胶体状产出。含量低于 10%，见图 10-5、图 10-25。赤铁矿常呈微晶 - 土状与胶磷矿混杂共生，也见隐晶含磷赤铁矿成网脉状、网状产出。

（5）黏土矿物：据 XRD 分析结果黏土矿物含量为 6.6%，镜下见绢云母类矿物产出，见图 10-18、图 10-20。

磷块岩中胶磷矿含量为 30.0% ~50.0%，以氟磷灰石为主，P_2O_5 含量应低于 30%。胶磷矿颗粒微细，磷矿物与脉石矿物紧密共生，呈胶体或隐晶、微晶质产出。胶磷矿镜下为褐色、棕色或无色，主要呈似胶状、砂屑状、网状网脉状等。矿物集合体为砂屑粒状、块状及网脉状，常混杂有硅质、铁质、黏土矿物、碳酸盐，与脉石相间分布构成层状、层纹状构造。

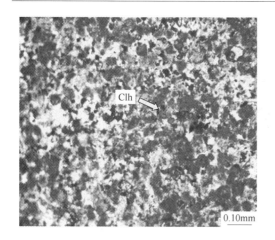

图 10-1 钙硅质磷矿石中胶磷矿（Clh）

（样品号：A-1）

（砂屑钙硅质磷块岩矿石，（－）×10）

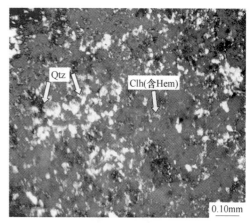

图 10-2 胶磷矿含赤铁矿（Hem）

（样品号：A-1）

（砂屑钙硅质磷块岩矿石，见灰色石英（Qtz），（＋）×10）

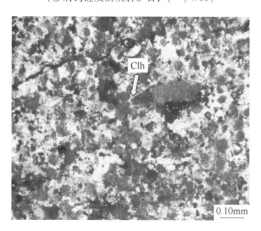

图 10-3 砂屑硅质磷矿石（样品号：A-1）

（条纹状、砂屑状钙硅质磷块岩矿石，（－）×10）

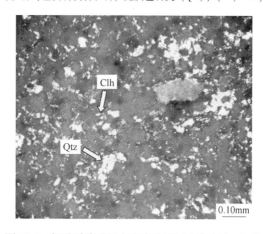

图 10-4 钙硅质磷矿石中胶磷矿(Clh)(样品号：A-1)

（钙硅质磷矿石见浅灰－白色石英（Qtz），（＋）×10）

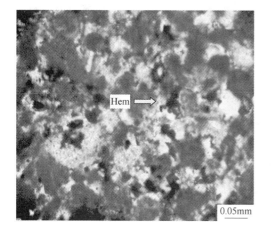

图 10-5 硅质磷矿石（样品号：A-1）

（硅质磷块岩矿石中赤铁矿（Hem），（－）×20）

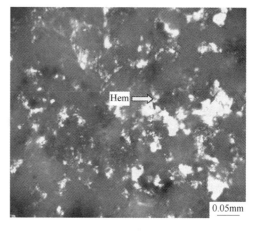

图 10-6 硅质胶磷矿磷矿石（样品号：A-1）

（磷矿石中浅灰－白色石英及赤铁矿（Hem），（＋）×20）

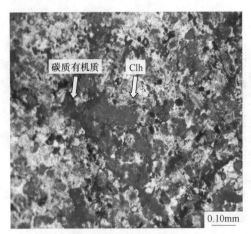

图 10-7　硅质磷矿石（样品号：A-1）

（胶磷矿分细微粒及微粒两种类型，（-）×10）

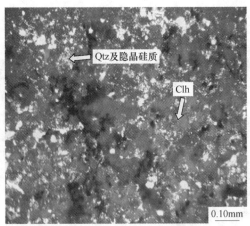

图 10-8　硅质磷矿石（样品号：A-1）

（见微晶浅灰色石英（Qtz）及隐晶硅质，（+）×10）

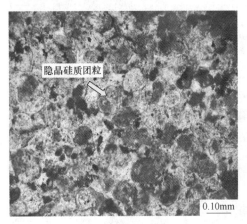

图 10-9　硅质磷矿石（样品号：A-1）

（砂屑硅质磷块岩矿石，（-）×10）

图 10-10　硅质磷矿石（样品号：A-1）

（磷矿石见灰-白色石英（Qtz）及隐晶硅质，（+）×10）

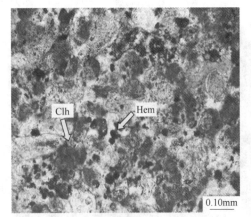

图 10-11　硅质磷块岩（样品号：A-1）

（硅质磷矿石中胶磷矿（Clh）为团粒状等，
见赤铁矿（Hem），（-）×10）

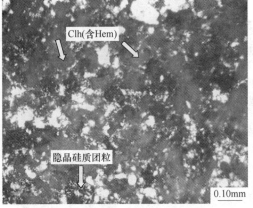

图 10-12　硅质矿石（样品号：A-1）

（磷矿石见灰-白色石英（Qtz）及隐晶硅质，
（+）×10）

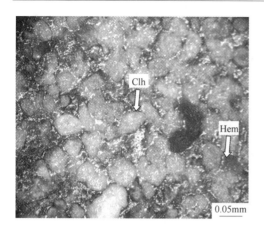

图 10-13 矿石中赤铁矿（样品号：A-1）

（硅质磷矿石中赤铁矿为填隙物，反射光×20）

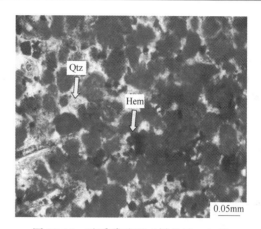

图 10-14 硅质磷矿石（样品号：A-1）

（磷矿石赤铁矿（Hem）、石英（Qtz）为填隙物，（-）×20）

图 10-15 硅质磷块岩（样品号：A-2）

（脉状硅质磷矿石胶磷矿呈脉状分布，（-）×10）

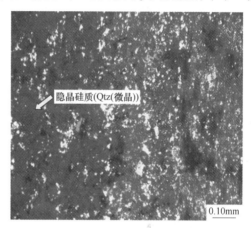

图 10-16 砂屑硅质磷矿石中石英（Qtz）

（样品号：A-2）

（微晶石英、隐晶硅质与胶磷矿杂混共生，（+）×10）

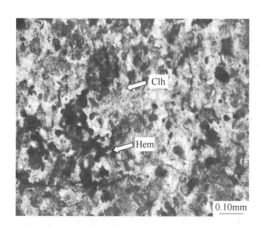

图 10-17 硅质磷块岩矿石中赤铁矿（Hem）

（样品号：A-2）

（砂屑硅质磷块岩矿石，赤铁矿呈极细微粒
产出，（-）×10）

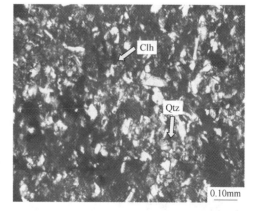

图 10-18 胶状硅质磷矿石（样品号：A-2）

（胶状硅质磷块岩矿石，见极细粒状石英（Qtz）及隐晶硅质
分布于网状胶磷矿（Clh）中，见绢云母类矿物，（+）×10）

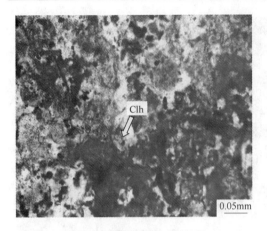

图 10-19　胶状硅质磷矿石（样品号：A-2）

（砂屑状、胶状硅质磷块岩矿石；胶磷矿（Clh）

呈细粒状、网脉状产出，（－）×20）

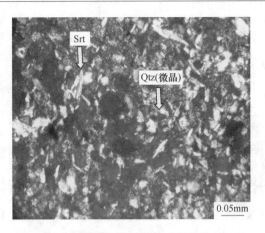

图 10-20　砂屑状硅质磷矿石（样品号：A-2）

（磷矿石中浅灰－白色微细粒石英（Qtz）、隐晶硅质和

微细粒状胶磷矿混生。见绢云母（Srt）产出，（＋）×20）

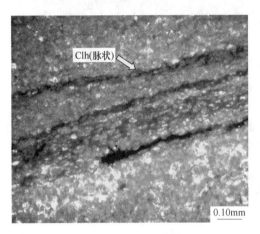

图 10-21　脉状硅质磷矿石（样品号：A-3）

（赤铁矿呈胶状与脉状胶磷矿（Clh）共生，（－）×10）

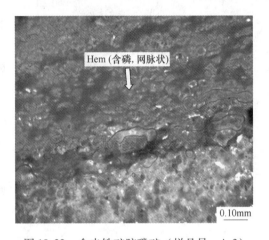

图 10-22　含赤铁矿胶磷矿（样品号：A-3）

（网状、网脉状含赤铁矿（Hem）胶磷矿矿石，（＋）×10）

图 10-23　硅质磷矿石（样品号：A-3）

（网状、网脉状微粒状硅质磷矿石，（－）×10）

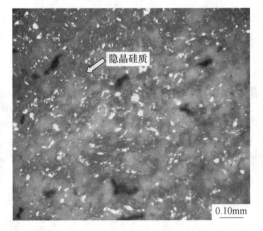

图 10-24　微粒晶石英（样品号：A-3）

（微晶石英及隐晶硅质分散、充填于胶磷矿中，（＋）×10）

图 10-25　脉状砂屑硅质磷矿石（样品号：A-3）
（见脉状含赤铁矿（Hem）的胶磷矿，胶磷矿主要
为极细微粒或为胶状构成脉状产出，（－）×4）

图 10-26　脉状砂屑硅质胶磷矿（样品号：A-3）
（浅灰－白色石英（Qtz）构成极细微粒及颗粒
稍大于脉体的胶磷矿与赤铁矿共生，（＋）×4）

10.1.1.3　矿石的结构构造

A　矿石结构

（1）砂屑结构：由砂屑和胶结物两部分构成，砂屑为胶磷矿或微晶磷灰石组成，粒径集中于 0.02～0.08mm。胶结物主要为磷质或硅质，少数为泥质胶结。

（2）团粒结构：由团粒和胶结物两部分组成，主要粒径为 0.06～0.10mm，团粒主要由隐晶质磷灰石组成。

（3）含砂泥质结构：以隐晶硅质、黏土矿物为主要成分，其中含有微晶石英、绢云母、微晶方解石和铁质等。

B　矿石构造

（1）条状构造：胶磷矿、含磷赤铁矿与脉石矿物相间排列，构成层纹状或条带状构造。

（2）层纹状构造：矿石中含磷胶状赤铁矿、磷质团粒、含赤铁矿的胶磷矿与微晶石英、隐晶硅质、黏土矿物呈明显的薄层层纹状排列。

（3）细脉状、细脉网状构造：由含磷赤铁矿、隐晶硅质及脉状胶磷矿等组成的细脉状、细脉网状，构成细脉状、网脉状构造。

（4）致密块状构造：矿石由褐色、暗红色磷质纹层相间而成，且结构均一，构成致密块状构造。

10.1.1.4　磷矿石 XRD 分析

对硅质磷块岩矿石进行了 X 射线衍射仪（XRD）分析测试，其目的是查明磷矿石矿物组成。XRD 分析测试条件见第 1 章。

XRD 测试分析结果见表 10-1。

表 10-1　硅质碳酸盐磷矿石 XRD 分析结果　　　　　（%）

样　号	矿物种类和含量					黏土矿物总量
	石　英	赤铁矿	方解石	白云石	氟磷灰石	
Lw（磷矿石）	32.6	—	—	—	60.7	6.6

测试结果表明，磷矿石主要有用矿物为氟磷灰石。脉石矿物主要为石英。

测试结果表明，磷灰石含量为 60.7%，与显微镜下分析结果有一定偏差，与该类型胶磷矿因次生作用形成胶状赤铁矿的染色，与硅质矿物杂混在一起有关，故影响了显微镜下镜检效果。

脉石矿物中主要为石英，含量为 32.6%，与显微镜观察结果其含量为 40%～50% 较为接近。

XRD 分析结果表明未检出赤铁矿，原因可能因赤铁矿主要以胶状形式存在，故导致 XRD 分析过程中难于检出。未检出碳酸盐矿物可能与其含量较低有关。

XRD 的衍射图谱略。

10.1.1.5　磷矿石扫描电镜及能谱分析

对瓮福（集团）有限责任公司提供硅质磷块岩矿石样品进行了扫描电镜配合能谱分析。测试采用日立公司扫描电镜（Hitachi S-3400N）和能谱仪（EDAX -204B for Hitachi S-3400N）进行，在贵州大学理化测试中心测试。使用扫描电镜（SEM）配合能谱分析，在确定矿物形态特征基础上，通过测定矿物成分特征，确定矿物成分组合及种类，以达到配合鉴定矿物的目的。

扫描电镜技术参数见第 1 章。

磷矿石（A2 薄片）的扫描电镜（SEM）及能谱成分分析结果表明，硅质磷块岩矿石中主要为胶态均质磷灰石（图 10-27、表 10-2），能谱成分分析结果证明胶磷矿化学成分为磷酸钙。其形态主要为椭圆颗粒状（图 10-27）、微细颗粒状（图 10-27 测点 1）及胶状或网状（图 10-27 测点 5、测点 8）。

能谱分析结果表明，部分胶磷矿（磷灰石）含一定量的 F^-，表明胶磷矿主要矿物组成为氟磷灰石，见图 10-27 测点 12、表 10-3。

扫描电镜（SEM）及能谱分析测试结果表明，脉石矿物主要见石英，分别为微晶颗粒状及隐晶硅质状产出，与显微镜观察分析结果相一致。脉石矿物中见赤铁矿，主要分布于胶状磷灰石、黏土矿物中（图 10-27 测点 1、测点 6）。

扫描电镜（SEM）图片表明磷块岩中见层纹状、条带状结构，深色层纹主要由含铁质黏土矿物、含炭质有机质胶磷矿及脉状胶磷矿构成。

部分主要由含硅质、铁质碳酸盐矿物，含硅钙质赤铁矿等构成，组成层纹状、网状结构，条带状构造，见微晶胶磷矿颗粒被包裹于含硅钙质赤铁矿中。

能谱分析结果显示，胶磷矿中存在有机炭质，见图 10-27 测点 3。

SEM 及能谱成分测试分析结果表明（图 10-27 测点 7），样品中见含钾硅酸盐类矿物，晶形为片状及短纤维状，其组成表明应为绢云母类矿物，见图 10-27 测点 7、表 10-3。

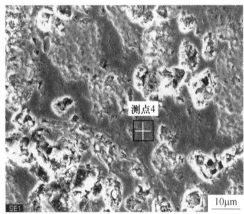

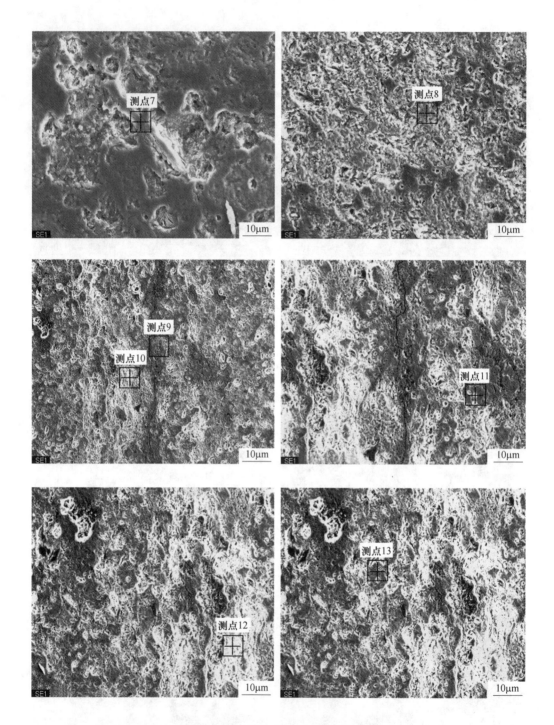

图 10-27　样品 A2 测点的 SEM 图

（测点 1、2 为胶磷矿，测点 3 为有机炭质，测点 4 为隐晶硅质，测点 5 为微细粒胶磷矿，测点 6 为赤铁矿，
测点 7 为绢云母类矿物，测点 8 为胶磷矿，测点 9 为含铁质黏土矿物，测点 10 为含铁质硅质矿物，
测点 11 为胶磷矿，测点 12 为含硅、钙质赤铁矿，测点 13 为胶磷矿，测点 14 为含炭质胶磷矿，
测点 15 为胶磷矿，微粒胶磷矿被赤铁矿等包裹）

表 10-2　样品 L2 各测点的能谱成分　（%）

元素 \ 测点	测点 1	测点 2	测点 3	测点 4	测点 5	测点 6	测点 7	测点 8
C			73.87		9.97			12.52
O	31.63	39.78	16.76	42.91	39.02	41.63	38.95	28.41
P	19.90				12.58	0.99		18.48
Ca	40.01			2.47	24.58			40.59
Al			3.48		2.61	5.24	20.36	
Cl	0.16		1.96					
Si		60.22	0.28	54.63	8.84	15.61	29.18	
Fe	7.61				1.80	35.49		
Mg					0.60	1.05	0.69	
As	0.70							
Au			3.64					
K							10.81	

注：测点 1 为磷灰石，测点 2 为石英，测点 3 为含黏土碳质，测点 4 为石英，测点 5 为胶磷矿，测点 6 为含硅质赤铁矿，测点 7 为绢云母类矿物，测点 8 为胶磷矿（碳磷灰石）。

表 10-3　样品 L2 各测点的能谱成分　（%）

元素 \ 测点	测点 9	测点 10	测点 11	测点 12	测点 13	测点 14	测点 15
C			8.59			15.26	
O	31.91	67.23	34.32	40.63	36.77	26.85	31.57
P		0.55	14.24	2.14	20.26	17.72	19.18
Ca	38.75	1.32	38.86	3.24	42.97		35.34
Al	11.74	0.24		6.78			
Si	13.27	29.15		14.43			
Fe	2.02	1.50		30.32			13.91
Mg				0.84			
F			3.99				
K	2.30			1.61			

注：测点 9 为含铁质黏土矿物；测点 10 为含铁质硅质矿物；测点 11 为氟胶磷矿，并含一定量的氟；测点 12 为含钙质硅质赤铁矿；测点 13 为胶磷矿；测点 14 为含炭质胶磷矿；测点 15 为微粒状含铁胶磷矿。

10.1.2　磷矿石化学组成特征

　　矿石化学成分及微量元素组成分析，是了解和确定样品化学组成和微量元素组成特征的主要测试手段。对样品进行相关微量元素系统分析，是了解矿石共、伴生元素组合含量的主要手段。

10.1.2.1　磷矿石常量化学成分特征

瓮福（集团）有限责任公司所送磷矿石样品经室内系统取样、制样，送金波科技发展公司中心实验室进行测试，其分析结果见表 10-4。

表 10-4　硅质磷块岩矿石常量化学组成　　　　　　（质量分数,%）

样品	SiO$_2$	Al$_2$O$_3$	Fe$_2$O$_3$	FeO	P$_2$O$_5$	CaO	Na$_2$O	K$_2$O	TiO$_2$	MnO	MgO	SO$_3$	TiO$_2$	LOI	总计
Lw	25.22	2.14	3.94	0.48	21.09	29.07	0.11	0.08	0.15	0.077	0.12	0.17	2.15	未统计	84.797

注：常量组分中 Na$_2$O、MgO 由贵州地矿局分析测试中心测试。

化学成分分析结果表明，硅质磷块岩矿石中 P$_2$O$_5$ 含量为 21.09%，表明 P$_2$O$_5$ 含量不高，属中－低品位磷矿石。

矿石中 CaO 含量为 29.07%，MgO 含量为 0.12%。矿石中 CaO 含量较高主要取决于磷矿物（氟磷灰石）含量及少量碳酸盐矿物方解石。

矿石的 SiO$_2$ 含量为 25.22%，应属高硅质磷矿石。

磷矿石的 Na$_2$O 含量 > K$_2$O 含量，分别为 0.11% > 0.08%，与织金磷块岩正好相反，织金原生磷块岩为 K$_2$O 型 > Na$_2$O 型，表明该矿石遭受次生变化作用明显。

高硅质磷块岩矿石 S 含量极低，为 0.17%，与镜检结果未见到黄铁矿相一致。

矿石化学成分表明：样品应属含铁质低硫高硅质磷块岩矿石，或简称硅质磷块岩矿石，与沉积型磷块岩物质组成相类同。

10.1.2.2　磷矿石微量元素特征

高硅钙质磷矿石样品的微量元素测定主要采用等离子发射光谱仪测定。

仪器名称/型号/编号：等离子发射光谱仪/IRIS，Intrepid Ⅱ/S-92。

由贵州地矿局分析测试中心测试完成，结果见表 10-5。

表 10-5　硅质磷块岩矿石（样品号：A1）微量元素含量　　　　（μg/g）

微量元素	含量	微量元素	含量	微量元素	含量	微量元素	含量	微量元素	含量	微量元素	含量
Ba	0.09%	Be	4.0	Li	9.0	Se	<1	Sn	<1	Zr	72
Ce	47	Ga	9.0	Nb	4.0	Sr	0.04%	U	—	Cd	<1
Cr	0.015%	Gd	<1	Ni	49	Ta	<1	V	76.0		
Cs	0.73	Ge	2.0	Co	33.0	Te	<1	W	—		
Mo	4.0	Hf	7.0	Rb	22.0	Th	5.0	Y	234.0		
In	<1	La	60	Sc	3.0	Tl	<1	Yb	—		

微量元素测试结果表明，磷矿石主要以 Ba、Sr、Cr、Ni、Y 等元素富集为特征，表现为与多数磷块岩微量元素含量相似。

Ba 元素含量为 0.09%，Sr 含量为 0.04%，Cr 含量为 0.015%，Ni 含量为 0.0049%，Y 含量为 234.0μg/g。与多数磷块岩相比较较为一致。

Cr、Co 元素含量较高，应在处理环保问题时加以注意。

10.2 矿石工艺性质

矿石工艺性质分析一般指研究有用矿物相关粒度与含量变化、矿物之间相互嵌布特征、目标矿物解离特征及矿物共生组合之间关系，为后续矿物加工工艺提供可靠的基础研究资料。

10.2.1 磷矿石粒度分布及嵌布特征

硅质磷块岩矿石主要矿物粒度及嵌布特征分析，采用岩矿鉴定片通过奥林巴斯CX21P显微镜完成鉴定后，经统计分析完成。

10.2.1.1 硅质磷块岩矿石中有用矿物粒度分布特征

硅质磷块岩矿石主要有用矿物为磷灰石（氟磷灰石）。磷灰石（胶磷矿）为微细粒颗粒构成砂屑结构、含砂泥质结构等为主。主要为以磷灰石颗粒、微粒石英及隐晶硅质团粒组成颗粒分布于基底之上，构成类似颗粒支撑结构。其次见细 - 微晶磷灰石（胶磷矿）以细微颗粒状存在于颗粒间形成类似填隙物，构成类似杂基支撑结构。

显微镜下对样品薄片 A1 进行粒度统计分析，结果表明磷灰石颗粒主要粒径分布为：胶磷矿（氟磷灰石）（样品薄片号：A1） < 0.02mm 粒级分布为 10.77%，在 + 0.02 ~ - 0.06mm 粒级集中分布，粒级含量为 73.76%， + 0.06 ~ - 0.08mm 粒级分布含量为 14.05%， + 0.08 ~ - 0.10mm 含量为 1.41%。磷矿平均工艺粒度为 0.0597mm。

10.2.1.2 硅质磷块岩矿石中脉石矿物石英粒度分布特征

显微镜下对样品薄片 A1 进行粒度统计分析，结果表明微晶石英颗粒主要粒径分布为： < 0.02mm 粒级含量为 59.57%，0.02 ~ 0.04mm 粒级含量为 36.17%，0.04 ~ 0.06mm 粒级含量为 4.26%。石英颗粒平均工艺粒度为 0.0198mm。

10.2.1.3 硅质磷块岩矿石中胶磷矿嵌布特征

硅质磷块岩矿石中有用矿物成分磷酸盐类矿物主要见胶磷矿，胶磷矿成分为氟磷灰石。磷灰石（胶磷矿）为微细粒颗粒构成砂屑结构、含砂泥质结构等，主要为以磷灰石颗粒、微粒石英及隐晶硅质团粒组成颗粒分布于基底之上，构成类似颗粒支撑结构。其次见细 - 微晶磷灰石（胶磷矿）以细微颗粒状存在于颗粒间形成类似填隙物，构成类似杂基支撑结构。

其主要嵌布特征为：细微粒砂屑结集状结构 - 含砂泥质结构、网脉状及胶状 - 层纹状结构均匀 - 不均匀嵌布特征。

10.2.1.4 硅质磷块岩矿石中脉石矿物主要嵌布特征

经显微镜下分析结合扫描电镜分析，硅质矿物（石英）主要有两种存在形式：细微晶粒颗粒状石英及隐晶质硅质团粒。

细微晶粒颗粒状石英：主要以颗粒状与磷灰石（胶磷矿）共存，组成基底中颗粒矿物，多见类似颗粒支撑结构。具均匀颗粒结集状嵌布特征。其粒度分布主要为 < 0.02mm，

0.02~0.04mm。多集中于<0.02mm。

隐晶硅质团粒：存在于碳酸盐颗粒及细微类似胶结物中，成团粒状、结集状分布。其团粒粒度分布为 0.02~0.08mm 不等。

碳酸盐矿物主要以方解石为主（矿石含 MgO 量较低，为 0.12%，故推断主要为方解石矿物存在镜下见其高级白干涉色等为其证据，图 10-27），其余主要粒度分布于 <0.02mm，主要见类似胶结物的团块状等集结状嵌布特征分布于矿石矿物及脉石矿物颗粒间，与黏土矿物类如绢云母等构成类似杂基支撑结构。

10.2.2　硅质磷块岩矿石的单体解离度分析

经统计分析，磷酸盐矿物（胶磷矿）各粒级解离度特征主要为：在 +0.147mm 粒级解离度为 66.97%，在 -0.147~+0.106mm 粒级解离度为 36.80%，-0.106~+0.074mm 粒级解离度为 36.76%，-0.074~+0.043mm 粒级解离度为 67.61%。

分析样品解离度特征，可以得出：

（1）各粒级解离度特征表明，随着磨矿细度增加，解离度也加大，于 -0.074~+0.043mm 粒级达最大值 67.61%。

（2）解离度变化特征显示，-0.106~+0.074mm 粒级解离度为 36.76%，-0.074~+0.043mm 粒级解离度为 67.61%，表明磨矿过程中胶磷矿进入微细粒级导致胶磷矿损失率增大。

部分胶磷矿呈胶状及网脉状分布，粒度细微不均，可能会造成选矿难度加大。

（3）结合粒度分析及显微镜观测资料，脉石矿物主要以微晶石英及隐晶硅质团粒为主，导致选矿过程中脱硅难度增大。

10.3　结论与建议

10.3.1　主要结论

通过对 MDLY 磷块岩矿石（块矿）开展矿物成分、化学成分等物质组成及磷矿石工艺性质测试分析，可以得到以下结论：

（1）磷酸盐矿物（胶磷矿）主要为磷灰石、氟磷灰石，磷块岩矿石定名为：硅质磷块岩矿石。该类磷矿物主要为均质类胶磷矿，沉积作用主要特征不明显，可能主要为内碎屑类及正化（原地）胶磷矿，少数显示出结晶态磷灰石特征。

矿石遭受一定的次生变化作用，导致胶磷矿普遍含有赤铁矿。

主要脉石矿物为石英、隐晶硅质团粒，含一定量赤铁矿，为低硫含铁质硅质胶磷矿矿石类型。

（2）对硅质磷块岩矿石进行了 X 射线衍射仪（XRD）分析测试，结果表明磷块岩矿石矿物组成为胶磷矿（氟磷灰石）、微晶石英、黏土矿物含量极低。

（3）扫描电镜（SEM）及能谱分析测试结果表明，脉石矿物主要见石英，分别为微晶颗粒状及隐晶硅质状产出。与显微镜观察分析结果相一致。脉石矿物中见赤铁矿，主要分布于胶状磷灰石、黏土矿物中。

（4）化学成分分析结果表明，硅质磷块岩矿石中 P_2O_5 含量为 21.09%，表明 P_2O_5 含量不高，应属于中 – 低品位磷矿石。矿石的 SiO_2 含量为 25.22%，应属硅质胶磷矿矿石。

硅质磷块岩矿石 S 含量极低，镜检结果表明黄铁矿含量远低于 1%，化学分析结果表明 SO_3 含量为 0.17%。

矿石化学成分表明：样品应属含铁质低硫硅质胶磷矿矿石，其物质组成与沉积型磷块岩物质组成相类同，但受一定的风化作用影响，赤铁矿含量有所增加。赤铁矿主要以细微粒状及胶状等产出。

（5）微量元素测试结果表明，磷矿石主要以 Ba、Sr、Cr、Ni、Y 等元素富集为特征，表现为与多数磷块岩微量元素含量相似。

Ba 元素含量为 0.09%，Sr 含量为 0.04%，Cr 含量为 0.015%，Ni 含量为 0.0049%，Y 含量为 234.0μg/g。与多数磷块岩相比较较为一致。

Cr、Co 元素含量较高，应在处理环保问题时加以注意。

（6）硅质胶磷矿石主要化学组成表明磷矿物为磷灰石（氟磷灰石为主）。胶磷矿颗粒微细，磷矿物与脉石矿物紧密共生，呈胶体或隐晶、微晶质产出。镜下胶磷矿为褐色、棕色或无色，主要呈似胶状、砂屑状、网状网脉状等。矿物集合体为砂屑粒状、块状及网脉状，常混杂有硅质、铁质、黏土矿物、碳酸盐，与脉石相间分布构成层状、层纹状构造。

（7）显微镜下对样品（薄片号 A1）粒度统计分析，结果表明磷灰石颗粒主要粒径分布为：胶磷矿（氟磷灰石）(样品薄片号：A1) < 0.02mm 粒级分布为 10.77%，在 +0.02 ~ –0.06mm 粒级集中分布，粒级含量为 73.76%， +0.06 ~ –0.08mm 粒级分布含量为 14.05%， +0.08 ~ –0.10mm 粒级为 1.41%。磷矿平均工艺粒度为 0.0597mm。

（8）硅质胶磷矿矿石中有用矿物成分磷酸盐类矿物的主要嵌布特征为：细微粒砂屑结集状结构 – 含砂泥质结构、网脉状及胶状 – 层纹状结构均匀 – 不均匀嵌布特征。

（9）由磷酸盐矿物（胶磷矿）各粒级解离度特征可知磷酸盐矿物（氟磷灰石）样（A1）的解离度主要为：在 +0.147mm 粒级解离度为 66.97%，在 –0.147 ~ +0.106mm 粒级解离度为 36.80%，在 –0.106 ~ +0.074mm 粒级解离度为 36.76%，在 –0.074 ~ +0.043mm 粒级解离度为 67.61%。

10.3.2 建议

建议如下：

（1）为避免过磨影响浮选效果，建议入选粒度以 –0.106mm 和 +0.043mm 为界。

（2）在 +0.02 ~ –0.06mm 粒级范围，可以考虑脱硅处理，可能会对该磷矿石脱硅有效果。

（3）由于细微粒状胶磷矿主要粒径为 0.02 ~ 0.06mm，多见 0.05mm 粒径，含量占 20% ~ 25%。 < 0.02mm 粒级含量为 10.77%。该部分磷矿物与脉石矿物呈细粒嵌布、网脉状胶状嵌布，从选矿工艺分析，需要将矿石磨至 –200 目以下或更细，方能使矿物单体解离。

图 1-3　原生磷块岩的地层剖面图
（织金）

图 1-4　原生磷块岩的地层剖面图
（织金戈仲伍）

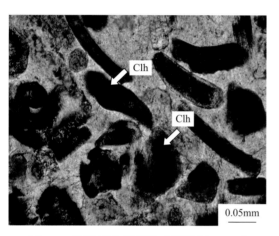

图 1-5　磷块岩中胶磷矿（样品号：ZL-1）
（磷灰石呈胶状胶磷矿（Clh），集合体呈块状、
粒状等，(-)×20）

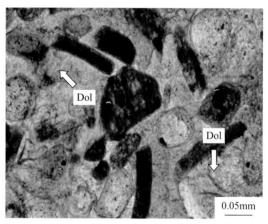

图 1-6　磷块岩中白云石（样品号：ZL-1）
（白云石（Dol）纯者为白色，菱面体，常呈
块状集合体，(-)×20）

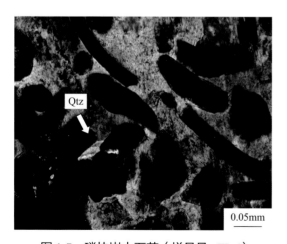

图 1-7　磷块岩中石英（样品号：ZL-1）
（石英（Qtz）晶体属三方晶系的氧化物矿物，为
半透明或不透明的晶体，乳白色，(+)×20）

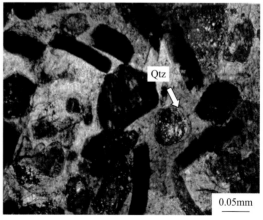

图 1-8　磷块岩中的微晶石英（样品号：ZL-1）
（石英（Qtz）晶体属三方晶系的氧化物矿物，为
半透明或不透明的晶体，乳白色，(+)×20）

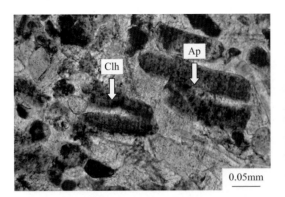

图 1-9　胶状磷灰石（Ap）（样品号：ZL-1）

（胶磷矿（Clh）构成小壳化石，(−)×20）

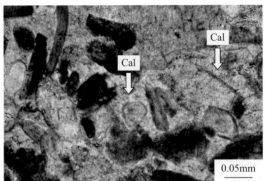

图 1-10　磷块岩中方解石（Cal）（样品号：ZL-1）

（方解石的集合体粒状、块状等，(−)×20）

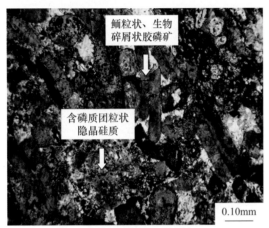

图 1-15　胶磷矿定向排列

（含硅质磷块岩、胶磷矿定向排列，(−)×10）

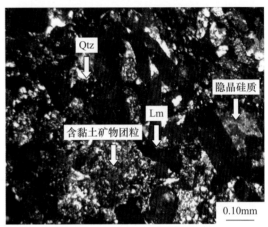

图 1-16　微晶硅质等基底胶结物及
长条状褐铁矿（Lm）

（微细碎屑状石英（Qtz）、微晶硅质团粒组成
基底胶结物，(+)×10）

图 1-17　白云质硅质磷块岩

（团粒状、细微粒状胶磷矿被隐晶
硅质胶结，(−)×10）

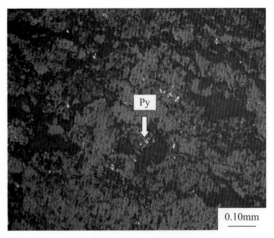

图 1-18　细微粒状黄铁矿（Py）

（磷矿石中细微粒状黄铁矿，反射光×10）

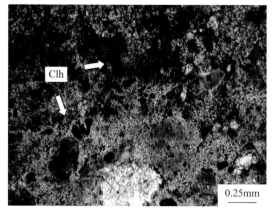

图 2-1　白云质磷矿石（样品号：A1）

（主要见团粒状、胶状胶磷矿（Clh），（–）×4）

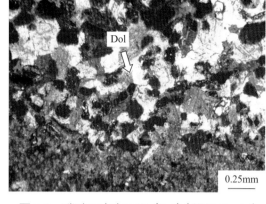

图 2-2　磷矿石中白云石 (Dol)（样品号：A1）

（呈结晶状碳酸盐矿物，主要为白云石，(+)×4）

图 2-3　条带状胶磷矿（样品号：A1）

（硅钙质磷矿石中条带状胶磷矿（Clh），
（–）×4）

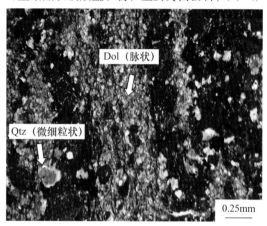

图 2-4　条带状胶磷矿（样品号：A1）

（石英 (Qtz) 产出于脉状白云石 (Dol) 中，
(+)×4）

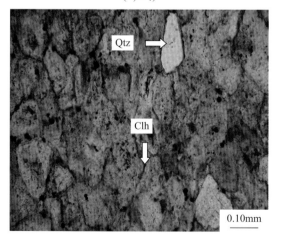

图 2-5　团粒状胶磷矿（Clh）（样品号：A2）

（磷矿石中团粒状胶磷矿及石英颗粒，
（–）×10）

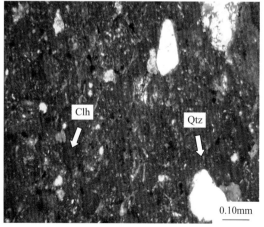

图 2-6　团粒状胶磷矿（Clh）（样品号：A2）

（磷矿石中的石英 (Qtz) 颗粒和微晶白云石，
(+)×10）

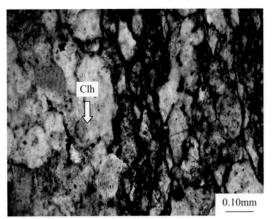

图 2-7　硅钙质磷矿石（样品号：A2）
（硅钙质磷矿石中团粒状胶磷矿（Clh），(−)×10）

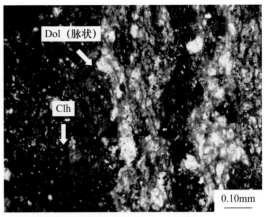

图 2-8　硅钙质磷矿石（样品号：A2）
（硅钙质磷矿石中胶磷矿（Clh）被硅质胶结，
(+)×10）

图 2-9　硅钙质磷矿石（样品号：A2）
（硅钙质磷矿石中团粒状胶磷矿（Clh）
及含碳质胶磷矿，(−)×10）

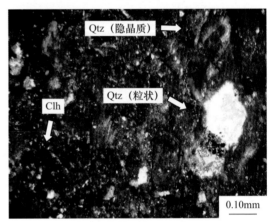

图 2-10　硅钙质磷矿石（样品号：A2）
（硅钙质磷矿石中团粒胶磷矿（Clh）与微晶白云石，
见隐晶质硅质矿物和粒状石英（Qtz），(+)×10）

图 2-11　硅钙质磷矿石（样品号：A2）
（硅钙质磷矿石中赤铁矿及藻鲕状
胶磷矿（Chl），(−)×10）

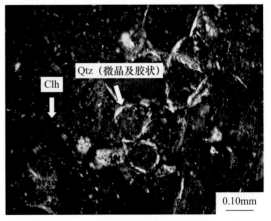

图 2-12　硅钙质磷矿石（样品号：A2）
（硅钙质磷矿石微晶碳酸盐矿物及
胶磷矿（Chl），(+)×10）

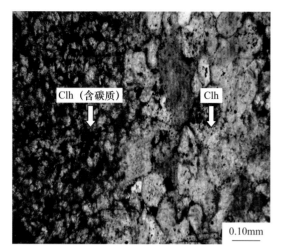

图 2-19　硅钙质磷矿石中胶磷矿(Clh)（样品号：A3）

（硅钙质磷矿石样品中含碳质白云石，(-)×10)

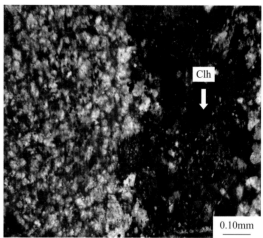

图 2-20　条带状胶磷矿 (Clh)（样品号：A3）

（硅钙质磷矿石样品中条带状胶磷矿，(+)×10)

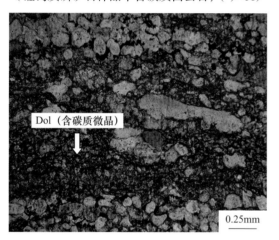

图 2-21　硅钙质磷矿石（样品号：A3）

（硅钙质磷矿石中含有碳质白云石 (Dol)，(-)×4)

图 2-22　条带状磷矿石 (Clh)（样品号：A3）

（硅钙质磷矿石的微粒胶磷矿构成条带状，(+)×4)

图 2-23　条带状胶磷矿（样品号：A3）

（磷矿石中条带状含微粒胶磷矿白云石，(-)×4)

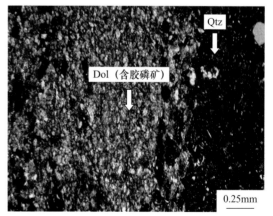

图 2-24　微晶白云石 (Dol)（样品号：A3）

（矿石中的条带状微晶白云石、石英 (Qtz)，(+)×4)

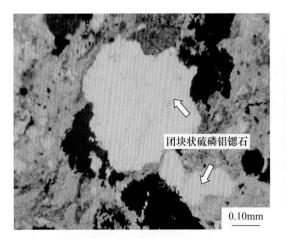

图 3-3　硫磷铝锶石
((−)×10)

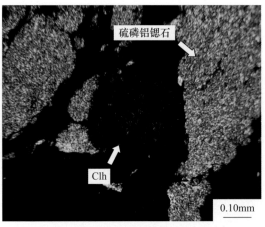

图 3-4　硫磷铝锶石中胶磷矿（Clh）
((+)×10)

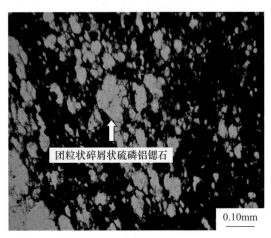

图 3-5　硫磷铝锶石
((−)×10)

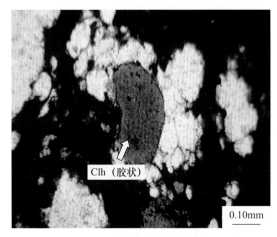

图 3-6　硫磷铝锶矿石中胶磷矿（Clh）
((+)×10)

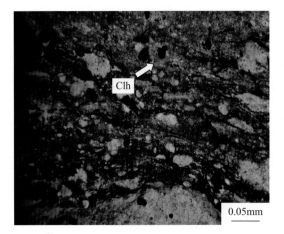

图 3-7　硫磷铝锶矿石中胶磷矿
((−)×20)

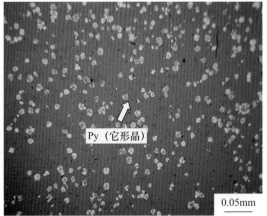

图 3-8　硫磷铝锶矿石中黄铁矿（Py）
（反射光 ×20）

图 3-17　镶边结构

（见黄铁矿在硫磷铝锶石周围呈现此结构，(–)×10）

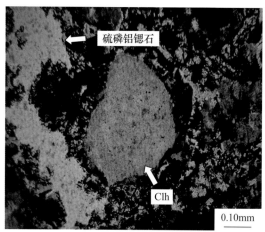

图 3-18　胶磷矿、硫磷铝锶石

（团块状胶磷矿、硫磷铝锶石，(–)×10）

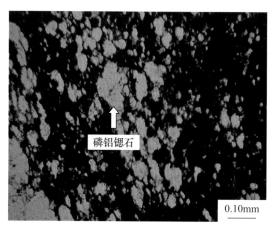

图 3-19　硫磷铝锶石

（团粒状硫磷铝锶石，(–)×10）

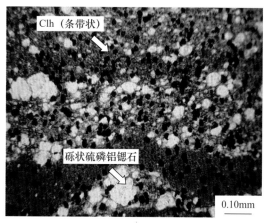

图 3-20　条带状胶磷矿

（条带状胶磷矿及砾状硫磷铝锶石，(–)×10）

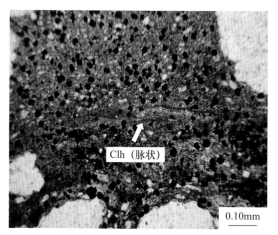

图 3-21　矿石中胶磷矿（Clh）

（见条带状胶磷矿，(–)×10）

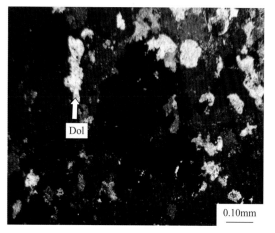

图 3-22　呈结晶状碳酸盐矿物

（主要为白云石（Dol），(+)×10）

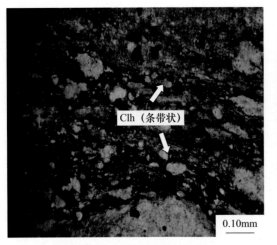

0.10mm

图 3-23　矿石中胶磷矿（Clh）

（见胶磷矿呈条带状，（－）×10）

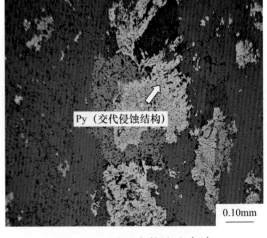

0.10mm

图 3-24　矿石中黄铁矿（Py）

（见黄铁矿呈交代侵蚀结构，反射光 ×10）

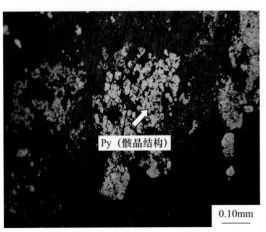

0.10mm

图 3-25　微晶黄铁矿（Py）

（见黄铁矿微晶、骸晶结构，反射光 ×10）

0.10mm

图 3-26　黄铁矿（Py）显示压碎结构

（见黄铁矿压碎结构，反射光 ×10）

0.10mm

图 3-27　微晶细脉状黄铁矿（Py）

（见微晶细脉状黄铁矿，反射光 ×10）

0.10mm

图 3-28　自形晶黄铁矿（Py）

（见自形晶黄铁矿，反射光 ×10）

图 4-5　微晶状黄铁矿（Py）（样品号：L-2）
（见极少量微晶状黄铁矿，反射光 ×10）

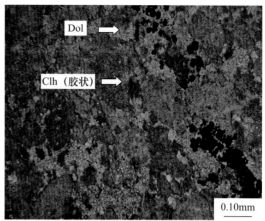

图 4-6　胶磷矿（Clh）（样品号：L-3）
（胶磷矿和碳酸盐矿物(白云石)杂混产出，(−)×10）

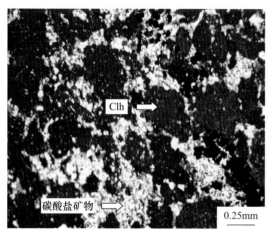

图 4-7　碳酸盐胶结物（样品号：L-3）
（胶磷矿被碳酸盐矿物胶结为主，(+)×4）

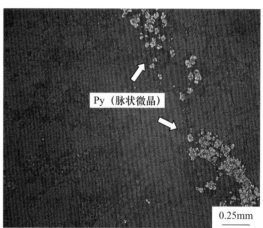

图 4-8　脉状微晶黄铁矿（样品号：L-3）
（见脉状微晶状黄铁矿产出（Py），反射光 ×4）

图 4-9　微 - 细粒状胶磷矿（样品号：L-3）
（见微 − 细粒状胶磷矿（胶状磷灰石（Clh），
(−)×10）

图 4-10　碳酸盐矿物（Dol）（样品号：L-3）
（碳酸盐矿物胶结胶磷矿，胶磷矿混有
碳酸盐矿物，(+)×10）

图 4-11　细－微粒胶磷矿（Clh）（样品号：L-4）
（细－微粒胶磷矿含有细微粒碳酸盐矿物，(−)×10）

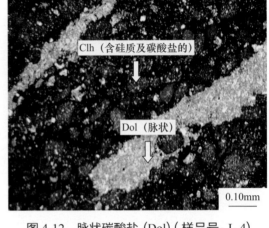

图 4-12　脉状碳酸盐（Dol）（样品号：L-4）
（见不同期的碳酸盐脉状产出，(+)×10）

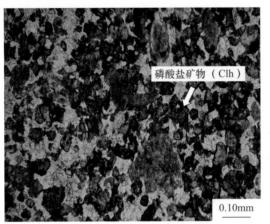

图 4-13　胶磷矿、碳酸盐矿物（样品号：L-5）
（胶磷矿和碳酸盐矿物（白云石）杂混产出，
(−)×10）

图 4-14　碳酸盐矿物（样品号：L-5）
（胶磷矿和碳酸盐矿物（Dol）杂混产出，
见少量石英微晶，(+)×10）

图 4-15　微晶黄铁矿（Py）（样品号：L-7）
（磷矿石中微晶黄铁矿，反射光 ×10）

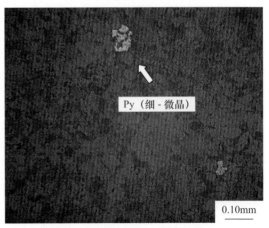

图 4-16　粒状黄铁矿（样品号：L-7）
（磷矿石中粒状黄铁矿，反射光 ×10）

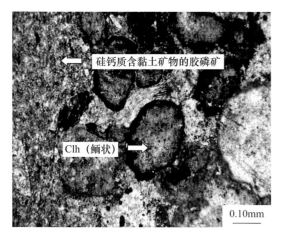

图 4-17　团粒状胶磷矿 (Clh)（样品号：YL-1）
（含黏土矿物致密胶磷矿与团粒状胶磷矿
接触带，(−)×10）

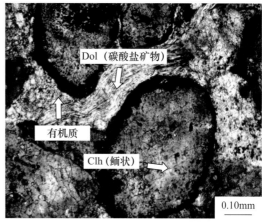

图 4-18　流变结构（样品号：YL-1）
（胶磷矿中填隙胶结物碳酸盐矿物呈现
流变结构，(−)×20）

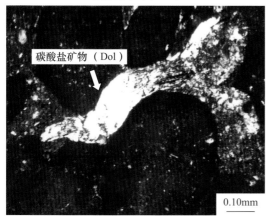

图 4-19　碳酸盐矿物白云石 (Dol)（样品号：YL-1）
（呈流变结构的碳酸盐矿物表明其受力作用，(+)×10）

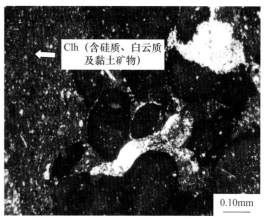

图 4-20　胶磷矿中黏土矿物（样品号：YL-1）
（胶磷矿中黏土矿物含微晶石英及碳酸盐矿物，(+)×10）

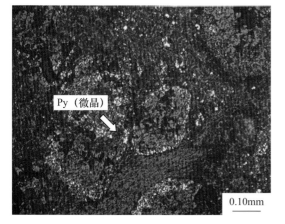

图 4-21　微晶黄铁矿 (Py)（样品号：YL-1）
（磷矿石中微晶黄铁矿构成胶磷矿外壳圈，也见
微晶黄铁矿呈浸染分散于胶磷矿中，反射光×10）

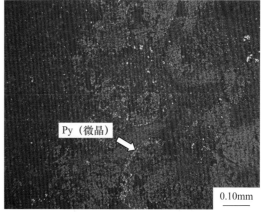

图 4-22　微晶黄铁矿 (Py)（样品号：YL-1）
（见微晶黄铁矿构成胶磷矿外层壳圈，
反射光×10）

图 4-23　胶磷灰石（Clh）（样品号：YL-1）

（磷矿石中胶磷灰石团粒，被胶状胶磷矿胶结，
（-）×20）

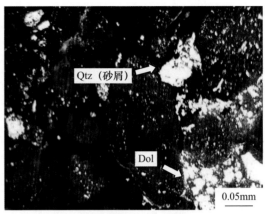

图 4-24　胶状胶磷石（样品号：YL-1）

（胶磷矿石中白云石（Dol）、石英砂屑，（+）×20）

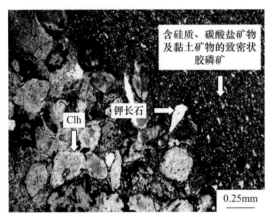

图 4-25　胶磷矿（样品号：YL-2）

（胶磷矿与含硅钙质磷质黏土共生，（-）×4）

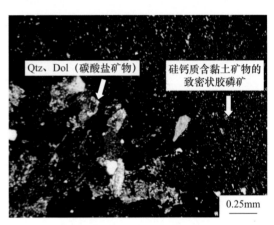

图 4-26　碳酸盐矿物（样品号：YL-2）

（胶磷矿中含有石英、碳酸盐矿物，碳酸盐见
高级白干涉色，（+）×4）

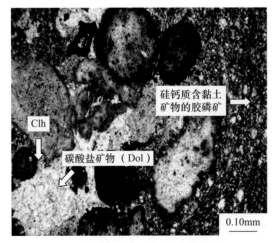

图 4-27　碳酸盐胶结物（样品号：YL-2）

（胶磷矿中碳酸盐矿物填隙胶结物，（-）×10）

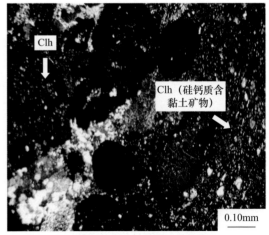

图 4-28　胶磷矿（Clh）颗粒（样品号：YL-2）

（胶磷矿颗粒中含有碳酸盐、硅微粒屑，（+）×10）

图 5-1　硅钙质磷矿石（样品号：3-1-1）

（硅钙质磷矿石见颗粒状、胶状胶磷矿(Clh),(−)×4)

图 5-2　硅钙质磷矿石（样品号：3-1-1）

（见结晶状磷灰石及碳酸盐矿物，(+)×4)

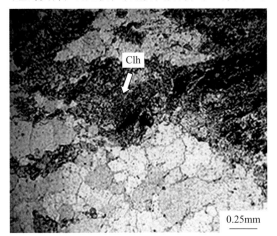

图 5-3　硅钙质磷矿石（样品号：3-1-1）

（硅钙质磷矿石中胶磷矿（Clh），(−)×4)

图 5-4　硅钙质磷块岩（样品号：3-1-1）

(硅钙质磷块岩中石英（Qtz)呈微细粒状产出,(+)×4)

图 5-5　磷矿石中磷灰石（样品号：3-1-1）

（硅钙质磷矿石中磷灰石（Ap)及有机质，(−)×4)

图 5-6　磷矿石中碳酸盐矿物（样品号：3-1-1）

（硅钙质磷矿石中碳酸盐矿物，(+)×4)

图 5-7　磷矿石中磷灰石（样品号：3-1-1）

（硅钙质磷矿石中磷灰石（Ap）及石英，（–）×4）

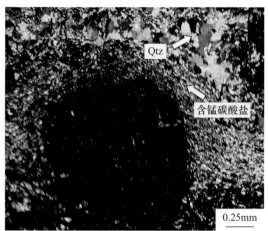

图 5-8　磷矿石中石英（样品号：3-1-1）

（硅钙质磷矿石中磷灰石及石英（Qtz），（+）×4）

图 5-9　磷矿石中胶磷矿（Clh）（样品号：3-1-1）

（硅钙质磷矿石中微粒团状胶磷矿，（–）×4）

图 5-10　矿石中碳酸盐矿物（样品号：3-1-1）

（硅钙质磷矿石中石英（Qtz）及碳酸盐矿物，（+）×4）

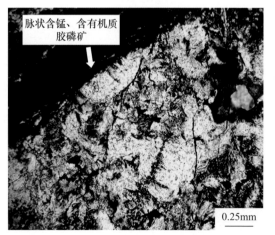

图 5-11　含锰有机质细脉（样品号：3-1-1）

（磷矿石胶磷矿（Clh）中含锰有机质细脉，（–）×4）

图 5-12　碳酸盐微晶（样品号：3-1-1）

（硅钙质磷矿石中石英（Qtz）及碳酸盐微晶，（+）×4）

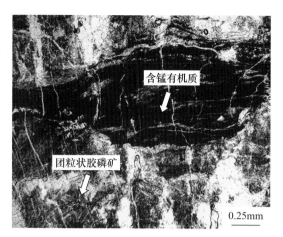

图 5-25 含锰有机质（样品号：3-1-1）
（硅钙质磷矿石中团粒胶磷矿(Clh)与含锰有机质，
（-）×4）

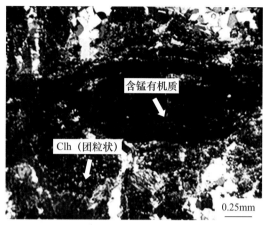

图 5-26 含锰有机质（样品号：3-1-1）
（矿石中团粒胶磷矿与含锰有机质，
（+）×4）

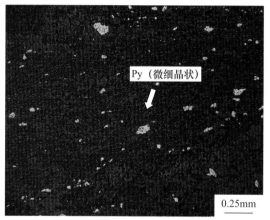

图 5-27 微晶黄铁矿（Py)（样品号：3-1-1）
（硅钙质磷矿石中微晶黄铁矿，
反射光 ×4）

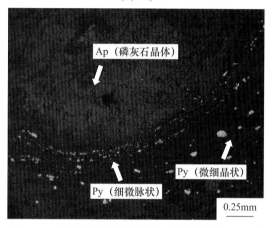

图 5-28 细微脉状黄铁矿（Py)（样品号：3-1-1）
（微粒状黄铁矿围绕磷灰石晶体呈细微脉状分布，
反射光 ×4）

图 5-29 胶磷矿及菱镁矿（样品号：3-1-1）
（磷矿石中胶磷矿（Clh）及菱锰矿（Mgs），（-）×10）

图 5-30 胶磷矿（Clh)、菱镁矿等（样品号：3-1-1）
（磷矿石样品中胶磷矿、菱镁矿（Mgs）及硅质，（+）×10）

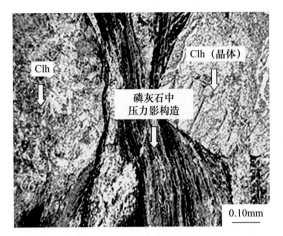

图 5-51　磷灰石中压力影构造（样品号：5-2-2）
（钙硅质磷矿石中磷灰石的压力影构造，(–)×4)

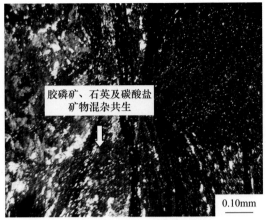

图 5-52　石英等矿物（样品号：5-2-2）
（胶磷矿、石英及碳酸盐矿物混杂共生，(+)×4)

图 5-53　微粒胶磷矿（Clh）（样品号：5-2-2）
（钙硅质磷矿石中微粒胶磷矿，(–)×10)

图 5-54　磷矿石中夹菱镁矿（样品号：5-2-2）
（钙硅质磷矿石碳酸盐矿物中夹菱镁矿产出，(+)×10)

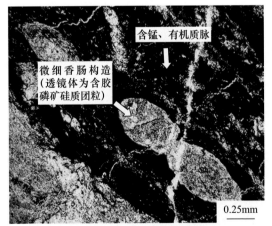

图 5-55　线理构造（样品号：5-2-2）
（钙硅质磷矿石中的脉状含锰、有机质胶磷矿与
含硅质胶磷矿构成线理构造，(–)×4)

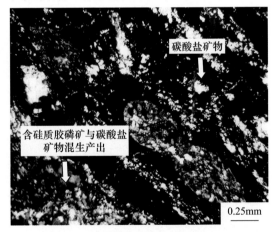

图 5-56　微线理构造（样品号：5-2-2）
（钙硅质磷矿石中微线理构造，由碳酸盐矿物等
构成，(+)×4)

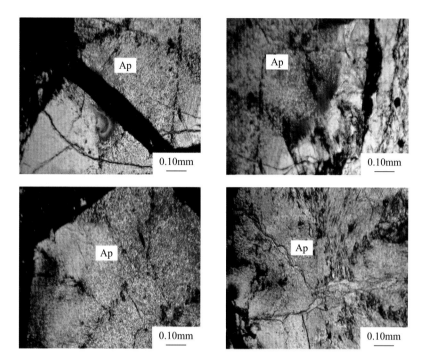

图 5-58　磷灰石（Ap）晶体（样品号：3-1）

（点滴入硝酸、柠檬酸加钼酸铵混合溶液后显黄色，表明为磷灰石晶体，(–)×10）

样品号：3-1　0　1　2　3cm

图 5-64　磷矿石主要为条带状构造、网脉状构造

样品号：3-1　0　1　2　3cm

图 5-65　磷矿石中条带状含锰碳酸盐矿物

样品号：3-1　0　1　2　3cm

图 5-66　磷矿石条带状构造中见磷灰石晶体

样品号：5-2　0　1　2　3cm

图 5-67　见磷矿石呈脉状、网脉状
及条带状构造磷灰石晶体

（边缘明显见压力影构造）

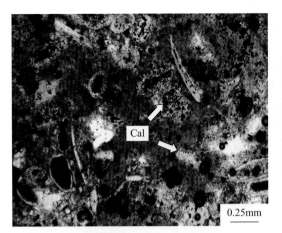

图 6-1　碳酸盐型磷矿石（样品号：FL-1）
（含生物屑碳酸盐型（方解石：Cal）磷矿石，(-)×4）

图 6-2　含生物屑磷矿石
（弱风化含生物屑碳酸盐型磷矿石，(+)×4）

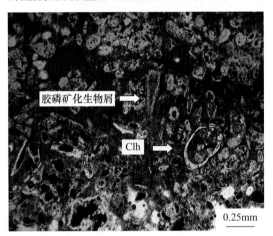

图 6-3　含藻屑磷矿石（样品号：FL-1）
（含藻屑碳酸盐质砂屑胶磷矿（Clh），(-)×4）

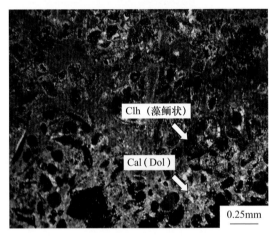

图 6-4　碳酸盐矿物（样品号：FL-1）
（微晶方解石（Cal）（白云石）型磷矿石，(+)×4）

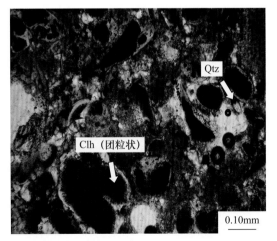

图 6-5　碳酸盐型磷矿石（样品号：FL-1）
（碳酸盐型磷矿石，因风化作用形成褪色边，(-)×10）

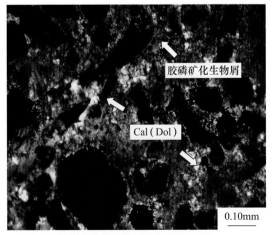

图 6-6　磷矿石中微、细晶方解石
（矿石中见微、细晶方解石（Cal），(+)×10）

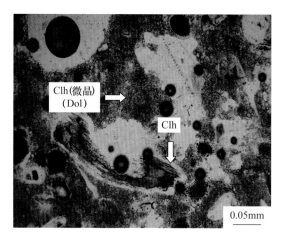

图 6-7　硅钙质磷矿石（样品号：FL-1）
（含硅质碳酸盐型磷矿石，(-)×20）

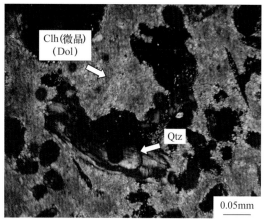

图 6-8　胶状隐晶硅质（石英：Qtz）（样品号：FL-1）
（含硅质碳酸盐型磷矿石，见胶状隐晶硅质，(+)×20）

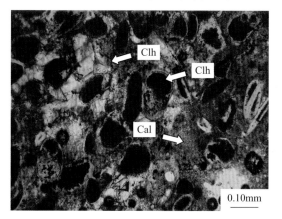

图 6-9　团粒状胶磷矿（样品号：FL-1）
（见团粒状胶磷矿（Clh），(-)×10）

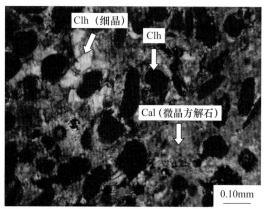

图 6-10　砂屑磷矿石（样品号：FL-1）
（硅质碳酸盐质砂屑磷矿石，见两类型
碳酸盐矿物，(+)×10）

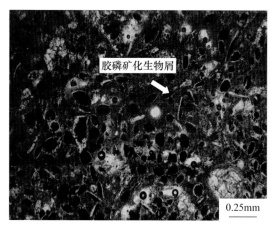

图 6-11　微－细晶方解石（样品号：FL-1）
（见微－细晶方解石，(-)×4）

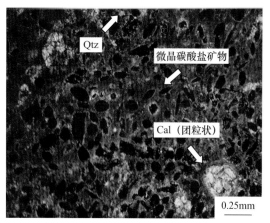

图 6-12　方解石型胶磷矿（Clh）
（矿石为方解石型胶磷矿，见微－细晶
方解石（Cal），(+)×4）

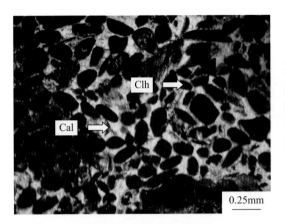

图 7-1　砂屑钙质磷块岩（样品号：S2-1）

（砂屑钙质磷块岩矿石中胶磷矿（Clh）及
方解石（Cal），(−)×4）

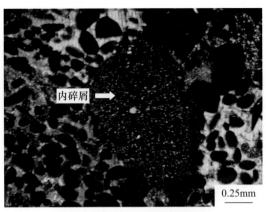

图 7-2　磷矿石中内碎屑颗粒

（砂屑钙质磷块岩矿石，见内碎屑颗粒产出，
内碎屑主要为碳酸盐团粒，(+)×4）

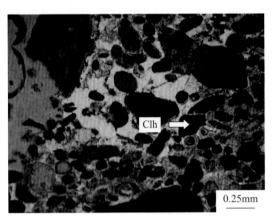

图 7-3　两类型胶磷矿（Clh）（样品号：S2-1）

（砂屑钙质磷块岩矿石，胶磷矿为两类型，(−)×4）

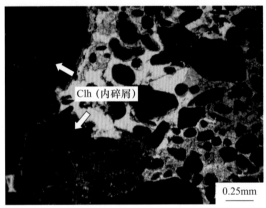

图 7-4　内碎屑胶磷矿（样品号：S2-1）

（见内碎屑胶磷矿颗粒产出，(+)×4）

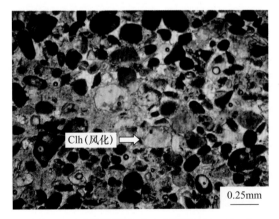

图 7-5　风化胶磷矿（Clh）（样品号：S2-1）

（砂屑钙质磷块岩矿石，胶磷矿经风化后
呈现白色，(−)×4）

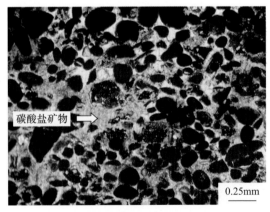

图 7-6　碳酸盐基质（样品号：S2-1）

（基质为碳酸盐矿物，(+)×4）

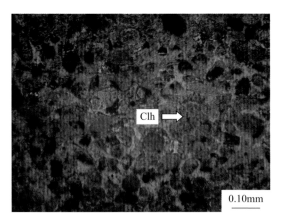

图 7-7　砂屑钙质磷块岩（样品号：S2-1）

（砂屑钙质磷块岩矿石，反射光 ×10）

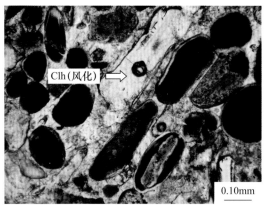

图 7-8　长椭圆状胶磷矿（Clh）（样品号：S2-1）

（砂屑钙质磷块岩矿石，见长椭圆状胶磷矿产出，(+)×10）

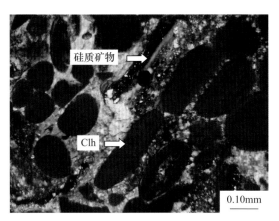

图 7-9　长条状胶磷矿（样品号：S2-1）

（砂屑钙质磷矿石中长条状胶磷矿和硅质，(+)×10）

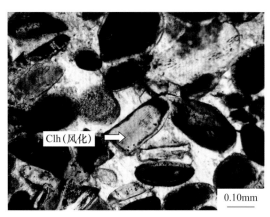

图 7-10　风化胶磷矿（样品号：S2-1）

（磷矿石中见椭圆状风化胶磷矿产出，(+)×10）

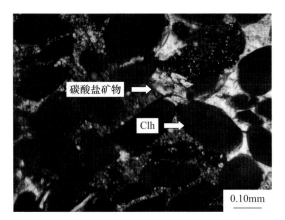

图 7-11　碳酸盐矿物（样品号：S2-1）

（砂屑钙质磷块岩矿石，(+)×10）

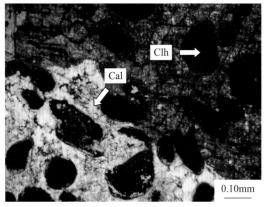

图 7-12　磷块岩中方解石（Cal）（样品号：S2-1）

（磷矿石中见不同消光类型方解石产出，(+)×10）

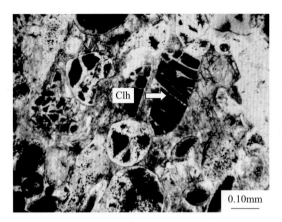

图 7-13　不同形态胶磷矿（Clh）（样品号：S2-2）
（见长椭圆状、浑圆状胶磷矿共生，(−)×10）

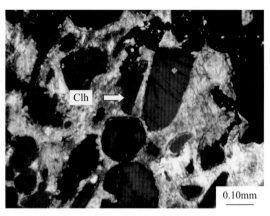

图 7-14　各形态胶磷矿（Clh）（样品号：S2-2）
（细微粒胶磷矿与颗粒较大、各形态胶磷矿颗粒
共生，(+)×10）

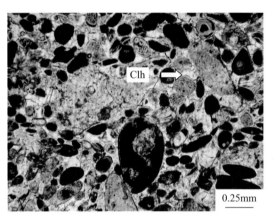

图 7-15　椭圆状胶磷矿（Clh）（样品号：S2-2）
（见长椭圆状胶磷矿及细粒浑圆状胶磷矿共生，
(−)×4）

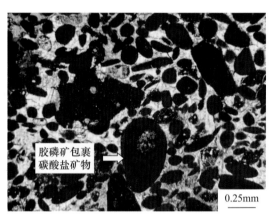

图 7-16　碳酸盐矿物（样品号：S2-2）
（颗粒较大的胶磷矿包裹碳酸盐类矿物，(+)×4）

图 7-17　生物屑胶磷矿（样品号：S2-2）
（见角石类胶磷矿化的生物屑，斜射光 ×4）

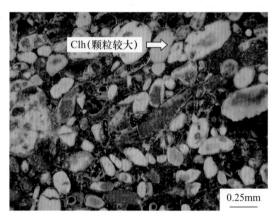

图 7-18　胶磷矿（样品号：S2-2）
（不同粒度的胶磷矿，斜射光 ×4）

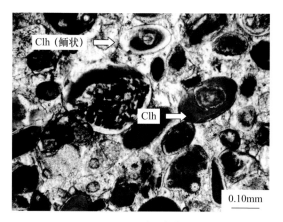

图 7-19　鲕状胶磷矿（Clh）（样品号：S2-2）

（见鲕状胶磷矿颗粒，(–)×10）

图 7-20　被包裹赤铁矿（Hem）（样品号：S2-2）

（颗粒较大的胶磷矿包裹赤铁矿或褐铁矿，
斜射光 ×10）

图 7-21　角石类化石（样品号：S2-2）

（见胶磷矿矿化的角石类化石颗粒，(–)×10）

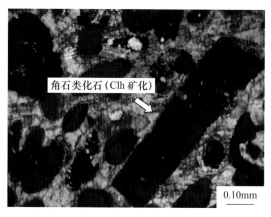

图 7-22　长条状胶磷矿（Clh）（样品号：S2-2）

（长椭圆状胶磷矿和长条状胶磷矿呈定向排列，
(+)×10）

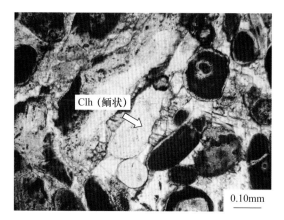

图 7-23　鲕状胶磷矿（Clh）（样品号：S2-2）

（不同形态胶磷矿共生，见鲕状胶磷矿，(–)×10）

图 7-24　脉石矿物（样品号：S2-2）

（见硅质矿物充填微裂隙与方解石构成基底，
(+)×10）

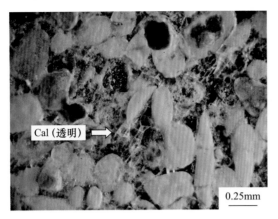

图 7-31 透明方解石（样品号：S3）

（斜射光下见透明方解石，斜射光 ×4）

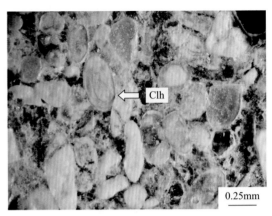

图 7-32 椭圆状胶磷矿（Clh）（样品号：S3）

（斜射光下胶磷矿为乳白色椭圆状等颗粒，
斜射光 ×4）

图 7-34 磷矿石中石英（Qtz）（样品号：S5）

（石英为自形半自形颗粒，分布不均匀，(+)×4）

图 7-37 砂屑状胶磷矿矿石（2 号样）

（见砂屑状构造及蜂窝状、空洞状构造）

图 7-38 砂屑状胶磷矿矿石（3 号样）

（矿石以砂屑状、团块状构造为主）

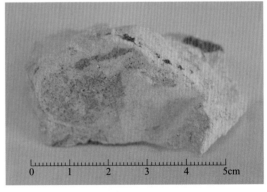

图 7-39 砂屑状胶磷矿矿石（5 号样）

（矿石以砂屑状、团块状构造，蜂窝状、空洞状
构造为主，矿石含有硅质团块）

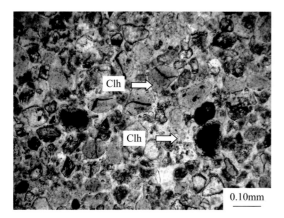

图 8-3　硅钙质磷矿石（样品号：Lw-2）
（硅钙质砂屑磷矿石中胶磷矿见开裂纹，(−)×10）

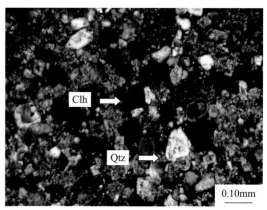

图 8-4　磷矿石中石英（Qtz）（样品号：C-1）
（硅钙质砂屑磷矿石，(+)×10）

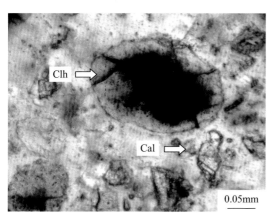

图 8-5　磷矿石中裂纹（样品号：Lw-2）
（硅钙质砂屑磷矿石中胶磷矿（Clh）、
方解石（Cal），(−)×20）

图 8-6　矿石中方解石（样品号：Lw-2）
（硅钙质砂屑磷矿石见方解石（Cal）、
白云石（Dol），(+)×10）

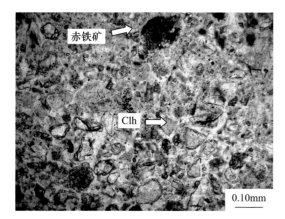

图 8-7　砂屑状磷矿石（样品号：Lw-3）
（硅钙质砂屑磷矿石中胶磷矿（Clh），(−)×10）

图 8-8　砂屑磷矿石（样品号：Lw-3）
（硅钙质磷矿石中见石英（Qtz），(+)×10）

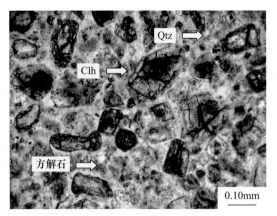

图 8-9　砂屑状磷矿石（样品号：Lw-3）
（硅钙质砂屑磷矿石的胶磷矿（Clh），(−)×10）

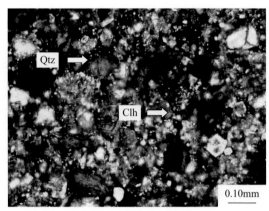

图 8-10　磷矿石中石英（样品号：Lw-3）
（硅钙质砂屑磷矿石，见石英（Qtz）等，(+)×10）

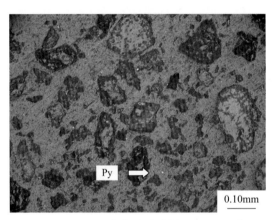

图 8-11　微晶状黄铁矿（样品号：Lw-4）
（见微晶状黄铁矿（Py），反射光×10）

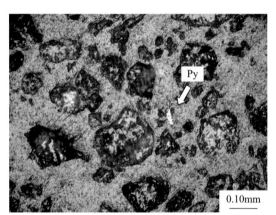

图 8-12　微晶黄铁矿（样品号：Lw-4）
（见极少量微晶黄铁矿（Py），反射光×10）

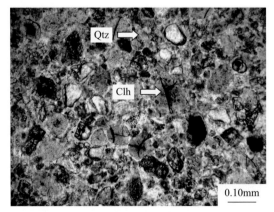

图 8-13　砂屑磷矿石（样品号：Lw-5）
（硅钙质砂屑磷矿石中胶磷矿（Clh），(−)×10）

图 8-14　砂屑状磷矿石（样品号：Lw-5）
（硅钙质砂屑磷矿石中见石英（Qtz），(+)×10）

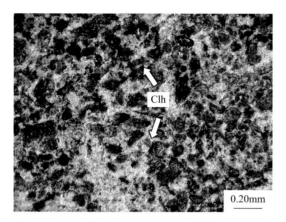

图9-1　含铝磷矿石中胶磷矿（Clh）（样品号：L-1）
（风化砂屑含铝磷矿石，(−)×5）

图9-2　含铝磷矿石中石英（样品号：L-1）
（磷矿石见粒状石英（Qtz）及微晶方解石（Cal），
(+)×5）

图9-3　含铝磷矿石（磷铝石：Vrc）（样品号：L-1）
（风化砂屑含铝磷矿石，反射光×10）

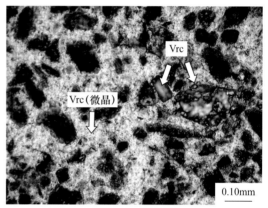

图9-4　纤状针状磷铝石（样品号：L-1）
（含铝磷矿石，见纤状、针状磷铝石（Vrc），
(−)×10）

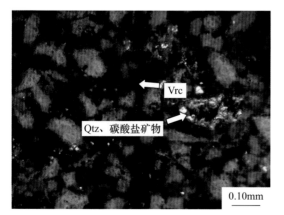

图9-5　含铝磷矿石（样品号：L-1）
（风化砂屑含铝磷矿石（磷铝石：Vrc），(+)×10）

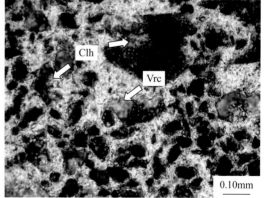

图9-6　风化砂屑磷灰石（胶磷矿：Clh）
（样品号：L-1）
（风化砂屑磷矿石中磷铝石（Vrc），(−)×10）

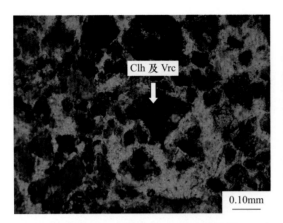

图 9-7 铝磷矿石（胶磷矿：Clh）（样品号：L-1）
（磷灰石及磷铝石（Vrc）构成含铝磷矿石，
（-）×10）

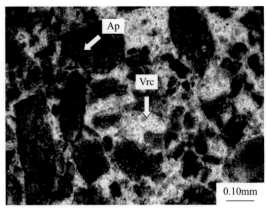

图 9-8 磷灰石（Ap）（样品号：L-1）
（含铝磷矿石中磷铝石（Vrc），（-）×10）

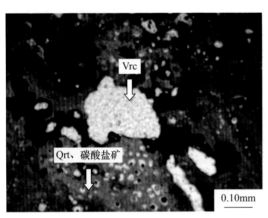

图 9-9 含铝磷矿石（样品号：L-1）
（风化砂屑含铝磷矿石（磷铝石：Vrc），
见胶状、网脉状构造，（-）×10）

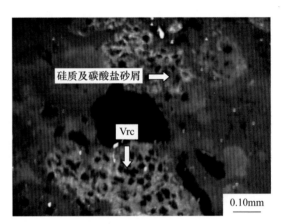

图 9-10 风化含铝磷矿石（样品号：L-1）
（风化砂屑含铝磷矿石（磷铝石：Vrc），
见硅质碳酸盐岩屑产出，（-）×10）

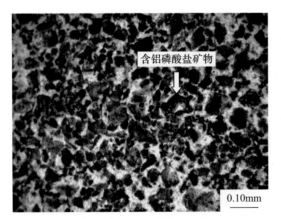

图 9-11 磷铝矿石（样品号：L-1）
（含铝磷酸盐矿物构成磷铝矿石，（-）×10）

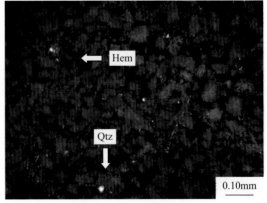

图 9-12 含铝磷矿石中硅质石英（样品号：L-1）
（含铝磷矿石中石英及赤铁矿（Hem）填隙物，
（+）×10）

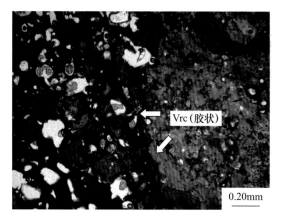

图 9-13 胶状磷铝石（样品号：L-2）

（含铝磷矿石中胶状磷铝石，(−)×5）

图 9-14 胶状磷铝石（样品号：L-2）

（胶状磷铝石中碳酸盐、硅质岩屑脉状、胶状结构，(+)×5）

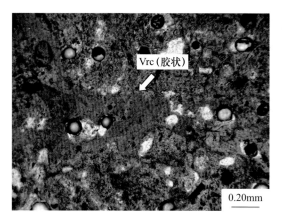

图 9-15 胶状磷铝石（Vrc）（样品号：L-3）

（胶状磷铝石见胶状、脉状结构，(−)×5）

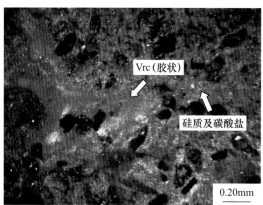

图 9-16 胶状磷铝石（样品号：L-3）

（胶状磷铝石中碳酸盐、硅质岩屑，(+)×5）

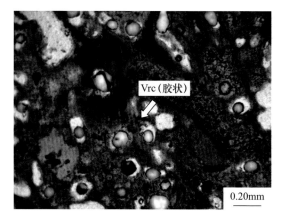

图 9-17 胶状磷铝石（样品号：L-3）

（含铝磷矿石中胶状磷铝石的胶状、网状结构，(−)×5）

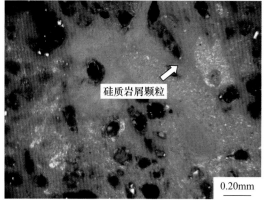

图 9-18 胶状磷铝石（样品号：L-3）

（胶状磷铝石中钙、硅质岩屑，(+)×5）

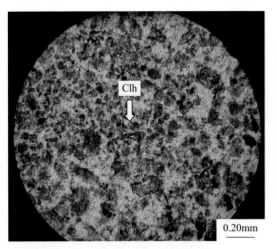

图 9-19　含铝磷矿石（样品号：L-3）

（含铝磷矿石中磷铝石及受风化胶磷矿（Clh），（−）×5）

图 9-20　含铝磷矿石（样品号：L-3）

（矿石中铁质、硅质及碳酸盐填隙物，（+）×5）

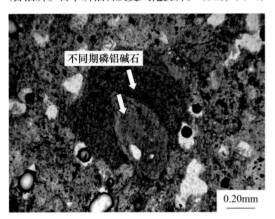

图 9-21　不同期磷铝石（样品号：L-3）

（含铝磷矿石中不同期磷铝碱石，（−）×5）

图 9-22　含铝磷铝石中铁质（样品号：L-3）

（含铝磷铝石中铁质及硅质及碳酸盐岩屑，
见网状结构，（+）×5）

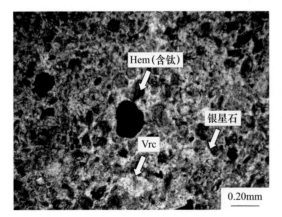

图 9-23　纤状磷铝钙石（样品号：L-4）

（含铝磷矿石中赤铁矿（Hem）及纤状磷铝钙石，
（−）×5）

图 9-24　含钛赤铁矿（Hem）（样品号：L-4）

（铝磷矿石中含钛赤铁矿及石英，（+）×5）

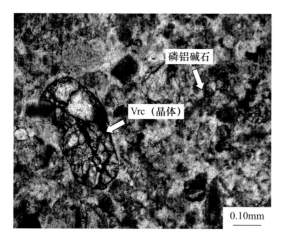

图 9-27　含铝磷矿石（样品号：L-4）

（铝磷矿石中磷铝石（Vrc）晶体，(−)×10）

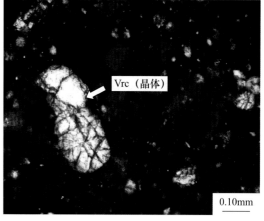

图 9-28　磷铝石晶体（样品号：L-4）

（正交偏光下磷铝石（Vrc）晶体，(+)×10）

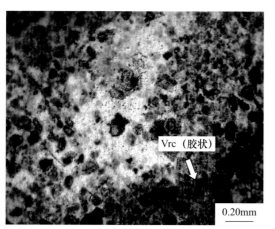

图 9-29　磷铝矿石（样品号：L-4）

（磷铝矿石中的磷铝石（Vrc），(−)×5）

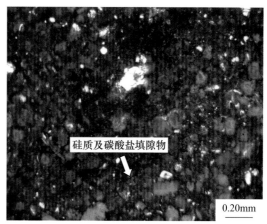

图 9-30　碳酸盐矿物（样品号：L-4）

（硅质及碳酸盐矿物胶结磷铝石，(+)×5）

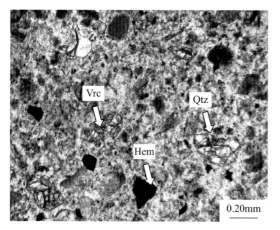

图 9-31　磷铝矿石中赤铁矿（样品号：L-4）

（磷铝矿石中的磷铝石、磷灰石及赤铁矿（Hem），

(−)×5）

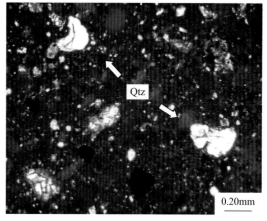

图 9-32　碳酸盐矿物（样品号：L-4）

（磷铝石中石英、硅质及碳酸盐矿物胶结物，

(+)×5）

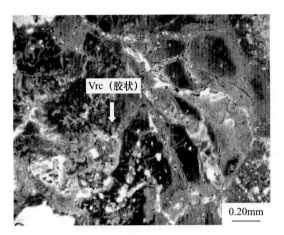

图 9-33　胶状磷铝石（样品号：L-5）
（铝磷酸盐矿石中的胶状磷铝石，(−)×5）

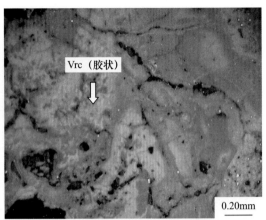

图 9-34　胶状磷铝石（样品号：L-5）
（正交偏光下的胶状磷铝石（Vrc），(+)×5）

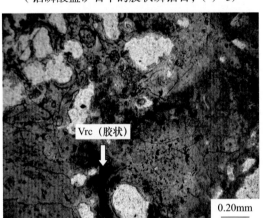

图 9-35　胶状磷铝石（样品号：L-5）
（铝磷酸盐矿石中的胶状磷铝石，胶状结构，
(−)×5）

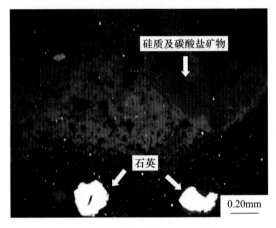

图 9-36　胶状磷铝石及石英
（矿石中的胶状磷铝石（Vrc）及石英（Qtz），
(+)×5）

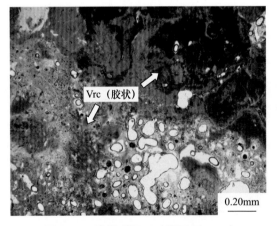

图 9-37　胶状磷铝石（样品号：L-5）
（铝磷酸盐矿石的胶状磷铝石（Vrc），(−)×5）

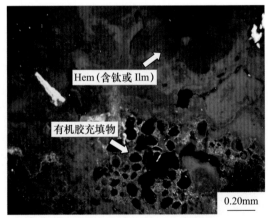

图 9-38　含钛赤铁矿（Hem）（样品号：L-5）
（胶状磷铝石及含钛赤铁矿、钛铁矿（Ilm），
(+)×5）

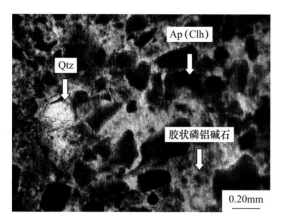

图 9-39　铝磷酸盐矿石（样品号：L-6）

（铝磷酸盐矿石中的胶状磷铝石、磷灰石，
（−）×5）

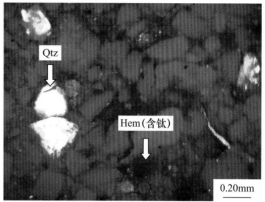

图 9-40　矿石中的石英（样品号：L-6）

（铝磷酸盐矿石中的石英及含钛赤铁矿，
（+）×5）

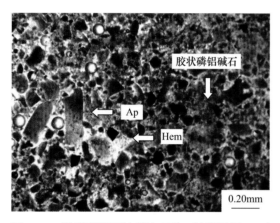

图 9-41　胶状磷铝石中磷灰石（Ap）（样品号：L-6）

（铝磷酸盐矿石中的胶状磷铝石、磷灰石，
（−）×5）

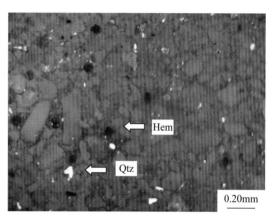

图 9-42　铝磷酸盐矿石（石英：Qtz）（样品号：L-6）

（铝磷酸盐矿石中的石英及赤铁矿（Hem），
（+）×5）

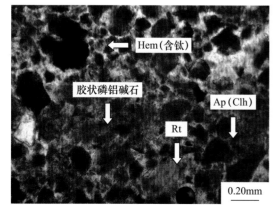

图 9-43　胶状磷铝石（Vrc）（样品号：L-6）

（铝磷酸盐矿石中的磷灰石及金红石（Rt），
（−）×5）

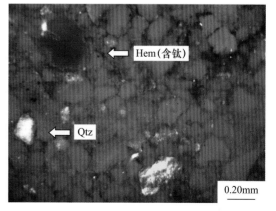

图 9-44　含钛赤铁矿及石英（样品号：L-6）

（矿石中的含钛赤铁矿（Hem）及石英（Qtz），
（+）×5）

图 9-45 铝磷酸盐矿石（样品号：L-6）
（矿石中的胶状磷铝石，胶状结构，(−)×5）

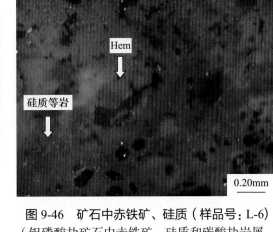

图 9-46 矿石中赤铁矿、硅质（样品号：L-6）
（铝磷酸盐矿石中赤铁矿、硅质和碳酸盐岩屑，
(+)×5）

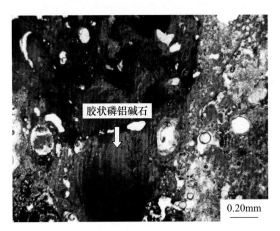

图 9-47 胶状磷铝石（样品号：L-6）
（铝磷酸盐矿石中的胶状磷铝石、胶状结构，
(−)×5）

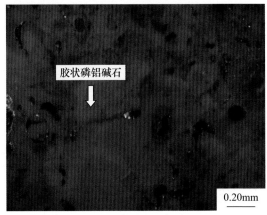

图 9-48 胶状磷铝石（样品号：L-6）
（铝磷酸盐矿石中的胶状磷铝石，(+)×5）

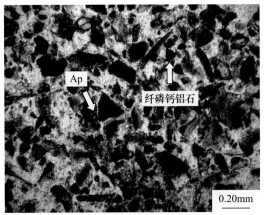

图 9-49 矿石中磷灰石（Ap）（样品号：L-7）
（铝磷酸盐矿石中的纤状磷钙铝石，(−)×5）

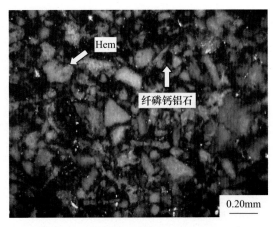

图 9-50 纤状磷钙铝石（样品号：L-7）
（矿石中的纤状磷钙铝石及赤铁矿（Hem），
(+)×5）

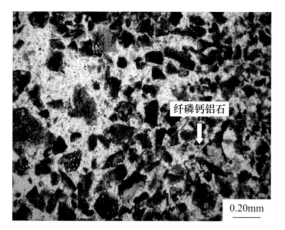

图 9-51　胶状磷铝石（样品号：L-7）

（矿石中的胶状磷铝石，纤磷钙铝石，（－）×5）

图 9-52　纤状磷钙铝石（样品号：L-7）

（铝磷酸盐矿石中的纤状磷钙铝石，（＋）×5）

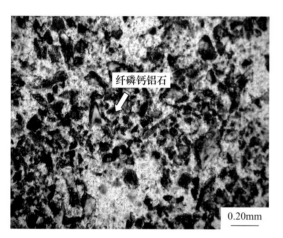

图 9-53　铝磷酸盐矿石（样品号：L-7）

（铝磷酸盐矿石中的纤状磷钙铝石，（－）×5）

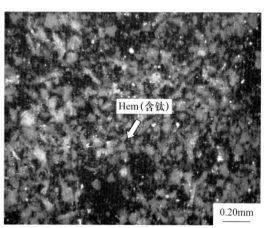

图 9-54　矿石中含钛赤铁矿（Hem）（样品号：L-7）

（铝磷酸盐矿石中的含钛赤铁矿，（＋）×5）

图 9-55　胶状磷铝石（Vrc）（样品号：L-7）

（铝磷酸盐矿石中的胶状磷铝石，（－）×5）

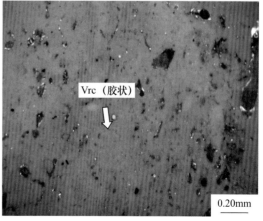

图 9-56　胶状磷铝石（Vrc）（样品号：L-7）

（铝磷酸盐矿石中的胶状磷铝石，（＋）×5）

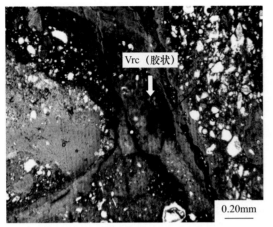

图 9-57　网脉状结构（样品号：L-7）
（胶状磷铝石（Vrc）的胶状及网脉状结构，
（-）×5）

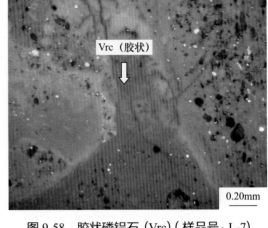

图 9-58　胶状磷铝石（Vrc）（样品号：L-7）
（铝磷酸盐矿石中的胶状磷铝石，（+）×5）

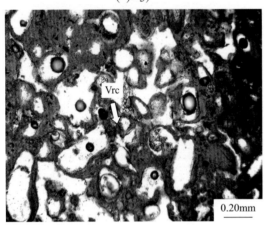

图 9-59　磷铝石中网状结构（样品号：L-7）
（铝磷酸盐矿石中的胶状磷铝石构成网状结构，
（-）×5）

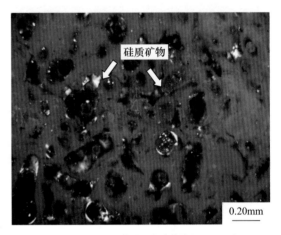

图 9-60　矿石中硅质（样品号：L-7）
（胶状磷铝石包裹的硅质矿物，（-）×5）

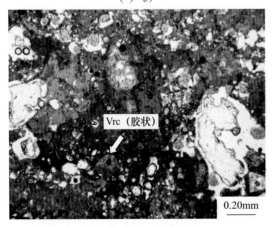

图 9-61　胶状磷铝石（样品号：L-7）
（铝磷酸盐矿石中的胶状磷铝石，（-）×5）

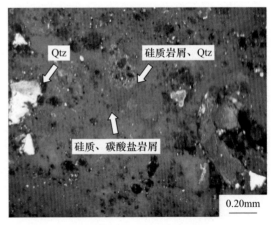

图 9-62　胶状磷铝石中石英（样品号：L-7）
（胶状磷铝石中石英及硅质岩屑，（+）×5）

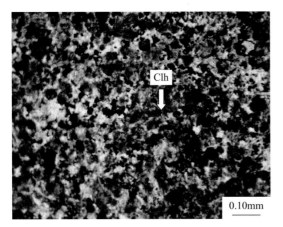

图 10-1　钙硅质磷矿石中胶磷矿（Clh）
（样品号：A-1）
（砂屑钙硅质磷块岩矿石，(−)×10）

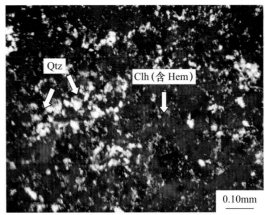

图 10-2　胶磷矿含赤铁矿（Hem）（样品号：A-1）
（砂屑钙硅质磷块岩矿石，见灰色石英（Qtz），
(+)×10）

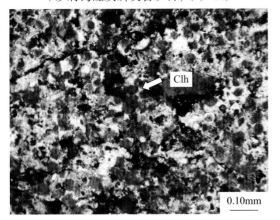

图 10-3　砂屑硅质磷矿石（样品号：A-1）
（条纹状、砂屑状钙硅质磷块岩矿石，(−)×10）

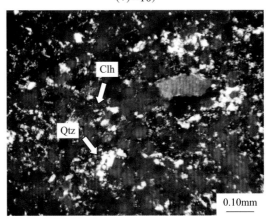

图 10-4　钙硅质磷矿石中胶磷矿（Clh）
（样品号：A-1）
（钙硅质磷矿石见浅灰 – 白色石英（Qtz），(+)×10）

图 10-5　硅质磷矿石（样品号：A-1）
（硅质磷块岩矿石中赤铁矿（Hem），(−)×20）

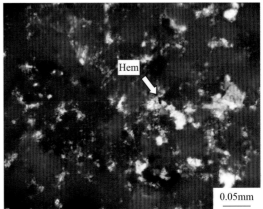

图 10-6　硅质胶磷矿磷矿石（样品号：A-1）
（磷矿石中浅灰 – 白色石英及赤铁矿（Hem），
(+)×20）

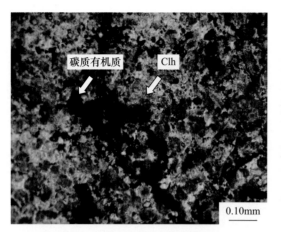

图 10-7　硅质磷矿石（样品号：A-1）
（胶磷矿分细微粒及微粒两种类型，(–)×10）

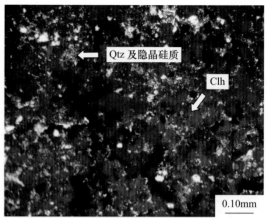

图 10-8　硅质磷矿石（样品号：A-1）
（见微晶浅灰色石英（Qtz）及隐晶硅质，(+)×10）

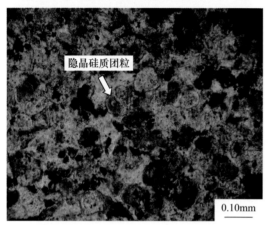

图 10-9　硅质磷矿石（样品号：A-1）
（砂屑硅质磷块岩矿石，(–)×10）

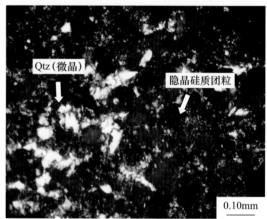

图 10-10　硅质磷矿石（样品号：A-1）
（磷矿石见灰 – 白色石英（Qtz）及隐晶硅质，
(+)×10）

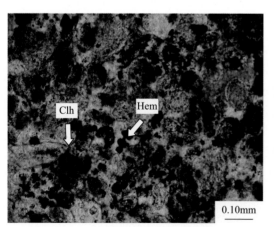

图 10-11　硅质磷块岩（样品号：A-1）
（硅质磷矿石中胶磷矿（Clh）为团粒状等，
见赤铁矿（Hem），(–)×10）

图 10-12　硅质矿石（样品号：A-1）
（磷矿石见灰 – 白色石英（Qtz）及隐晶硅质，
(+)×10）

图 10-13　矿石中赤铁矿（样品号：A-1）

（硅质磷矿石中赤铁矿为填隙物，反射光 ×20）

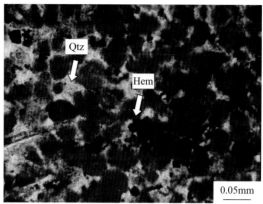

图 10-14　硅质磷矿石（样品号：A-1）

（磷矿石赤铁矿（Hem）、石英（Qtz）为填隙物，
（−）×20）

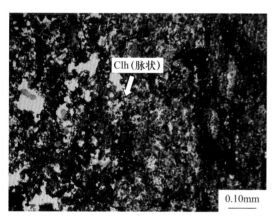

图 10-15　硅质磷块岩（样品号：A-2）

（脉状硅质磷矿石胶磷矿呈脉状分布，（−）×10）

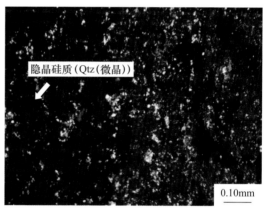

图 10-16　砂屑硅质磷矿石中石英（Qtz）
（样品号：A-2）

（微晶石英、隐晶硅质与胶磷矿杂混共生，（+）×10）

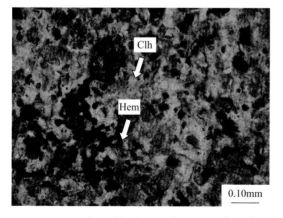

图 10-17　硅质磷块岩矿石中赤铁矿（Hem）
（样品号：A-2）

（砂屑硅质磷块岩矿石，赤铁矿呈极细微粒产出，
（−）×10）

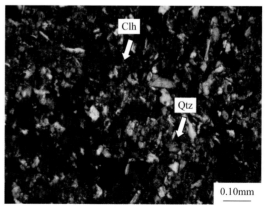

图 10-18　胶状硅质磷矿石（样品号：A-2）

（胶状硅质磷块岩矿石，见极细粒状石英（Qtz）
及隐晶硅质分布于网状胶磷矿（Clh）中，
见绢云母类矿物，（+）×10）

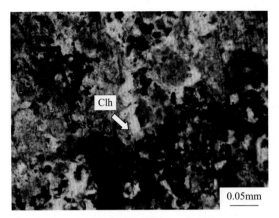

图 10-19　胶状硅质磷矿石（样品号：A-2）

（砂屑状、胶状硅质磷块岩矿石；胶磷矿（Clh）
呈细粒状、网脉状产出，(−)×20）

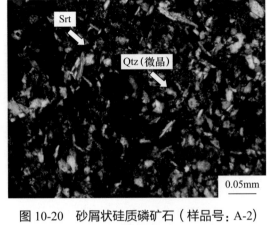

图 10-20　砂屑状硅质磷矿石（样品号：A-2）

（磷矿石中浅灰 – 白色微细粒石英（Qtz）、隐晶
硅质和微细粒状胶磷矿混生。见绢云母
（Srt）产出，(+)×20）

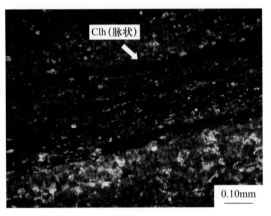

图 10-21　脉状硅质磷矿石（样品号：A-3）

（赤铁矿呈胶状与脉状胶磷矿（Clh）共生，
(−)×10）

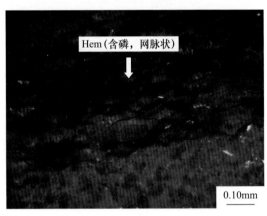

图 10-22　含赤铁矿胶磷矿（样品号：A-3）

（网状、网脉状含赤铁矿（Hem）胶磷矿矿石，
(+)×10）

图 10-23　硅质磷矿石（样品号：A-3）

（网状、网脉状微粒状硅质磷矿石，(−)×10）

图 10-24　微粒晶石英（样品号：A-3）

（微晶石英及隐晶硅质分散、充填于胶磷矿中，
(+)×10）